RE 融媒体版

主　编：陈斯毅
副主编：薛飞翔　莫秀全
参　编：贾清水　陈玉欢　李瑞明
苏　源　闻曙明　祁小波

职业教育校企"双元"合作开发创新型教材

职业素养

ZHIYE SUYANG

北京师范大学出版集团
BEIJING NORMAL UNIVERSITY PUBLISHING GROUP
北京师范大学出版社

图书在版编目(CIP)数据

职业素养 / 陈斯毅主编. —北京 ：北京师范大学出版社，2021.1(2024.8重印)
(职业教育校企“双元”合作开发创新型教材)
ISBN 978-7-303-26398-1

Ⅰ. ①职… Ⅱ. ①陈… Ⅲ. ①职业道德—高等职业教育—教材 Ⅳ. ①B822.9

中国版本图书馆CIP数据核字(2020)第199797号

教材意见反馈 zhijiao@bnupg.com
营销中心电话 010-58802755 58800035
编辑部电话 010-58802751

ZHIYE SUYANG
出版发行：北京师范大学出版社 www.bnupg.com
北京市西城区新街口外大街12-3号
邮政编码：100088
印　　刷：北京虎彩文化传播有限公司
经　　销：全国新华书店
开　　本：787 mm×1092 mm 1/16
印　　张：19.25
字　　数：431千字
版　　次：2021年1月第1版
印　　次：2024年8月第2次印刷
定　　价：41.80元

策划编辑：王云英 姚贵平　　责任编辑：梁宏宇 张柳然
美术编辑：焦 丽　　装帧设计：焦 丽
责任校对：康 悦　　责任印制：马 洁 赵 龙

前　言

在我国社会主义建设跨入新时代之际，2018 年习近平总书记在全国教育大会上对我国教育方针做了全面阐述，提出“培养德智体美劳全面发展的社会主义建设者和接班人”，极大地丰富了职业素养教育的内涵。随后中共中央、国务院印发的《中国教育现代化 2035》，描绘了我国教育现代化的宏伟蓝图，提出了“八个更加”，对全面实施素质教育提出新的要求。国务院印发《国家职业教育改革实施方案》，进一步明确职业教育是一种类型教育，提出要把职业教育摆在经济社会发展中更加突出的位置，着力培养高素质劳动者和技术技能人才。

职业素养，是新时代职业院校学生成为职业劳动者所必需的重要基础，是每个人职业生涯发展成功的关键性基础因素。职业素养教育是内容广泛的素质教育，它以促进学生就业为导向，侧重于学生后天的素质修养，着眼于青年学生在体质、思想道德、职业态度、文化知识、职业技能、职业能力等方面的内在品质。党中央提出职业院校人才培养目标中的“高素质”，指的就是要不断提高青年学生的职业素养。让青年学生具备良好的职业素养，具有重大意义：对学生个人来说，在学习过程中，把德育、智育、体育、美育和劳动教育有机融合起来，加强自我修炼，逐步养成具有职业道德、职业技能和职业能力的全面发展的人，毕业后就会成为适应时代发展的、受用人单位欢迎的、有价值的社会劳动者。对用人单位来说，招收和培养具备较高素养的劳动者，可以帮助用人单位提高工作效率，从而提高市场竞争力。对国家来说，通过加强素养教育，使国民素养得到整体提升，有利于促进国民经济和社会的可持续发展，提高国家竞争力。因此，切实加强职业素养教育，是立人之本，也是立国之需。

职业教育作为一种类型教育，其显著特点是要加强学生的职业技能、职业素养和职业能力等方面的综合素质培养。然而，当前我国不少职业院校中，存在对职业素养教育认识不足、重视不够、手段不多、课程与教材开发薄弱等现象。在实际教学中，有重专业技能教学、轻职业素养培养的情况。有的职业院校提出能力为本，重视开展职业技能训练，却不重视对学生开展职业素养教育；有些学生认为只要学好一项技能就可以了，不重视自身职业素养修炼，缺乏职业责任感、敬业精神、奉献精神、工匠精神和团队合作精神。以上学生一旦走向职场，其弱点就暴露无遗，难以得到用人单位的欢迎与重用。反观企业用人的实际情况，许多优秀企业都十分重视员工职业素养的修炼，认为员工职业素养在很大程度上决定着其专业能力的发挥。众企业往往通过加强内训和合作交流等多种形式，加强员工职业素养的培养。由此可见，职业素养教育是一种侧重于后天修炼的养成教育，应当从学生接受职业院校教育开始，贯穿于学生职业生涯发展的全过程。

为深入贯彻党的十九大精神和全国教育大会的部署，落实党中央、国务院关于教材建设的决策和《国家职业教育改革实施方案》有关要求，深化职业教育“三教”(教师、教材、教法)改革，满足职业院校人才培养需要，加强职业院校学生的职业素养培养与修炼，我们组织职业院校和企业界的专家编写了这本《职业素养》教材，供职业院校实施职业素养教育时使用。

一、教材编写理念

根据国家关于教材编写规定和职业院校人才培养目标，我们在教材编写过程中，按照高职公共基础课教材编写要求，坚持把握好以下理念。

(一)体现党和国家意志

在教材编写过程中，坚持以马克思列宁主义、毛泽东思想、邓小平理论、“三个代表”重要思想、科学发展观、习近平新时代中国特色社会主义思想为指导，体现党和国家对职业教育的意志和要求，体现中国和中华民族风格，体现社会主义核心价值观，坚持将中华优秀传统文化、革命传统、法治意识和国家安全、民族团结以及生态文明有机融入职业素养教育的理念，弘扬劳动光荣、技能宝贵、创造伟大的时代风尚，弘扬精益求精的专业精神、敬业精神、工匠精神和劳模精神，引导学生坚定“四个”自信，自觉加强职业素养修炼，树立正确的世界观、人生观和价值观，努力引导和帮助青年学生成长为德智体美劳全面发展的社会主义建设者和接班人。

(二)内容科学先进、导向正确

作为职业院校公共基础教材，我们注意在本书的内容安排上，通过精心挑选典型案例和深入进行案例分析，体现积极向上、科学先进的正确导向。同时，从企业用人标准出发，将企业的实战案例以适宜的形式，向学生传递职业素养对核心价值观和职业能力塑造的重要作用；结合职业院校的教学特点，探索如何在职业教育全过程中发挥职业素养的基础性作用和导向性作用，力求做到内容全面、重点突出、贴近学生实际，增强职业素养教育的效果。

(三)符合学生认知和成长规律

职业素养教育不是选择性教育，而是面对全体学生的一种导向性、基础性教育。面对在校学生不同学习阶段的认知特点和求职就业前后所应具备的不同职业素养要求，在教材内容设计理念上，注意根据学生认知和成长规律，按照由浅入深、循序渐进、贯穿全程的要求，设计了职业意识唤醒、职业素养养成和职业素养提升三个阶段的学习内容，以满足学生不同成长阶段的学习需要，增强学习的针对性。同时，主动对接国际先进职业教育理念，适应人才培养模式创新和优化课程体系的需要，强调教材的实践性，注重以真实生产项目、典型工作任务、典型案例等为载体，组织教学单元，体现教材理论与实践相统一的特点，使教材适用于不同专业、不同学段学生学习需要，成为每个学生学习的必修课程。

(四)教材呈现形式灵活多样

本教材突破传统的教材编写方式，创造性地设计了教材的呈现形式。将传统的章节改为模块，突出一个重点。每个模块下设三个小节，每小节包含一个导入案例和一个总结案例，通过正反两方面的案例和课后活动，加深学生对于知识点的学习和理解。每个模块开头设有“能力标准”和“学习导航”，每节开头安排“学习目标”和“导入案例”，结束时有“活动与训练”和“探索与思考”，帮助学生巩固对每个模块知识点的认识和理解。全书结构梯度明晰，图文并茂，形式新颖、生动活泼，使学生在学习理解知识点的基础上，通过活动训练或者讨论思考，逐步形成自觉修炼个人职业素养的习惯。

二、教材内容与结构

全书内容按照学生对职业素养认知及其形成、发展这个主线，设计了学生职业素养形成与发展的三大阶段，涵盖九个模块。第一阶段职业意识唤醒，内容包括职业与职业素养提升、职业道德与职业意识、职业意识提升三个模块，重点引导学生从思想上对职业与职业素养及其相互关系的认知。第二阶段职业素养养成，内容包括职业行为修炼、职业形象塑造、职场通用技能三个模块，重点引导学生形成对职业素养的全面认识，突出行为能力的培养。第三阶段职业素养提升，内容包括职场关键能力提升、自我管理与团队管理、职业法律与健康安全三个模块，丰富职业素养内涵，重点引导学生从四个方面提升职业素养。每个小节都以“导入案例”入手，然后阐述相关概念和常识，以加深学生对职业素养的理解和自觉修炼的习惯。

三、教材主要特色

本教材根据新时代对职业教育的要求和青年学生职业生涯发展特点，从职业素养教育的职业性、实践性、创新性、针对性等方面，彰显教材的特色。

（一）突出职业性

职业素养不是一般意义上的个人修养，而是指与职业活动密切相关的综合素质。根据新时代职场要求，职业素养不再局限于职业意识、职业道德和职业精神等意识层面，而是要在提高职业意识和职业道德、精神的同时，更加强调职业素养能力的提高，适应职业发展的需要。例如，在职业能力方面，教材中突出了职场形象与礼仪、演讲与表达、日常办公软件的使用；在职场软技能提升方面，突出了学生问题分析与解决、压力与情绪管理、团队管理等内容。总之，我们注意把职业素养当作一项综合性的职业能力去培养，为增强学生就业能力、增加就业机会做准备。

（二）突出实践性

人的职业素养不是一蹴而就的，有一个逐步提升的过程。本教材通过大量的案例、故事，将职场鲜活的真实情景呈现在学生面前，让学生在学习阶段能够对职场有初步认识和了解，明白在学生阶段应该学什么、怎么学，并与将来就业后的实际工作实践紧密结合起来，明确怎么做；有意识地引导学生从小事做起，养成良好的习惯，激发学生能够持续地进行职业素养修炼。特别是从内容和形式的结合上，借鉴了企业培训经验，强调职业素养教育的实践性，努力做到职业素养的理论教学与实践的统一。

(三)突出创新性

本教材充分利用互联网理念和技术手段和理念，在每个模块中放置了数字化资源的二维码。通过手机扫码的方式，可以观看配套的视频动画。动画在内容和形式上进行了充分的创新设计，希望学生通过轻松、愉快的学习方式，激发对职业素养知识点的学习兴趣，提升学习效果。

(四)突出针对性

本教材的针对性，主要体现在以下三点。一是针对学生不同发展阶段的认知水平安排教学内容。二是针对学习中可能出现的问题设计课程结构。例如，每小节后的“活动与训练”和“探索与思考”是结合企业人才培训的方式和经验而设计的，通过课堂讨论、课外活动、实地调研等方式，将知识点和学生的感悟紧密地联系起来，解决学习中的疑虑。三是尽量采取开放式教学模式，使课堂讨论更加开放，更加关注讨论的过程而非结论，引导学生自发地进行发散思维和感悟，树立正确的职业意识，养成职业素养能力修炼的习惯。

四、教材使用范围及组织编写

本教材是各类职业院校综合素养教育系列教材之一，为各专业学生所通用。为确保教材内容和形式的创新，增强教材的针对性和实践性，我们在编写过程中，邀请了我国知名的职业教育专家、企业经营管理者和开展职业素养教育较好的职业院校的一线教师参与教材的编写，保证了教材的教学质量和价值，增强了教材的针对性和实践性。

本教材由中国就业促进会专家委员会副主任、广东省就业促进会副会长、广东省人力资源和社会保障厅原副巡视员陈斯毅同志担任主编，知行环球(北京)科技发展有限公司总经理薛飞翔先生、广东工商职业技术大学董事长莫秀全先生担任副主编。参加教材编写工作的还有：贾清水(北京信息职业技术学院副校长)，陈玉欢(广东邮电职业技术学院院长)，李瑞明(西安汽车职业大学校长)，苏源(徐州工程机械技师学院副院长)，闻曙明(协鑫集团协鑫大学常务副校长，教授、博士)，祁小波(广东工商职业技术大学副教授)。此外，苗银凤对全书内容进行了审校。

本教材借鉴了国内外学者的一些研究成果，吸收了成功企业员工素养教育的案例和经验，给本教材增添了一些亮色和学术价值。但是由于能力水平有限和时间仓促，仍有不少不足之处，恳请广大读者批评指正。

编　者

2020年5月2日

目　　录
CONTENTS

目录
CONTENTS

MODULE1

扫码进入微课堂

模块一
职业与职业素养提升

标准引领

知识 1. 了解职业的定义。

2. 了解职业素养的定义、内涵。

3. 了解未来职场趋势。

能力 1. 能够养成良好的职业素养。

2. 认识职业类型与发展阶段。

素养 1. 能够意识到职业素养的重要性。

2. 具备良好的职业素养意识。

3. 对于未来职场的发展与变化怀有积极的心态。

学习导航

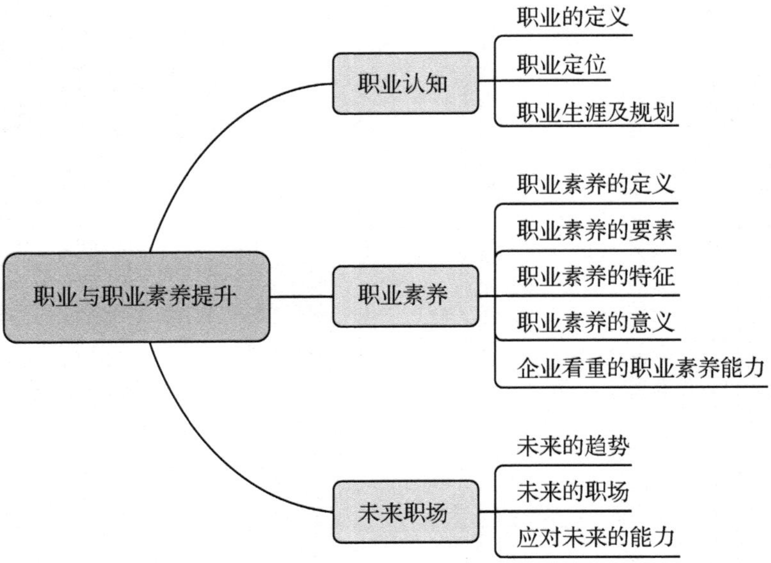

第一节 职业认知

学习目标

1. 了解的职业的内涵、特性、定位。
2. 掌握职业定位的方法。
3. 树立职业生涯规划意识。

导入案例

频繁按下职业重启键

小董毕业 4 年了，换了 11 份工作。最近的一份工作竟然是和自己的学弟学妹同场竞技，小董的心态走到了崩溃的边缘。反思自己毕业后这 4 年，小董发现除了年龄增长了，其他的能力都没什么变化。

刚毕业的时候，由于性格比较外向，小董就在上大学的地方找了一份销售的工作，销售的产品和自己的专业也完全没有关系。后来由于待遇的原因就在半年后去了一家建材公司，做建材销售；再后来觉得北京这样的一线城市工资收入高，也没多想，就辞职开始了“北漂”生活。在北京的第一份工作依然是销售，小董在一家电器厂做低压电器的销售。刚开始业绩还不错，收入也有很大的提高，之后由于公司内部竞争比较激烈，小董和同事出现了矛盾，就又跳槽到了另外一家公司。这时候小董觉得销售又累又辛苦，还没有上升的空间，就尝试着换其他的职位，立志重新开始。之后小董开启了频繁地换工作、换岗位、换行业的模式，做过运营、做过项目管理，行业选择上也追过大数据、区块链这些短暂热门行业。就这样，他不断地开启自己的职业重启键。

直到最近，小董在一家软件公司做软件销售。由于对公司业务模式的不了解和怀疑，他 3 个月就被辞退了。回看自己 4 年的职业经历，小董大部分时间从事的是和销售相关的岗位，但是为什么没有在一个行业和一个公司长时间地工作下去呢？同期毕业的同学，从基层做到现在也基本都是小主管或者职业稳定了，而自己无论薪资还是稳定性上都和刚毕业一样，被彻底打回原形。

分析： 小董的职业经历很大程度上代表了一类职业人群。他们看似选择了一个职业方向，其实没有理解岗位、工作和职业的区别。就像销售这样的岗位，其实是有行业差别的。如果小董从一开始深扎一个行业的销售去做，4年的时间后也一定会成长为一个经验丰富的销售，而不是在不断地重启自己的职业。在职业的前两年，选择职业方向、培养自己的职业能力才是职场人职业化的重点。

一、 职业的定义

（一）职业的内涵

“职业”一词由“职”与“业”构成。“职”指的是职位、职责、权利和义务；“业”是指行业、事业。职业是参与社会分工，用专业的技能和知识创造物质或精神财富，获取合理报酬，丰富社会物质或精神生活的一项工作，是劳动者的社会角色和社会标志。

为了理解职业的内涵，我们可以先来比较一下工作、职业、事业这三者之间的关系。三者之间是一个递进的关系，工作是职业发展的基础，而职业又是事业的基础。工作可以选择，职业可以塑造，事业需要经营，这是一个不断提升、循序渐进的过程。职业的发展自然成为我们事业承上启下的关键。职业中也存在多个关键要素。

1. 职业环境

职业环境包括外在的硬环境和人为的软环境。硬环境有自然环境和作业环境，即地理环境和人为布置的相关环境(办公室、工厂等)；软环境有职业声望、组织制度和组织文化等。不同职业的从业者所处的工作环境有所不同，如设计师和快递员的工作环境就不同。即使同类型的职业，具体的工作环境也会有所不同，如体育老师和数学老师的工作环境就不同。

此外，职业环境还可划分为大环境和小环境。大环境有国家经济发展和社会等因素，小环境即组织内部环境。职业环境是多种因素构成的复合体系，有主观因素，也有客观因素。不管职业环境多么复杂，决定个人职业发展的最重要因素还在于就业者自身，因此，我们应该提升自己适应环境变化的能力。

2. 职业待遇

职业待遇包括范围比较广。一般包括薪酬待遇、社保待遇、福利待遇和社会地位等方面，其中薪酬待遇是其核心内容。薪酬待遇是指，人们在从事相关的劳动活动后所获得的合法收入。由于不同职业所要求的技术能力和知识水平不同，因此从事不同职业的就业者所获得的职业待遇也是有差距的。

3. 职业素养

职业素养是人们在长期的职业活动中所表现出来的比较稳定的、长期的道德、观念、行为和能力的综合，是职业发展的基石，表现为职业兴趣、职业道德、职业能力、职业性格和职业礼仪等方面。影响和制约职业素养的因素很多，主要包括受教育程度、实践经验、社会环境、家庭环境、工作经历以及身体状况等。

4. 职业资格

职业资格是从事某一职业所必备的学识、技术、能力等方面的基本要求，包括从事某种职业所需的生理素质、心理素质、思想品德、职业道德、职业知识，也包括从事某种职业所必需的实践经验、技能和技巧等。

我国的职业分类和各类职业资格标准由人力资源和社会保障部确定。劳动者获得对自己技能水平和从业资格认可的重要形式是职业技能鉴定。职业技能鉴定是指按照国家技能标准和任职资格条件，通过政府认定的考核鉴定机构，对劳动者的技能水平和职业资格进行客观公正、科学规范的评价和鉴定，对合格者颁发相应的国家职业资格证书的一种国家制度。

5. 职业规范

职业规范是指每种职业的特定规范，主要包括职业活动中的操作规则、办事章程、道德规范等。这些规范要符合国家法律法规和社会伦理道德。

6. 职业技能

职业技能是指从业者就业所需的技术和能力。不同的职业对从业者职业技能的要求是不同的。目前我国的技能人才分技工和技师，技工包括初级工、中级工、高级工，技师包括技师和高级技师。

（二）职业特性

1. 社会性

职业是人类在劳动过程中的分工现象，它体现的是劳动力与劳动资料之间的结合关系，也体现出劳动者之间的关系。劳动产品的交换体现的是不同职业之间的劳动交换关系。这种劳动过程中结成的人与人的关系无疑是社会性的，他们之间的劳动交换反映的是不同职业之间的等价关系。这反映了职业活动以及职业劳动成果的社会属性。

2. 规范性

职业的规范性应该包含两层含义：一是指职业内部要求的操作规范性，二是指职业道德的规范性。不同的职业在其劳动过程中都有一定的操作规范性，这是保证职业活动的专业性要求。当不同职业在对外展现其服务时，还存在一个伦理范畴的规范性，即职业道德。这两种规范性构成了职业规范的内涵与外延。

3. 功利性

职业的功利性也叫职业的经济性，是指职业作为人们赖以谋生的劳动过程中所具有的逐利性一面。职业活动中既满足职业者自己的需要，同时也满足社会的需要。只有把职业的个人功利性与社会功利性相结合起来，职业活动及其职业生涯才具有生命力和意义。

4. 技术性和时代性

职业的技术性指不同的职业具有不同的技术要求，每一种职业往往都表现出相应的技术要求。职业的时代性指职业由于科学技术的变化，人们生活方式、习惯等因素的变化导致职业打上那个时代的“烙印”的特性。

（三）职业人

职业人随着职业这个概念的出现而出现。职业人是参与社会分工，自身具备较强的专业知识、技能和素质等，并能通过为社会创造物质财富或精神财富而获得合理报酬，在满足自我精神需求和物质需求的同时，实现自我价值最大化的群体。

传统的职业人概念建立在物的基础上，以物为中心，以技术为中心，人是机器的附属物，人越来越非人化，成为“非本质”的人，“人即工具”。现代职业人概念建立在人本主义基础上：人是目的，一切为了人，为了人的一切。而为了达到目的，人在职业活动中又发挥着“工具”的功能。但这种功能已不是物的替代，而是作业活动中上位功能和下位功能之间的关系，是一种以作业为载体的人与人之间的关系。

（四）职业化

职业化就是一种工作状态的标准化、规范化、制度化，包含工作中应该遵循的职业行为规范、职业素养和匹配的职业技能，即在合适的时间、合适的地点，用合适的方式，说合适的话，做合适的事，不为个人感情所左右，冷静且专业。职业化是一种职场氛围，人们使用的是同一种职业语言，遵守着同一种约定俗称的职业规则。职业化是职业人在职场的立身之本。

通俗的理解，职业化就是员工以自我经营的观念对待自己的事业，树立为自己打工的工作意识，具备职业心态、职业道德、职业规范、职业素养、职业行为等素质，提倡快乐工作，强化成功意识，提高工作绩效，实现个人价值最大化。职业化过程就是一个普通人到一个职业人的转变过程。在这个过程中，观念态度、职业技能、职业行为等都要发生转变。

职业化包含职业化理念、职业化精神、职业化心态、职业化技能、职业化形象和职业化道德六个方面的内容。

1. 职业化理念

职业化理念是职业发展的根基，支撑着职业化的发展。

2. 职业化精神

树立职业化精神就是树立正确的职业价值观和态度，从而为个人职业生涯的发展提供必要的养分。

3. 职业化心态

有正确的职业心态的指引，职业化之树就能健康生长。如果没有及时调整错误的职业心态，待观念成形，再想去矫正就很难了。

4. 职业化技能

一个人在职业成长过程中要不断地学习技能。这些技能不一定能立即起到作用，但在以后，它们会给个人的发展带来更广阔的空间。

5. 职业化形象

一个职业人的形象细节可以体现这个人的职业化程度。职业化形象由自身职业素养决定。

6. 职业化道德

职业化员工通常具备很多良好的职业道德品质，如诚实、正直、守信、忠诚、公平、关心他人、尊重他人、追求卓越、承担责任等。

二、 职业定位

（一）职业兴趣类型

职业可依据工作者在社会岗位从事的活动所包含的目标、应完成的任务以及所体现的社会职能等进行分类。随着社会、经济、技术的发展而不断演变，很多职业在这个过程中分化、消亡，也有很多新的职业出现、繁荣。依据美国霍普金斯大学心理学教授、著名的职业指导专家约翰·霍兰德(John Holland)提出的霍兰德职业兴趣理论，通过人格类型的不同将职业分成现实型、研究型、艺术型、社会型、企业型和常规型六种类型(如图 1-1)。

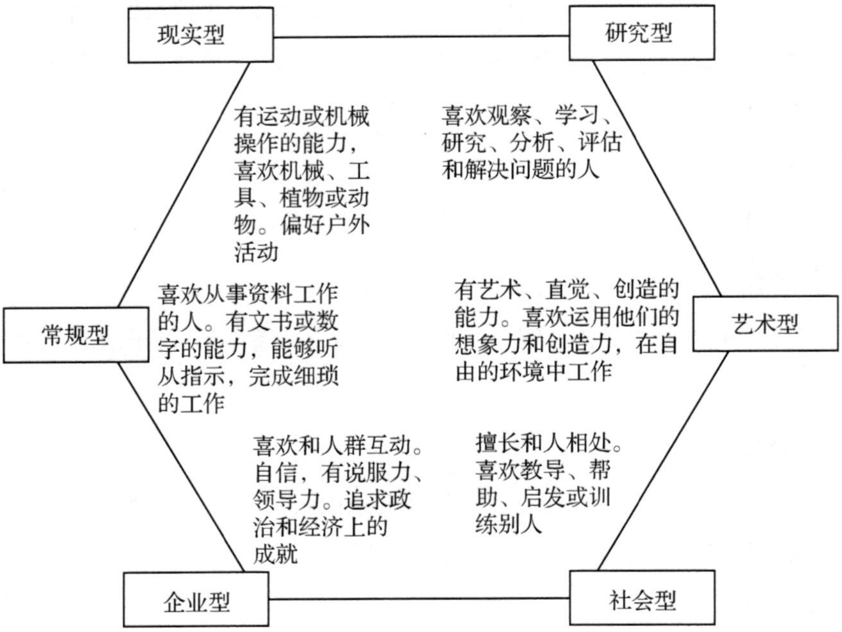

图 1-1　霍兰德职业兴趣类型

1. 社会型

共同特征：喜欢与人交往，不断结交新的朋友、善言谈、愿意教导别人。关心社会问题、渴望发挥自己的社会作用。寻求广泛的人际关系，比较看重社会义务和社会道德。

典型职业：喜欢要求与人打交道的工作，能够不断结交新的朋友，倾向从事提供信息、启迪、帮助、培训、开发或治疗等事务，并具备相应能力。如教育工作者(教师、教育行政人员)，社会工作者(咨询人员、公关人员)。

2. 企业型

共同特征：追求权力、权威和物质财富，具有领导才能。喜欢竞争、敢冒风险，有野心、抱负。为人务实，习惯以利益得失——权利、地位、金钱等——来衡量做事的价值，做事有较强的目的性。

典型职业：喜欢要求具备经营、管理、劝服、监督和领导才能，以实现机构、政治、社会及经济目标的工作，并具备相应的能力。如项目经理、销售人员、营销管理人员、政府官员、企业领导、法官或律师。

3. 常规型

共同特点：尊重权威和规章制度，喜欢按计划办事，细心、有条理，习惯接受他人的指挥和领导，自己不谋求领导职务。喜欢关注实际和细节情况，通常较为谨慎和保守，缺乏创造性，不喜欢冒险和竞争，富有自我牺牲精神。

典型职业：喜欢要求注意细节、精确度、有系统、有条理，具有记录、归档、根据特定要求或程序组织数据和文字信息的职业，并具备相应能力。如秘书、办公室人员、记事员、会计、行政助理、图书馆管理员、出纳员、打字员或投资分析员。

4. 现实型

共同特点：愿意使用工具从事操作性工作，动手能力强，做事手脚灵活，动作协调。偏好具体任务，不善言辞，做事保守，较为谦虚。缺乏社交能力，通常喜欢独立做事。

典型职业：喜欢使用工具、机器，需要基本操作技能的工作。对要求具备机械方面才能、体力或从事与物件、机器、工具、运动器材、植物、动物相关的职业有兴趣，并具备相应能力。如技术性职业(计算机硬件人员、摄影师、制图员、机械装配工)或技能性职业(木匠、厨师、技工、修理工、农民、一般劳动者)。

5. 研究型

共同特点：思想家而非实干家，抽象思维能力强，求知欲强，肯动脑，善思考，不愿动手。喜欢独立的和富有创造性的工作。知识渊博，有学识才能，不善于领导他人。考虑问题理性，做事喜欢精确，喜欢逻辑分析和推理，不断探讨未知的领域。

典型职业：喜欢智力的、抽象的、分析的、独立的定向任务，要求具备智力或分析才能，并将其用于观察、估测、衡量、形成理论、最终解决问题的工作，并具备相应的能力。如科学研究人员、教师、工程师、电脑编程人员、医生或系统分析员。

6. 艺术型

共同特点：有创造力，乐于创造新颖、与众不同的成果，渴望表现自己的个性，实现自身的价值。做事理想化，追求完美，不重实际。具有一定的艺术才能和个性。善于表达、怀旧，心态较为复杂。

典型职业：喜欢的工作要求具备艺术修养、创造力、表达能力和直觉，并将其用于语言、行为、声音、颜色和形式的审美、思索和感受，具备相应的能力。不善于事务性工作。如艺术方面(演员、导演、艺术设计师、雕刻家、建筑师、摄影家、广告制作人)，音乐方面(歌唱家、作曲家、乐队指挥)，文学方面(小说家、诗人、剧作家)。

然而，大多数人都并非只有一种性向，比如，一个人的职业兴趣很可能是同时包含着社会型、现实型和研究型这三种。霍兰德认为，这些性向越相似，相容性越强，则一个人在选择职业时所面临的内在冲突和犹豫就会越少。为了帮助描述这种情况，霍兰德建议将这六种性向分别放在一个正六边形的一角。

员工的工作满意度与流动倾向性，取决于个体的性格特点与职业环境的匹配程度。当人格和职业相匹配时，会产生最高的满意度和最低的流动率。例如，社会型的个体应该从事社会型的工作，社会型的工作对现实型的人则可能不合适。这一模型的关键在于：一是个体之间在人格方面存在着本质差异；二是个体具有不同的类型；三是当工作环境与人格类型协调一致时，会产生更高的工作满意度和更低的离职可能性。

（二）专业与职业的关系

在我们高考填报志愿的那一刻，我们就涉及专业的选择了。大学的专业是根据学科体系的内在逻辑以及社会分工的需要而划分的学科门类，每个专业的设置都有教学计划和培养方案作为支撑，专业的设置也会依据经济发展而不断对人才培养提出新的需求。近些年，“智能化”“数字化”已经成为对各行业新的要求。

1. 专业与职业的关系

(1)专业与职业是包含关系(图 1-2 左图)

一个人所从事职业一直在其所学专业领域内。这种情况，选择的职业与所学专业相吻合，能够做到学以致用。

(2)专业与职业是交叉关系(图 1-2 中图)

这是指一个人的职业发展在其所学专业的基础上，有重点地朝某一方向扩张。这种情况下的专业学习同样起到了基础性作用，这就要求学好专业知识的同时，增加新的专业技能。很多专业本身也是具有这样交叉学科属性的。

(3)专业与职业是分离关系(图 1-2 右图)

这是指一个人所从事的职业或者行业与原专业没有关系。

图 1-2　专业与职业的关系示意图

2. 如何处理好职业与专业的关系

学生是在就业为导向和前提的情况下，如何处理专业与职业的关系，关系到未来职业的发展。

(1)充分了解专业

通过与辅导员、专业教师、毕业校友等群体的沟通，充分了解自己的大学专业以及未来的职业方向，明确专业与未来期待的职业是何种关系。同时，了解专业所学技能和基础理论知识，以及人才培养体系和标准，为自己设定专业学习计划和未来的职业规划。

(2)学好专业技能

大学的学习已经不再是单纯的理论和基础学习，更多的是和实践相结合的学习方式。所以要养成好的学习习惯，树立正确的学习目标，提高专业技能的同时，提升自学能力、思维能力，有目标、有计划地处理好专业和职业的关系，及时调整自己学习的侧重点。

（三）获取职业信息

我们所处的时代是一个信息高度发达的时代，各种信息触手可及。我们获取职业相关信息的方式也有很多种。一方面，可通过学校的途径向老师、校友咨询，另一方面，可以自己通过网络等途径搜索。以下几类方式值得借鉴。

1. 招聘平台的招聘信息

了解你所学专业对应的岗位都有哪些，了解岗位的录取标准、要求的专业技能。经过比对分析这些信息，大致可以形成一个信息矩阵，让你对你的专业有一定的了解，并了解大学期间应该学习什么样的技能。多个信息平台间的比对还是非常重要的。

2. 访谈活动

积极参加校外的一些专业活动(分享会、行业论坛、技术培训)，向行业从业者直接了解当前职业发展的最新资讯。

3. 实习实践活动

积极参加和专业相关的社会实践、企业实习。实习一定要是与专业相关的岗位，要不然只能是浪费时间。例如，在街头发传单、快餐店打工。如果你是一个销售专业的学生，那么发传单也许是有意义的，但是如果你是一个设计专业或者制造专业的学生，那么这样的实践意义不大，对于职业发展和专业的体会是没有帮助的。

总体而言，职业的定位需要以对自己的专业有一个充分的了解为前提。之后结合自己的兴趣、性格等因素，找到自己在专业方向下的职业目标。设定了目标，有意识地提高自己需要具备的职业能力。

三、 职业生涯及规划

职业生涯是一个人终生的职业经历，是追求自我实现的重要的人生部分。与职业不同，职业生涯是一个发展的概念，是一个动态的过程。这个动态的过程也会经历不同的阶段，不同的职业的不同阶段也会有不同的发展重心和追求。

职业生涯规划是指个人以自己的人格特征、职业兴趣、工作价值观、素质能力等综合分析衡量为依据，结合所处时代的社会、政治、经济发展、个人所扮演的社会角色等特点，与某个行业或职业相结合，确定其最佳的职业生涯目标，并为实现这一目标而付诸行动的计划安排。在制定个人职业生涯规划时所要考虑的要素主要包括三个方面。第一，个人基本情况。主要包括个人的兴趣爱好、性格、特长、能力和价值观。第二，个人能力和需求。主要包括个人能力、潜力、优势与劣势，以及达到目标所需的特殊能力与教育培训需求。第三，个人外部环境。主要包括社会、企业的需求，家庭的期望，科技的发展，经济环境，职业政策与社会机遇等。

个人职业生涯规划的步骤与方法主要包括以下几点。

第一，职业生涯认知。了解职业生涯规划的重要性和必要性。

第二，自我认知。全面评估自己的兴趣、性格、能力、价值观和行为取向等个性特征，通过对自己进行全面的分析而为自己做出准确的定位。

第三，外部分析。评估各种外部环境因素对自己职业生涯发展的影响，如经济环境、行业环境、企业环境、家庭环境等。

第四，确立职业目标。依据自我认知和外部分析确定个人未来所希望从事的职业领域。

第五，规划与行动。根据自己的职业目标制定有计划的、可实现的职业规划。规划中应包含时间节点、方向、实现路径，并依据计划采取行动。

（一）职业发展的阶段

1. 准备阶段

准备阶段指进入职场之前的 2 年。这个阶段主要是就业前的专业学习、技能学习、职业规划，也是一个职业素养启蒙的阶段。在这个阶段，大家应该多向他人咨询，做到充分了解未来的职业信息。

2. 选择阶段

选择阶段指进入职场的第一年。这个阶段是一个人刚从学校毕业，走入职场，面临着巨大的挑战和心理调整的阶段，也是需要不断学习和反思职业规划的阶段。这也是职业生涯的第一个阶段。可以做不同的尝试，但是这个阶段的时间不能超过两年，否则会进入一个不断职业选择、重新开始的死循环。

3. 适应阶段

适应阶段指进入职场的 1～2 年。在这个阶段，你已经明确了自己的职业方向，对目前从事的工作也有了一定的了解，是职业经验、专业能力快速提高的一个阶段，不断接受具有挑战性的任务，也是职业角色转变的塑造期，这个阶段越短，代表专业能力与职业能力越强。

4. 稳定阶段

稳定阶段指进入职场 3～5 年后。这个阶段职业发展前期是职业发展的黄金期的开始，正处于做事游刃有余、经验足够面对各种职业场景的阶段，也是走入管理层的一个时机，在专业技能提升的同时也提高了综合职业素养和管理能力，慢慢可以管理更大的项目和团队，提升职业的成就。

5. 衰退阶段

50 岁之后，由于生理条件的变化，各方面精力和能力发生了变化。在这个阶段，适合及时调整自己的工作方向，例如，转向教育、技术传承、管理咨询等依赖经验与阅历的岗位。

6. 结束阶段

国家的法定退休年龄目前在 60 岁左右。职业生涯结束后，生活重心更多地向退休或者其他方面转移，有的被企业返聘，继续为行业贡献自己的能量。随着医学的进步，这个阶段的起始年龄也逐渐地向更高的年龄转移，60 岁后还战斗在一线的人员也越来越多，贡献的价值也越大。

各职业发展阶段如图 1-3 所示。

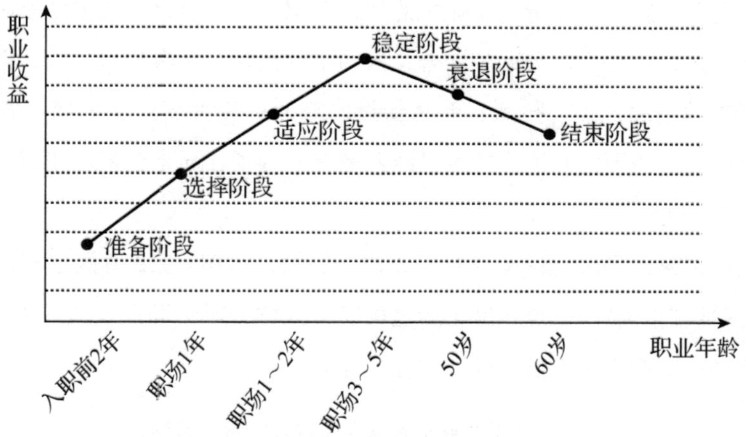

图 1-3 职业发展阶段示意图

职业生涯的前两个阶段对职场发展具有重大意义，也是我们可以主动选择职业的最后机会。这两个阶段的决定也基本为自己的职业生涯确定了目标和方向，所以需要格外珍惜这个阶段的职业机会和能力提升。

（二）职业发展趋势

社会发展到今天，进入了一个智能的新时代。新知识、新技术层出不穷，相应的产业结构将加快调整和升级，职业也因此表现出一些新的发展趋势。

1. 职业种类更新速度加快

随着社会的发展以及科技进步的加快，职业的种类也出现了快速的迭代，一部分新的职业出现、繁荣，一部分传统的职业消失、转移。未来，职业的发展、变化及更替将更加迅速。现代大生产的显著特点是市场竞争激烈，产品更新换代速度加快，必将不断催生新的职业。

2. 面向第三产业类的职业、高新技术有关职业更加发达

随着社会的发展，以服务为主的第三产业类职业将得到全面发展，在产业结构中的比重将得到很大提高。根据统计，在发达国家第三产业的产值占国内生产总值(GDP)的比重已达60%～70%，而我国第三产业的产值仅占GDP的40%左右，这说明我国的第三产业的发展空间非常大。相应的职业必将不断扩大规模，越来越发达。

科学技术突飞猛进，高新技术产业、高效益产业、轻型产业、绿色环保型产业的比重越来越大，大量新技术、新工艺、新设备运用到各产业领域，这也必将带动相关职业产生突飞猛进的发展。

3. 职业的综合化、智能化、专业化程度越来越高

从职业的专业化程度方面分析，职业中的知识要求越来越丰富、技术含量将越来越高。现代教育之所以要普及，要与生产劳动相结合，人的平均受教育年限越来越长，都是因为职业需要越来越多和越来越新的知识、技术；而高新技术产业的相关职业更是离不开强大的技术支持。而且，一个职业所需要的知识、技术已经不是单一的了，而是越来越丰富和复杂，需要从业者具备综合职业能力。

职业的发展与国家的经济建设是息息相关的。例如，2016年12月国家三部委联合发布了《制造业人才发展规划指南》，一定程度上为这类职业人群指明了职业发展的方向。如表1-1所列的几个行业领域也会迎来大发展机遇和就业机会。

表1-1 制造业十大重点领域人才需求预测

单位：万人

序号	十大重点领域	2015年	2020年		2025年	
		人才总量	人才总量预测	人才缺口预测	人才总量预测	人才缺口预测
1	新一代信息技术产业	1050	1800	750	2000	950
2	高档数控机床和机器人	450	750	300	900	450
3	航空航天装备	49.1	68.9	19.8	96.6	47.5
4	海洋工程装备及高技术船舶	102.2	118.6	16.4	128.8	26.6

续表

序号	十大重点领域	2015 年	2020 年		2025 年	
		人才总量	人才总量预测	人才缺口预测	人才总量预测	人才缺口预测
5	先进轨道交通装备	32.4	38.4	6	43	10.6
6	节能与新能源汽车	17	85	68	120	103
7	电力装备	822	1233	411	1731	909
8	农机装备	28.3	45.2	16.9	72.3	44
9	新材料	600	900	300	1000	400
10	生物医药及高性能医疗器械	55	80	25	100	45

活动与训练

我的职业兴趣

目标：依据霍兰德职业兴趣理论，确定学生的职业兴趣和方向。

活动形式：分组讨论。

道具：卡片/A4 白纸。

过程：

1. 依据霍兰德职业兴趣理论，学生在 A4 白纸上写好自己的职业兴趣，并写出与兴趣对应的职业、岗位。

2. 依据兴趣类别，对学生进行分组。兴趣相同的为一组，小组内进行讨论，成员之间互评职业兴趣与岗位的对应，说明自己的观点。每人只说他人的兴趣与岗位是否匹配和理由。

3. 每组选择组长发言，总结小组成员讨论情况，以小组内争议最大成员作为案例分析，小组讨论结果。

（建议时间 30 分钟）

探索与思考

1. 职业变化太快，如何能保持所学即所用？

2. 职业规划什么时候做比较好？

第二节 职业素养

学习目标

1. 了解职业素养的定义。
2. 了解职业素养的要素。
3. 了解职业素养的特征及意义。

导入案例

职场比拼

小赵刚入职一家公司5个月，在销售部工作。老张是他的同事，小赵刚来的时候，老张还偶尔指导一下小赵的工作。小赵平时工作很努力，上个月还得了业绩第一，于是被破格提拔为销售部的副部长。这让资历更老的老张心里很不服气，便去找经理理论。

“刘总，请问我有迟到早退或违章乱纪的现象吗?”

“没有。”

“那是公司对我有偏见吗?”

“当然没有。”

“但是为什么比我资历浅的人都可以得到重用？我来到公司好几年了，为什么没有升职呢?”

刘总看了看老张，然后说：“你的事等下再说，我现在手里有件重要的事，要不你帮我处理一下?”

“好吧。”

“有一家客户要来咱们公司考察，你联系一下，看看什么时候来。”

“这可真是个重要任务。”说完老张愤愤不平地走了。

“联系到了，他们说可能下周过来。”

“具体下周几。”

“我没细问。”

“他们有几个人。”

“你没让我问这个呀。”

“他们是坐火车还是坐飞机。”

“你也没让我问啊。”

说完，刘总拿起电话：“小赵，有个客户要来公司考察，你联系一下，电话号码我现在发给你。”

半小时之后，小赵走进了办公室。

“刘总，我已经跟那边联系好了，他们是乘坐下周三下午2点的飞机，大约4点到达。他们一行6人，由采购部的赵经理带队。我跟他们说了，我们公司会派人去机场接机。他们计划考察两天，具体行程等到了以后双方再作商榷。为了方便工作，我建议把他们安排在附近的国际酒店，如果您同意的话，我明天就会提前预订房间。”

“行，你去办吧。”

“好的。刘总，下周天气预报有雨，我会随时跟他们保持联系，一旦情况有变，我会及时向您汇报。”

刘总点了点头，转眼看着站在一旁的老张。老张也自愧不如地默默低下了头。

刘总起身拍着老张的肩膀说：“你也是老员工了，工作业绩也还可以，但是就是差点，差在哪儿了呢?”

入一行，先别惦记着能赚钱，先学着让自己值钱。没有哪个行业的钱是好赚的，干工作没有哪个是顺利的，受点气是正常的，一时赚不到钱，还可以赚到知识、经历，赚不到经历赚阅历，以上都赚到了，就不可能赚不到钱。只有先改变自己的态度，才能改变人生的高度。让人迷茫的原因只有一个，就是本该拼搏的年纪却想得太多，做得太少。

分析：小董作为一个职场新人，因为具备了良好的职业意识和综合的职业素养，造就了他做事的风格和能力。职场有时候比拼的不仅仅是某一项技能的高低，而是综合全面的职业素养。

一、 职业素养的定义

“素养”一词在古代汉语中就有记载。《汉书·李寻传》记载：“马不伏枥，不可以趋道；士不素养，不可以重国。”这里的素养指的是修习涵养，也就是说，素养是需要经过躬身践行才能获得的技巧或能力。学术界将职业素养定义为职业内在的规范和要求，是在从业过程中表现出来的综合品质，包括职业道德、职业能力和职业意识等方面。可见，职业素养是人们在长期的职业活动中所表现出来的比较稳定的、长期的道德、观念、行为和能力的总和。职业素养可以通过教育培训、职业实践、自我修炼等途径培养，并在职业活动中起决定性作用。

职业素养既受到个人气质等先赋因素的影响，也受到教育、实践和家庭背景等后天因素的影响。其中，后天因素的影响更大。因此，同学们可以通过学习和实践来提升职业素养。

1895 年，弗洛伊德和布罗依尔共同提出了冰山理论。之后，冰山理论被广泛地运用于社会学、心理学、管理学等领域。弗洛伊德认为，人的性格就像海里的冰山一样，露出水面的只占一小部分，而掩盖在水下的大部分作为基础支撑着水面上的部分。1973 年，美国心理学家戴维·麦克利提出了著名的素质“冰山模型”理论(如图 1-5)。他把员工的素养比作一座冰山，将浮出水面之上的部分称为显性素养，占“冰山”的八分之一，而将潜在水下的八分之七称为隐性素养。其中，显性素养表现为知识经验、职业技能等，而隐性素养支撑着显性素养，表现为动机、特质、自我形象、态度、价值观、自我意识等。用人单位在招聘员工时，常常可以通过学历、技能证书等了解到求职者的显性素养，但是对于员工隐性素养的了解，如抗压能力、沟通能力等，则只能在长期共事的过程中了解。

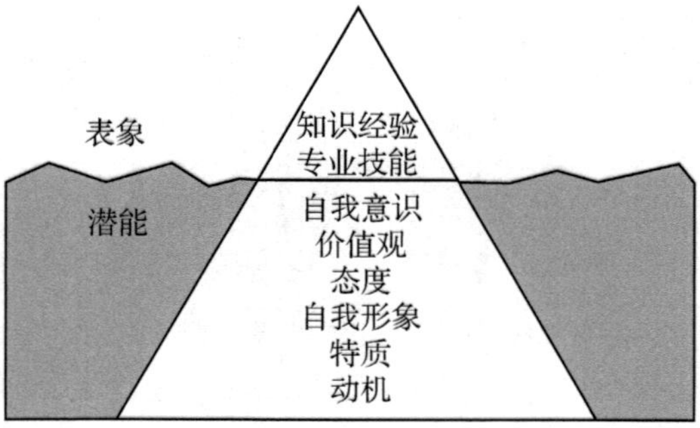

图 1-5 冰山模型

二、 职业素养的要素

职业素养分为显性要素和隐性要素两部分，如图 1-6 所示。

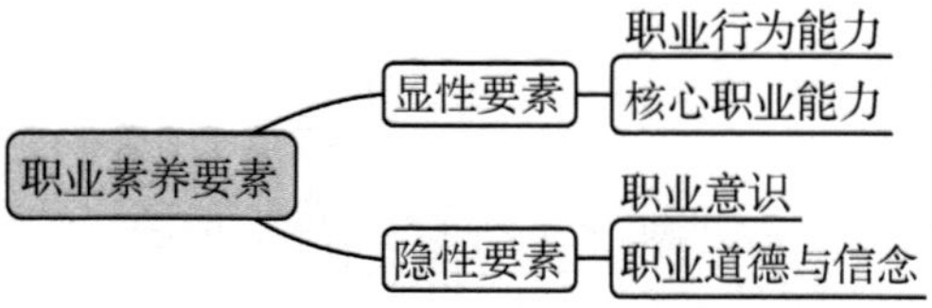

图 1-6 职业素养要素结构

（一）显性要素

1. 职业行为能力

职业行为能力是人们对职业劳动的认识、评价、情感和态度等心理过程的行为反映。它是由人与职业环境、职业要求的相互关系决定的。职业行为能力包括职业创新行为、职业竞争行为、职业协作行为和职业风险行为等。

2. 核心职业能力

核心职业能力是在人们工作和生活中除专业岗位能力之外取得成功所必需的基本能力，它可以让人自信和成功地展示自己，并根据具体情况如何选择和应用。核心职业能力包括压力与情绪管理、高效执行力、时间管理、日常办公软件使用、思维与逻辑表达、问题分析与解决、职场面试技能、管理者情商与领导力、自学能力与终身学习能力等。

（二）隐性要素

1. 职业意识

职业意识是人们对职业劳动的认识、评价、情感和态度等心理成分的综合反映，即人们对特定职业的综合情感、理性认识和工作态度。职业意识是支配和调控全部职业行为和职业活动的调节器。职业意识是最深层的制约职业人思考能力的思维，包括责任意识、团队意识、规矩意识等。职业意识有社会共性也有行业或企业的个性。职业意识的社会共性是指全社会各行业中形成的共有的、普遍认可和遵守的意识，如敬业精神和奉献意识。职业意识的行业或企业个性是人们对某些行业或企业的具体岗位职责的基本认识，也就是身份认识。

2. 职业道德与信念

职业道德是一切符合职业要求的心理意识、行为准则和行为规范。它是一种内在的、非强制性的约束机制，用来调整职业个人、职业主体和社会成员之间关系的行为准则和行为规范。它通过公约、守则等对职业生活中的某些方面加以规范，通过人们的职业活动、职业关系、职业态度、职业作风等表现出来。职业道德的基本要求是：爱岗敬业、诚实守信、办事公道、服务群众、奉献社会。

职业信念是在确定了自己所做的工作是正确的之后，要坚持和不断追求自己的目标，不要动摇，永远记住保持初心。

三、 职业素养的特征

职业素养具有职业性、稳定性、内在性、整体性、发展性等特征(如图 1-7)。

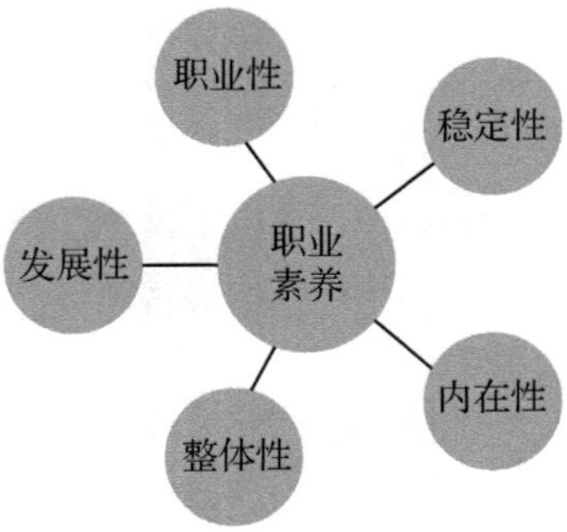

图 1-7 职业素养的特征

（一）职业性

职业性是职业素养的基本属性。职业素养的要求因职业的不同而不同。不同的职业在工作性质、岗位要求、专业能力等方面都存在很大的差异。例如，对销售人员的素养要求往往不同于对财务人员的素养要求。

（二）稳定性

职业素养具有稳定性。个人的职业素养是在长期职业实践中通过认识、实践、再认识、再实践的过程，在循环往复、螺旋式上升中形成的。它一旦形成，便产生了相对的稳定性，潜移默化地内化到人们的思想意识、实践行为中。

（三）内在性

职业素养是一个人内在特质的重要组成部分。从业人员在长期的职业活动中，会通过学习、认识和亲身体验意识到怎样做是对的，怎样做是不对的。有意识地内化、沉淀和升华这一心理品质，就是职业素养的内在性。

（四）整体性

从业人员职业素养和他的整体素养密切相关。职业素养不仅包括职业道德素养、职业行为素养，还包括科学文化素养、思想政治素养、专业技能素养。如果一个人职业行为素养和专业技能素养都较好，但职业道德素养比较差，我们就不能判定此人的整体素养好。

（五）发展性

职业素养具有发展性。一个人的素养是通过教育、自身社会实践和社会影响逐步形成的。社会和职场是不断变化发展的，工作岗位也会不断产生新的职业素养要求。人们为了更好地适应社会的发展和满足职场变化的需要，必须不断提高自己的素养。

四、 职业素养的意义

从个人角度看，职业素养是决定职业生涯发展的关键因素。没有良好的职业素养就难以取得突出的工作业绩。因此，提高职业素养有利于个人的全面发展。

从企业角度看，员工职业素养关系到企业整体效率的提高。员工的职业素养与企业的整体劳动效率密切相关。因此，提高员工职业素养有利于提高企业的劳动生产率。

从社会角度看，国民职业素养直接影响人民生命财产安全和社会的稳定。因此，提高国民职业素养有利于推动社会发展，是人民生命财产安全和社会稳定的前提。

五、 企业看重的职业素养

能力的养成和提高并非一朝一夕的事情。我们都知道创新精神、工匠精神在职场中的重要性，但是这些精神需要多种能力支撑。比如，一个逻辑思维能力很强、会问题分析与解决的人，创新能力就不会太差；一个懂得时间管理和自我管理的人，有能力养成工匠精神。在职场中，有一些企业非常看重的职业素养能力，是需要我们在进入职场前就有所了解、进入职场后不断提高的。

（一）职场沟通与表达能力

职场沟通与表达能力包含同事之间、上下级之间、商业合作等多个方面。这样的沟通与表达包能力括语言能力、文字能力、行为能力多个层面，所以是一项必备的多元化能力。

（二）执行力

执行力不仅仅体现在职场，也体现在我们平时的工作学习之中。执行力是团队、组织持续运转的保障，也是按时、按质、按量地完成工作任务，为企业创造价值的保障。

（三）学习能力

离开学校，进入职场，是独立自学的开始，所以在学生阶段就应培养自己自学的能力。学习能力是一个职场人应对未来竞争和挑战的武器。职场是不断进化的环境，学习能力就是核心竞争力。

（四）逻辑思维能力

逻辑思维能力不是一种天赋，也不是单纯的聪明才智，它是经过一定的刻意训练可以养成的习惯。这样的思维能力体现在做事上、写文章上、沟通交流上、提高专业技术上……所以逻辑思维能力是我们训练大脑思维、意识的工具。

（五）压力情绪管理能力

一个高手在面对巨大压力的情况下，也可能发挥失常。我们不仅需要和外界斗争，还要和自己的内心斗争，学会管理自己的情绪，学会在面对压力的情况下做出正确的操作。我们会面对更多的挑战，要在挑战中不断地提升自我。

（六）问题分析与解决能力

工作其实就是一个不断面对问题、解决问题的过程。如果我们只是盲目地应付问题，而没有分析总结，形成一个解决方案，最终可能会忙得头昏脑涨而无所获。

（七）时间与目标管理能力

时间对于每个人都是最珍贵的资源，在规定的时间内创造更大的价值也是每个人所期待的能力。学会合理地管理时间、管理项目，不仅是管理者的工作，也是每个职业人的职业化体现。

（八）自我管理与团队管理能力

管理是一门艺术。在职场中，很多人都经历过从管理自我走向管理他人。再小的团队也是一个团队，在团队中与团队一起成长是职场中很重要的职业意识。掌握必要的管理能力，具备管理者思维也是企业看重的职业能力。

（九）法律意识

法律意识是职业意识的底线。不越过这条底线，是对个人利益、企业利益的最大守护。一个疏忽大意将一个企业毁灭的案例还在不断发生。只有提高每个员工的职业法律意识，才能有效地避免这样的悲剧发生。

总结案例

我的同学成了我的领导

小孙和小张是机械专业的两名毕业生，曾经是上下铺的兄弟，他们找工作时也选择了同一家国内知名企业，成了机械助理工程师。刚开始工作的他们工作劲头非常足，人们常常在工厂车间里见到他们的身影。小孙比较喜欢研究技术，在车间里跟着主管学完技术后的他，回到办公室继续查找相关的技术书籍，不断地学习提高。由于他的性格比较内向，他除了和部门的同事进行工作上的交流外，把其他时间都花在研究技术或是完成技术报告上。他在工作中的勤恳努力，大家都有目共睹。主管常常去找他了解工作进度，他也能按部就班地完成汇报。

而小张在车间也学习技术。聪明好学的他对于技术的学习也很快，但工作之余的他比较喜欢和同事主管沟通，当然有时候的“沟通”更多的是聊天，所以大家也都比较喜欢小张，尤其是部门的主管。

工作到第三年的时候，小孙和小张的主管有幸高升到经理的职位，而他的主管职位谁来接手呢？是埋头苦干的小孙，还是左右逢源的小张？最终的结果让小孙有点不能接受，就是小孙从助理工程师升级为工程师，小张则升职为部门主管，成了小孙的上级。难道在职场想升职就得搞人际关系吗？自己老实巴交的性格不可能说改就改，他这样的性格注定在工作中没有发展了吗？心里委屈的小孙找到了前任领导谈心才知道了这背后的真实原因。

原来领导是在有意地培养他。领导认为小孙是一个为技术而生的技术人才，继续在工作中潜心研究机械专业技术、走技术这条路才是他职业发展的核心竞争力。他完全可以把机械技术作为他的职业锚，在技术层面上深耕钻研，未来发展方向就是机械制造方面的专家，在职业通道上可以发展成为技术主管或技术经理。而小张，专业技术水平也没问题，但是其他方面的能力更加出众。他能团结同事，也能很好地传达领导的管理意图，是个不错的懂技术的管理者，所以在管理层面上给他一定的发挥空间。

分析：在职场，我们应该找到自己努力发展的方向，是技术路线还是管理路线。当面对那些看似不公平的现象，我们要用职业化的思维去思考，不仅仅是做好专业技术这一方面就足够了。未来的小董终将要面对更多专业之外的挑战，应对这些挑战的综合能力就是职业素养。

活动与训练

我的潜能

目标：了解自己还未具备的职业素养，锻炼个人表达总结能力。

活动形式：5 分钟演讲。

道具：个人汇报 PPT。

过程：

1. 以“我的职业素养分析”为题，依据课程中的冰山模型、企业看重的职业素养，分析自身已经具备的能力和未具备的能力，重点分析这些显性和隐性要素之间的关系。

2. 将自我分析的结果做成 PPT 演讲方案，限时 5 分钟，在班级内做个人陈述。

3. 教师总结学生汇报方案的内容、形式、现场表现，给予评价。

探索与思考

1. 职业素养和专业能力是什么关系？
2. 职业素养是在职场学习还是在学校学习？

第三节 未来职场

学习目标

1. 了解未来发展趋势。
2. 认识未来职场。
3. 了解未来职场技能的方向。

导入案例

“斜杠青年”

“斜杠青年”指的是一群不再满足“专一职业”的生活方式而选择拥有多重职业和身份的多元生活的人群。该词来源于英文 Slash，出自《纽约时报》专栏作家麦瑞克·阿尔伯撰写的书籍《双重职业》。这些人在自我介绍中会用斜杠来区分，例如，张三，记者/演员/摄影师。“斜杠”便成了他们的代名词。“斜杠青年”越来越流行，已成为年轻人热衷的生活方式。

“斜杠”的切入，往往是在职业之外，从自己的兴趣和爱好着手，通过自我学习、自我提高，发展成独特的专长，最终实现技能的收益。它可以是一种兼职行为，但不仅仅是兼职，更多的“斜杠青年”是某一方面的高手。

小李本职工作是新媒体策划编辑，副业是签约作者，副业收入是月均 1 万元。

小李能走上签约作者这条路，和她自己的爱好及多年的坚持密不可分。她从小就喜欢写作，空余时间就喜欢看书、写博客；毕业后做过编辑、记者，所从事的主业也是文字相关的工作。但是个人更喜欢教育、科技类的题材，于是业余时间开通了今日头条、知乎、简书等平台账号。一开始，只是作为写作的一种发布渠道。一年后，小李的关注度逐渐提高，成了这几个平台专业领域的签约作者，每篇文章都会有相应的收益。

小张本职工作是新能源汽车维修工程师，副业是技术培训师，副业收入是月均 2 万元。

小张和朋友一起经营一家汽车维修厂，规模不大，收入也相对稳定。他个人对新能源汽车的维修比较感兴趣，平时一直钻研这部分技术，也参加过一些专业的技术培训。几年下来，他的维修厂是当地为数不多可以维修多品牌的新能源汽车的维修厂。工作之余，他也开始了技师的培训工作。后来，他教学的经验越来越丰富，就办起了新能源汽车维修的培训班，自己也当起了自由培训师，偶尔还去外地给其他企业培训，后来还开设了在线的付费教学课程。

"斜杠青年"是这个时代年轻人的新的工作方式和生活方式。

分析："斜杠青年"的出现，展现了一种新的职业发展模式，这是在大的互联网技术发展的环境下产生的。职业素养的综合性和对职业能力的可塑性，让更多的职场人有机会将自己的职业技能成为副业，甚至是新职业。

一、 未来的趋势

我们生活在一个社会剧烈变革和转型的新时代。我们越想看清未来，就越无法确定未来，但是对于未来的大势所趋，我们还是可以做一个长期的展望。我们现在所看到的趋势，可能不仅仅是下一个十年，也许是未来几个十年的大浪潮、大趋势。我们每个人都是大浪潮中的一粒沙，或是沉到海底，或是冲上浪头。我们的工作和生活都已经参与到了未来的变革之中。

（一）"互联网＋"

2015 年 3 月 5 日，国务院总理李克强在提交党的十二届全国人大三次会议审议的《政府工作报告》中提出，制订"互联网＋"行动计划，推动移动互联网、云计算、大数据、物联网等与现代制造业结合，促进电子商务、工业互联网和互联网金融健康发展，引导互联网企业拓展国际市场。直至今日，"互联网＋"依然是最热门的话题，也是被各行各业引用最多的发展思维。

国家发展和改革委员会对"互联网＋"的解释是："互联网＋"代表一种新的经济形态，即充分发挥互联网在生产要素配置中的优化和集成作用，将互联网的创新成果深度融合于经济社会各领域之中，提高实体经济的创新力和生产力，形成更广泛的以互联网为基础设施和实现工具的经济发展新形态。

当我们看到很多"互联网＋"的概念出现之后，在内心有没有问过，"互联网＋"是什么？为什么不是"＋互联网"？从语义上开看，"互联网＋"具有主动攻势的意思，"＋互联网"则有被动守势的感觉。这里代表了对于国家这场技术变革的态度，目的就是通过互联网对传统行业的改造，帮助其创新升级，最终促进全产业升级。尤其在大众创业领域，由互联网企业主导，提供平台，为中小企业产品创新、商业创新提供了巨大的支持。通过“互联网＋”形成的新的经济形态，就是当前与传统行业整合、融合发展的阶段，就像工业革命一样，改变着未来的生活和生产方式。

1. 支撑和驱动“互联网＋”的技术要素

(1)终端技术

这类技术包括移动芯片、传感器、新材料、新能源等多个方面。我们日常的手机就是最典型的终端设备。正是智能手机的普及，造就了移动互联网的空前发展。

(2)软件技术

这类技术包含云计算、大数据、人工智能、人机交互等多个方面，这些技术的发展延展了企业和技术的边界，也降低了企业的生产成本。例如，传统压铸行业的 CAE 软件采购成本几十万，而现在国产的 CAE 云软件，运算时间是原来的百分之一，费用也是原来的千分之一。

(3)网络技术

这类技术包含 5G 技术、NFC、工业无线技术等，便捷、快速的网络技术是对前两种技术的强力支撑。

2.“互联网＋”将迎来的变革

以上的技术在发展，并且改造着我们的传统行业。不同的行业在这“互联网＋”的技术浪潮里，将迎来什么变革呢?

(1)互联网＋农业

以互联网技术为支撑，将农业的标准化、规范化向前推进，实现现代化的耕种。在生产过程中，通过农场中的各种传感节点与互联网平台的通信，实时地掌控数据，将智慧化农业、牧业带到生产活动中，之后再通过网络平台打破农产品销售信息不对等，通过现代的物流体系、电商体系，为农民打开致富之门。

(2)互联网＋工业

“互联网＋”是实现智能制造、中国制造的未来，也是打破国外技术垄断的机遇。工业生产的智能化体现在了设备的智能化、资源管理的智能化、供应链管理智能化、生产智能化多个方面。传统生产方式巨大的改变，也在影响着新一代产业工人的职业能力模型。

(3)互联网＋民政

通过大数据的分析，政府的决策更加科学化、智能化，办事流程也更加简捷、高效、透明。智慧化的城市建设，大大提高了人民生活的质量和幸福感。

(4)互联网＋创新创业

在大众创新万众创业的大时代，互联网让创新这件事变得更加便捷，它降低了不同创业者之间彼此链接、分享和共生的成本。

（二）数据智能

从远古的结绳记事，到文字的发明，再到古代史官对于历史、人文、星象数据的记录，直到现在的大数据，不可否认的是数据记录存储方式的不断进步，推动了技术的变革和生活质量的改变。人工智能也是依赖于数据让机器更加的智能。不同的时期和科技水平下，“智能”的具体含义也是不同的。

数据化，不仅包括对于数据的记录，还包括分析、融人以及指导行为。通过互联网技术，我们的文字、地理坐标、情绪感受、健康状况等都被精确地数据化了。这些数据化的参数、指标也是人机交互的共同语言。要想不被智能化数据化取代，一定程度上，只要你是可以读懂和设计这些语言的人，在现在产业中就有生存空间。大量的工业机器人替代了人工，但是这些机器人的背后是操作这些机器的人。他们设计程序、调整改良机器，甚至是“教育”这些机器。

智能化，是一个我们看到的结果，机器、系统逐渐取代人工，人为的决策也依赖于智能化的结果。根据世界经济论坛(The World Economic Forum)的一份报告，到 2020 年，机器人将夺走 15 个发达国家中的 500 多万个就业岗位。不可否认，智能化，是未来的一大趋势。而人们对于智能的发展，也一直都是喜忧参半。有人在担忧失业，有人在憧憬未来，有人在发掘行业机会……毋庸置疑，机器的逻辑算法会超过人类，但是在沟通能力、创造性思维等领域是不会被替代的。时代永远需要开放性、创造性人才。

伴随物联网、数据科学和计算能力的高速发展，未来就是一个数据智能的时代。只有积极拥抱未来，关注科技，才能发现自己未知的可能性。

（三）组织变革

2020 年年初，发生在全球的新型冠状病毒肺炎疫情给经济带来了巨大的影响，也在一定时间段内改变了人们生活、工作、学习的方式，“在家办公”“在家学习”一时间成了常态。很多企业在这个阶段被迫启动在线模式、互联网模式。这一巨大的冲击，结合互联网的发展，一定程度上也将加速企业组织的变革。

1. 组织协同创新

创新不再是一个人的事情，而是由不同团队成员协同完成。每个环节和上下游的关系也将更加紧密。

2. 领导者不再是管理，而是赋能

这一点可能从根本上改变了组织结构模式，它在互联网公司体现得最为明显。互联网公司的领导更多的是给予团队支持，而不是命令。这样的赋能，也不再是源自一个领导者，可能源自一套数据系统，或是一个部门、一个管理后台。

3. 生产模式

企业与企业之间的合作和分工更加精细化。万物互联的时代，连接起来的不仅仅是机器，连接的也是企业与企业之间的协同。这点可能改变或者颠覆传统公司的形态。团队与团队之间的合作共生不再是企业内部的事，而扩展到了企业之外。

（四）绿色环保

绿色环保理念的深入人心，也在改变着经济发展的方向。新能源已然成为一个发展潜力巨大的行业领域，传统行业也在节能环保方面取得不断进步。如果未来的你在一家传统行业的企业就职，节能环保很可能就是这家企业创新的方式。建筑、服装、能源、工业生产领域的创新很大一部分就是绿色环保理念所驱动的。

绿色环保理念的发展促使社会出现了绿色职业和绿色技能。在联合国环境规划署与国际劳工组织共同发布的《绿色职业：一个可持续、低碳的世界里实现体面工作》的报告中指出，绿色职业就是在农业、制造业、研发部门、管理和服务业领域有助于持续保护和恢复环境质量的职业。主要指那些帮助保护生态系统和生物多样性的工作，通过高效的方式减少能源、材料和水资源的消耗，避免废弃物污染环境的工作。

与绿色职业相似，绿色技能不仅包括绿色职业从业者的技能，还指所有行业从业者需要具备的绿色技能。与互联网技能一样，绿色技能将成为未来所有工作岗位的基本能力要求，因为绿色经济发展要求所有行业的工作者都具备一些基本的环境保护意识、能力和责任感，避免在工作中对环境造成破坏性影响。

二、 未来的职场

（一）新职业

2019 年 4 月，人力资源和社会保障部发布了 13 个新职业：人工智能工程技术人员、物联网工程技术人员、物联网安装调试员、大数据工程技术人员、云计算工程技术人员、数字化管理师、建筑信息模型技术员、电子竞技员、电子竞技运营师、无人机驾驶员、农业经理人、工业机器人系统操作员、工业机器人系统运维员。

2020 年 2 月，人力资源和社会保障部与市场监管总局、国家统计局联合向社会发布了智能制造工程技术人员、工业互联网工程技术人员、虚拟现实工程技术人员、连锁经营管理师、供应链管理师、网约配送员、人工智能训练师、电气电子产品环保检测员、全媒体运营师、健康照护师、呼吸治疗师、出生缺陷防控咨询师、康复辅助技术咨询师、无人机装调检修工、铁路综合维修工和装配式建筑施工员 16 个新职业。这是自 2015 年版《中华人民共和国职业分类大典》颁布以来发布的第二批新职业。通过观察以上 16 个新职业，我们可以发现，这些职业都需要一定的专业知识，而且技术行业居多。不管是以前还是现在，技术人员都是企业的核心员工，所以不难推测这些职位的薪资待遇都不低。

我们可以看到，这批新职业主要集中在以下三个领域。

1. 生产制造与建筑领域

工业智能化将是未来制造业的发展方向。一方面，是因为人力成本的上升，推动了智能化的技术发展；另一方面，社会对拥有专业背景又具有智能技术的人才的要求也越来越精细。

2. 现代服务领域

在新职业中，我们看到了连锁经营管理师、供应链管理师、网约配送员等服务产业的职业。产业规模化的发展，一定程度上也出现了管理人才的缺口。同时，围绕服务业出现的新媒体行业出现了爆发式的增长，直播、短视频这类新媒体的相关职业也出现了新的转变。

3. 康养产业领域

医疗、大健康等领域近些年也被看作朝阳产业。在这些领域中，正在产生新的职业与就业机遇。

每一次变革都会迎来人才结构的调整。希望成为高、精、专的人才，就必须了解各行业的发展趋势，积极地学习新知识、新技能，努力提高自己的从业能力。机会总是留给有准备的人。

（二）传统行业变革

互联网相关专业的火爆，让很多在校的学生为自己所学的传统专业而担忧，害怕毕业之后就业困难，或者所从事的工作不够理想。其实完全没有必要担忧。互联网对传统行业其实是赋能的过程，也是彼此融合的过程，所以才需要“互联网＋”的理念。那么对于传统专业的学生，在学生阶段，也应该有“互联网＋”的思维，就是在自己专业技能的领域，学习相关内容的一些互联网知识、技能。这样就是在不断地增值的过程，也是传统行业变革的过程。所以，不管你学的是什么专业，在技能学习上是没有边界的。

传统行业的变革在前文“互联网＋”环节是有提及的，所以我们更想传达的是各个行业的从业者的思维模式的改变。传统行业和互联网行业的边界也在逐渐模糊，对于人才的能力要求也更加多元化。一个工厂的工程师可能需要懂得简单的编程知识，一个写字楼里的程序员可能需要懂得工厂的生产流程。传统行业或专业的变革，对人才能力的需求将更加多元化、智能化。

三、 应对未来的能力

（一）互联网＋专业技能

无论在传统行业还是新兴行业中，互联网思维已成为当下热门的思维方式。学生在学生阶段的主要工作就是学习专业技能，但是也要在这个阶段学习必要的互联网技能或者思维。关于自学的方式，本书会在后面的学习模块介绍。这里希望通过对几个行业或者专业的分析，让大家了解什么是互联网＋专业技能。

1. 营销专业

这是涵盖各行各业传统专业，一些院校会细分到汽车营销、美妆营销这些具体的产业里。无论你未来销售的是什么样的产品，都会有一个行业属性。汽车、医疗、化工这些都是行业属性。在学校阶段除了学习营销相关的知识，更多就是学习相关行业的知识了。但是实际的工作中，随着企业的销售模式的互联网化，营销人员就需要具备相应的技能。企业运用各种技术手段以达成销售的目的，客户营销管理系统、新媒体矩阵、社群营销、直播带货等新的营销方式和技能正是互联网＋营销的专业技能。所以，学生需要学习一些相关的软件、操作的技巧套路，甚至是管理的流程。

2. 汽车维修专业

汽车维修专业代表了维修技师这一类传统职业技能专业，尤其汽车领域的。随着新能源汽车技术的发展，维修技术的方向也产生了巨大的改变，设备越来越趋向智能化。检测设备的智能化，车载的智能化系统，都是需要学习的新技能方向。同时，随着汽车行业的发展，配套的充电设备的维护、车联网技术等新兴领域也是未来这个传统专业的学生的新的就业出口。

3. 管理专业

管理专业包含了一些细分的方向，如物流、金融、酒店、财务、生产等。这些行业的管理手段不再是过去的人管人，而是从流程上开始的数据化、在线化。每个行业也有专业的行业管理软件，这些软件让企业更加高效，让管理更标准化。所以尽早接触这一类软件也是“互联网＋职业技能”的体现。

其实还有很多专业，就不一一列举。“互联网＋专业技能”才是未来学习的主要方向。

（二）职业素养＋专业技能

本模块重点讲述了什么是职业素养以及职业素养的能力都包含什么。通过学习，同学们可以明白职业素养其实不是一个技能，而是一系列技能的综合体现，甚至也包含了“互联网＋”的思维以及专业技能。所以真正的职场核心竞争力，就是职业素养＋专业技能。

那么，职业素养的学习要如何开始、什么时候开始呢？可以肯定的是，职业素养的培养，越早开始越好。一个人的思维、习惯的养成需要花费很长的时间，一个人的表达需要不断的演练，一个人自我管理和团队合作的意识也需要尽早开始培养。更重要的是自学能力等与职业素养相关的能力并非一朝一夕可以掌握，有的人甚至工作多年，其职业素养依然不足。所以，在平时学习专业技能的同时，要不断提高职业素养的能力才能具有竞争力。

活动与训练

你的专业“互联网＋”了吗？

目标：学生对所学专业的互联网化有一定的了解和认知，锻炼学生信息收集分析能力。

活动形式：调研报告。

道具：运用搜索引擎、问卷、书籍等手段获取调研数据。

过程：

1. 通过调研和信息搜集的方式，了解自己所学专业目前都有哪些“互联网＋”的理念、技术、企业、产品、技能、职业等。

2. 分析调研数据，整理成为一篇调研报告(有理论、有数据、有分析、有结论)。

探索与思考

如何做一名优秀的技能型当代大学生？

模块总结

职业素养是一个人综合能力的体现。在日常工作中，来自职业素养的挑战也是随处可见。在职场中，我们更倾向于把职业素养看作一个关键技能，一个关键能力，因为职业素养所包含的层面太多太广，不是一蹴而就的。

职业素养最大的特点就是无论你从事什么职业都需要具备。不同的职业，职业素养的侧重点稍有区别，但是职业素养更是一个综合能力的体现，也伴随职业生涯的各个阶段。

在传统的认知中，职业素养只是一些职业道德、行为规范、礼仪，只是加分项，而非职业技能或关键能力。但是大量的实践表明，职业素养包含的技能比部分专业技能更加重要、更加急需，而且是需要提前在学生阶段学会掌握的。本模块就是从职业认知开始，让大家先了解职业，再了解职业素养，让大家在进入职场之前，就开始建立自己职业能力发展的规划，在学生阶段，有目标、有选择地提高职业能力，而非单纯地积累职业知识。

MODULE 2

扫码进入微课堂

模块二 职业道德与职业意识

标准引领

知识 1. 了解职业道德的规范与特点。

2. 了解职业道德的内涵。

3. 了解职业信念的内涵。

能力 1. 学会培养职业意识的十个方面。

2. 学会提升职业道德的方法。

素养 1. 具备积极的职业意识心态。

2. 能够意识到职业道德的重要性。

学习导航

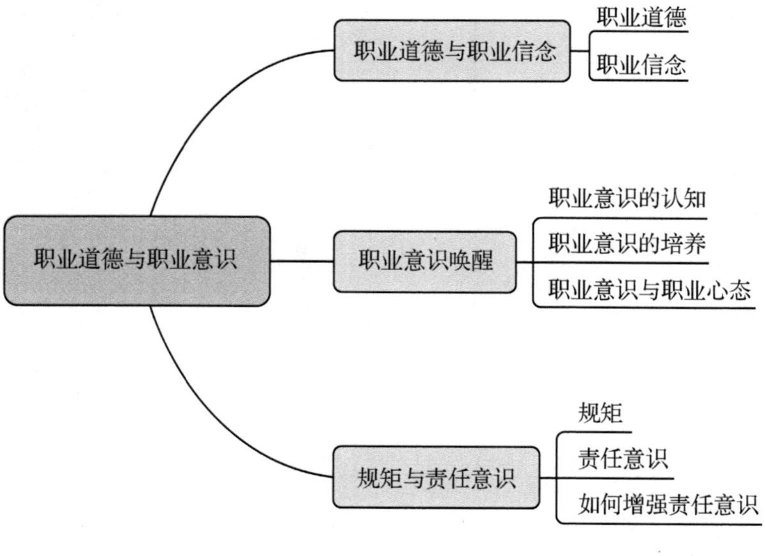

第一节 职业道德与职业信念

学习目标

1. 了解职业道德的内涵、规范与特点。
2. 学会提升职业道德的方法。
3. 了解职业信念的内涵。

导入案例

巴林银行倒闭事件

巴林银行是英国一家老牌贵族银行。这家银行有世界上最富有的客户——英国王室，同时他们也拥有史上最败家的员工——尼克里森。

尼克里森26岁时，就承包了巴黎银行10%的年利润，28岁时出任巴林期货在新加坡的首席交易员。这个时候，他可谓升职加薪走向人生巅峰，也成为巴林银行的传奇人物。然而，1995年，28岁的他以一己之力让这家有着233年历史、掌握270多亿英镑资产的巴林银行倒闭了。

1989年，22岁的尼克里森进入巴林银行。20世纪末，期货交易并不是通过网络实时交易，交易员下单失误在所难免，交易员会把错误交易暂时放入专门设立的错误账户，之后再向总部汇报。尼克里森原本的错误账户编号为88888。1992年，由于公司变动，总部要求尼克里森将错误交易放入另一账户，而未被撤销的88888依旧存在于电脑系统中，这就成为巴林银行内部的一颗定时炸弹。之后，急于显示才干的尼克里森不断将错误交易藏入秘密账户，从不上报，最后越攒越多。由于尼克里森很得上司赏识，又赶上证券业务快速增长的时期，风控部门疏于管理，竟然让身为交易员的尼克里森兼任了主管，自己编写假账，自己审查，只手遮天，瞒天过海。

到了1994年，尼克里森已无力隐藏秘密账户中5000万英镑的亏空，只能干票大的，试图扭转乾坤。正赶上11月日本经济在30个月的萧条后开始复苏，尼克里森押注日经指数不会掉到19000点以下，买进几千手期指。然而1995年1月17日日本发生7.2级的神户大地震，彻底震碎了尼克里森的幻想，日经指数直线下跌。尼克里森违背市场走势的大额交易，加上高倍杠杆，最终造成的损失达到8.6亿英镑，是巴林银行全部资本及储备金的1.2倍。巴林银行破产，最终以1英镑的象征性价格被荷兰国际集团收购。

在监狱里，尼克里森回忆道："有一群人本来可以遏制并阻止我的把戏，但他们没有这么做。"巴林银行倒闭后，《巴塞尔协议》增加了对银行业操作风险的计量要求，金融业加强了对内控和风险管理部门的重视。这个故事告诉我们，能力再强也要守住道德底线，公司再强也不能忘记把控风险。

分析：一个人突破职业道德的底线，最终整垮一家有两百年历史的企业，这样的教训深刻又沉痛。类似的事件在国内也曾有发生。在职场中，遵守行业规范和职业道德，秉持自我的职业理念，做到不越界是从业者整个职业生涯都应该不断追求和完善自我的过程。

一、 职业道德

职业道德是众多道德准则中的一种，也是企业非常重视的员工品格。在职场中，员工是否具备良好的职业道德是企业考核员工的首要项目。企业选拔员工，首先考察的是员工的道德素质和职业素养。员工职业道德的缺失将给企业带来巨大的风险和危害。

（一）什么是职业道德

道德是社会学中的一个基本概念，是社会意识形态之一。它是由一定社会经济基础所决定的，以善恶为评价标准，以法律为保障并依靠社会舆论和人们内心信念维系，是调整人与人、人与社会及社会各成员之间关系的行为规范的总和。不同的社会制度、不同的社会阶层都有不同的道德标准。

职业道德是一般道德在职业行为中的反映，是社会分工的产物。它是人们在进行职业活动过程中，遵循的具有自身职业特征的行为规范，也是一切符合职业要求的心理意识、行为准则和行为规范的总和。

职业道德虽然存在于人的内心，但是也会通过公约、守则等对职业生活中的某些方面加以规范。它是人类职业活动实践的产物，通过人们的职业活动、职业关系、职业态度、职业作风等表现出来，是用来调整职业主体和社会成员之间关系的行为准则和行为规范。

1. 职业道德的本质

职业道德是生产发展和社会分工的产物。由于社会分工，人类的生产就必须通过各行业的职业劳动来实现。随着生产发展的需要、科学技术的进步，社会分工越来越细，从而形成各种职业。职业道德就是为适应并调整职业生活和职业关系的行为规范而产生的。

职业道德是人们在职业实践活动中形成的规范。人们对自然、社会的认识，依赖于实践。正是由于人们在各种各样的职业实践中，逐渐地认识人与人之间、个人与社会之间的道德关系，从而形成了与职业实践活动相联系的特殊的道德心理、道德观念、道德标准。

职业道德是职业活动的客观要求。每种职业都承担着一定的社会责任，即职责；每种职业都享有一定的社会权力，即职权；每种职业都体现和处理着一定的利益关系，即职业利益。没有相应的道德规范，职业就不可能真正担负起它的社会职能。

2. 职业道德的内涵

职业道德的内涵包括以下八个方面。

第一，职业道德是一种职业规范，受社会普遍的认可。第二，职业道德是长期以来自然形成的。第三，职业道德没有确定形式，通常表现为观念、习惯、信念等。第四，职业道德依靠文化、内心信念和习惯，通过员工的自律实现。第五，职业道德大多没有实质的约束力和强制力。第六，职业道德的主要内容是对员工义务的要求。第七，职业道德标准多元化，代表了不同企业可能具有不同的价值观。第八，职业道德承载着企业文化和凝聚力，影响深远。

（二）职业道德规范

《中华人民共和国公民道德建设实施纲要》明确指出："要大力倡导以爱岗敬业、诚实守信、办事公道、服务群众、奉献社会为主要内容的职业道德，鼓励人们在工作中做一个好建设者。"因此，我国现阶段各行各业普遍适用的职业道德的基本内容，即"爱岗敬业、诚实守信、办事公道、服务群众、奉献社会"。

1. 爱岗敬业

俗话说"干一行爱一行"，就是从业者既要热爱自己所从事的职业，又要以恭敬的态度对待自己的工作岗位。爱岗敬业是职责，也是义务。

所谓爱岗，就是热爱自己的岗位工作，并为做好工作而尽心竭力。爱岗是对人们工作态度的一种普遍要求，即要求从业者以正确的态度对待各种职业劳动，又要在工作中努力培养热爱自己所从事工作的幸福感、荣誉感。

所谓敬业，就是用一种恭敬严肃的态度来对待自己的职业。企业更倾向于选择那些既有真才实学，又踏踏实实工作，且秉持良好态度工作的人。这就要求从业者要养成干一行、爱一行、钻一行的职业精神。专心致志搞好工作，才能实现敬业的深层次含义，并在平凡的岗位上创造出奇迹。如果一个人看不起本职工作，心浮气躁，好高骛远，不仅违背了敬业的原则，而且还会失去职场发展的机遇。

爱岗敬业是职业道德的基础，是社会主义职业道德所倡导的首要规范。爱岗敬业就是热爱工作、忠于职守、尽心尽力、一丝不苟，更是专心、认真、负责任地为职业目标努力奋斗。

2. 诚实守信

诚实守信就是忠诚老实、信守诺言的为人处世准则。诚实就是实事求是地待人做事，不弄虚作假。在职业行为中最基本的体现就是诚实劳动。守信就是信守诺言，说话算数，讲信誉，重信义。

诚实守信要求从业者在工作中严格遵守国家的法律、法规和本职工作的条例、纪律，秉公办事，坚持原则，不以权谋私，实事求是、信守诺言，对工作精益求精，注重产品质量和服务质量，并同弄虚作假，坑害他人的行为进行坚决的斗争。

3. 办事公道

办事公道是指从业人员在办事情、处理问题时，要站在公正的立场上，按照同一标准和同一原则办事的职业道德规范。即处理各种事务要公道正派、不偏不倚、客观公正、公平公开。对不同的服务对象一视同仁、秉公办事，不因职位高低、贫富亲疏的差别而区别对待。

4. 服务群众

服务群众是指听取群众意见，了解群众需要，为群众着想，端正服务态度，改进服务措施，提高服务质量。而在职场，服务客户的态度、方式和服务群众是一致的。即应满足客户需要，想客户之所想，急客户之所急，履职尽责，坚持工作的高标准，向客户展现产品的价值和自己对工作的责任感。

5. 奉献社会

奉献社会就是全心全意为社会做贡献，是为人民服务精神的表现。奉献社会是社会主义职业道德的最高境界和最终目的，是职业道德的出发点和归宿。奉献社会就是要履行对社会、对他人的义务，自觉地、努力地为社会、为他人做出贡献。当社会利益与局部利益、个人利益发生冲突时，要求每一个从业人员把社会利益放在首位。

奉献社会是一种对事业忘我的全身心投入，这不仅需要有明确的信念，更需要有崇高的行动。当一个人任劳任怨，不计较个人得失，甚至不惜献出自己的生命从事于某种事业时，他关注的其实是这一事业对人类、对社会的意义。

（三）职业道德的特征

职业道德具有职业性、多样性、实践性、继承性等特征(如图 2-1 所示)。

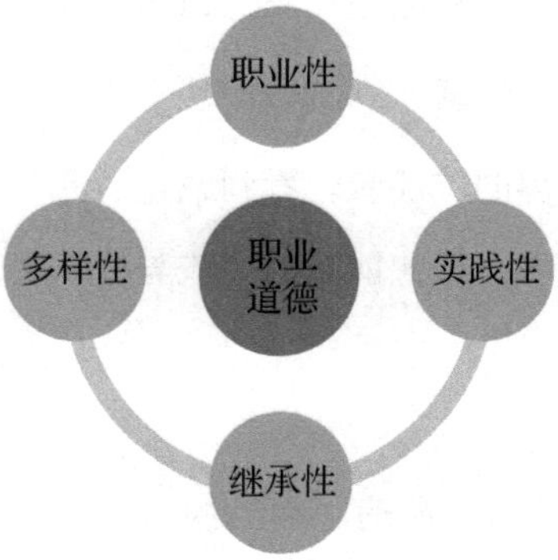

图 2-1 职业道德的特征

1. 职业性

职业道德的内容与职业实践活动紧密相连，反映着特定职业活动对从业人员行为的道德要求。每一种职业道德都只能规范本行业从业人员的职业行为，在特定的职业范围内发挥作用。

2. 实践性

职业行为过程就是不断实践的过程。只有在实践中，才能体现出职业道德的水准。职业道德的作用也是通过实践去体现的，从而对从业人员职业活动的具体行为进行规范。

3. 继承性

职业道德是在一个行业的长期实践中形成的，会作为经验和传统被继承下来。即使在不同的社会经济发展阶段，同样一种职业因服务对象、服务手段、职业利益、职业责任和义务而相对稳定，职业道德要求的核心内容也将被继承和发扬，从而形成被不同社会发展阶段普遍认同的职业道德规范。

4. 多样性

职业道德的多样性体现在不同的行业和不同的职业，有不同的职业道德标准。

（四）提升职业道德的方法

1. 加强学习，注意内省自修

道德的修炼是一个长期的自修的过程。多元化地学习古代、当代的道德楷模，从他们的故事中感悟道德的真谛。

2. 勇于实践磨炼，增强情感体验

通过职业道德的实践性我们可以知道，只有与实践活动相结合，不断地自我教育，遵循职业道德的标准，才能获得情感共鸣，从而提高职业道德修养。

3. 虚心向他人请教、交流、分享

工作中，每个人都是职业道德的传播者。看到越过边界的行为要及时制止，看到守住底线的行为也要互相学习，通过与同事、行业前辈的交流与分享去体会职业道德的深刻内涵。

二、 职业信念

信念是指人们坚信自己所做的事、所追求的目的是正确的，因而在任何情况下都毫不动摇地为之奋斗、执着追求的意向动机。那么职业信念，就是从业者在职场坚定不移追求的目标、理想、方向。对于职业的认识理解可能是经常会变的，而职业信念一旦形成则很难改变。无论选择什么职业，在职业生涯里就算遇到再多再大的困难和挫折，都要带着坚定的信念地走下去。

人的生活分为情感、职场和自我等不同方面，这些方面都需要自己拥有坚定的信念。可以说“信念”是具体化的“信仰”。在我们的生活中，拥有一个坚定的信念，是我们身心成熟的一个标志。

在职场中风云变幻，机会很多，陷阱也无处不在。一个人只要拥有强有力的职业信念，就拥有了百折不挠的心理根基，就可以从容应对事业中的许多不测风云。

通常说的“事业心”，就是“职业信念”。在心理学看来，“事业心”不是人与生俱来的，不是后天教育灌输的，而是自身通过能力学习和训练得到的一种本领。我们都明白一点：职场成功，比拼的是一个人的职业素养、专业技能这些综合能力。职业信念是使我们心理强大的动力，也是实现职业理想的根源。

（一）职业信念的特点

1. 藏于内心，外显于行

职业信念体现为人们对于职业的强烈认同感，是与人的感情紧密联系在一起的。坚定的信念往往伴随着炽热的感情。也正因为如此，职业信念人在感情的影响下导致相应的职业行为。职业信念不是仅仅深藏于人的内心，它向外表现出来，表现为行为和实践意志。在职业信念的鼓舞下，人们的职业意志是坚强的，职业行为是坚决的，而且始终不渝。

2. 长期稳定，与时俱进

职业信念是在人们在长期的工作实践中逐步形成的，其中包含了一个人多年的生活经验，包含了社会环境对他的长期影响。职业信念一旦形成，是不会轻易改变的。一定的思想观念成为一个人的职业信念，除了经过理智上的反复认识和深刻认同外，还有感情上的强烈支持。

信念与人格密切相关，信念的稳定是可靠的表现。一个随意改变自己信念的人，是没有原则的、不可信赖的人。职业信念也是如此。但是这种稳定性不是绝对不变的。职业信念作为一种精神现象是对现实的反映，它必然随着客观实际的改变而有所变化。这样的变化并不可怕，只要不断调整和完善自己，保持与时俱进的态度，职业信念就依然能从现实工作中获得更多的支持，从而让自己更有活力。职业信念正是在现实变化的考验中变得更加完善、更加坚强的。僵化不变、脱离现实的信念往往是最脆弱的，它经不起现实变化的冲击。因此，坚定自己职业信念的过程是一个与现实相结合、与实践相结合的过程。

3. 坚定不移，始终不渝

当一个人抱有坚定的职业信念时，他就会全身心投入到自己的事业和工作中去。精神上高度集中，态度上对自己的事业充满热情，而且在行为上坚定不移、始终不渝。应该说，这正是对待事业和生活应有的态度。只有投身于生活的怀抱，生活才能接纳你；只有全力以赴地为事业而奋斗，成功才会向你走来。

4. 个体差异，层次多样

在一定的社会中，人们各自的职业信念有相同之处，从而会形成共同的职业信念。但是职业信念更多的是个人意志的体现、不同个体的信息，会存在巨大的差异，人们要互相尊重彼此不同的职业信念。事实上，一个人所拥有的职业信念也会有不同的层次，有的处于最高的层次，有的处于中间层，还有的处于最低层。它们各安其位，形成有序的职业信念系统。其中，高层次的信念影响着低层次的信念，低层次的信念服从于高层次的信念。这个职业信念系统可以说就是这个人的职业信仰。

图 2-2 说明了职业信念的特征。

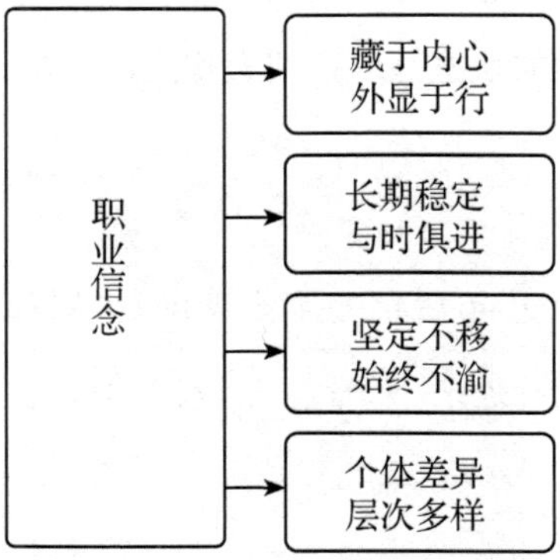

图 2-2 职业信念的特征

（二）理想与信念

现实生活中，我们经常将理想与信念一起提，说明二者是密不可分的关系。一个人的理想，体现着一个人的信念和追求。而正是信念对理想的支持，让理想不可动摇；如果缺乏实现理想的信心和决心，也会因遇到某种困难或挫折而不能坚持，也就无法使理想转化为行动。信念可以使人们在追求理想过程中获得一种强有力的精神力量。

我们每个人进入职场前都会憧憬着我们的职业理想。这是我们想象的奋斗目标，是我们渴望达到的职业境界，也是人们实现个人生活理想、道德理想和社会理想的手段。职业理想的进化过程也是职业信念不断确定的过程。一定程度上，人们坚持的职业信念会包含职业理想。

（三）青年人的职业信念

青年人是具有活力和创意的一群人。在他们身上表现出来的职业信念也具有一定的年龄特征。这样的共性也是刚进入职场的年轻人的职业指南。

1. 尽力去做、爱你所做

在工作中竭尽全力、遇到困难挫折不放弃、坚持到底是事业成功的保证。而喜爱自己的工作，则是找到一种适合自己的工作方式。那些追随自己内心、凡事尽力、热爱自己工作的人，才是职业信念坚定的一群人。

2. 做己所长、做人所需

自己工作中擅长的事情是自己长期努力的结果，这也是一个正循环的过程。做得越好，越擅长，越能给予团队、企业、客户足够的支持。服务客户的关键正是不断地满足客户们的需求。

3. 做你所奇、探索可能

对生活和工作保持足够的好奇心是青年人的特点。正是这份好奇，让创新有了开始。所以在职场，始终保持一个好奇探索的状态是职业信念追逐的方向。

总结案例

没想到十几年后我成了画动画《火影忍者》的人

“2004年春天，星空卫视引进了《火影忍者》系列动画。这部作品一经播放就火遍了大江南北，改变了我的人生，也彻底改变了我们那一代人跑步的姿势。”火影系列单集导演，主力原画师黄成希在一次活动中这么说道。作为这部伴随大部分“90后”“00后”青少年时期的日本漫画第一位中国原画师，黄成希用了10年终于梦想成真。

熟悉《火影忍者》的观众肯定知道，它的续作《博人传》的口碑之前相当糟糕，但这个状况在2018年7月19日晚上被改变了。当晚，《博人传》第65集播出，全球火影粉都沸腾了。紧凑的剧情、流畅的打斗，太极、咏春拳等中国武术加持，让所有的观众激动不已甚至还有人毫不吝惜地夸赞这是《博人传》动画史上最精彩的一集。

相比于国外火影粉丝单纯被打斗场面吸引，让国内的火影迷激动的是：这一集的作画监督是个中国人。他叫黄成希，28岁，是《火影忍者》这部日本国民级动画播出16年来的第一个中国导演。

2012年的夏天，从广州美术学院毕业的黄成希独自踏上了前往日本的旅途。日本的原画师岗位相当残酷，不仅工资待遇低，而且工作量极大，黄成希刚到日本月薪仅仅10000日元(1000元人民币都不到)，日本的消费水平高，所以黄成希的生活相当艰苦。“每次发工资，交完房租基本就没什么剩下的了，所以有段时间就吃麦当劳的汉堡，在日本100日元可以吃3个汉堡，日子就这么撑下来了。”

2014年，从第二原画变成第一原画的黄成希成了火影动漫著名原画师、监督山下宏幸的学生，然后在2016年正式进入火影制作组，成了《博人传》的主力原画师之一和《火影忍者》的动画制作人。小时候许下的愿望终于实现。

日本杂志上的预告也显示，他一人担任了第65集的作画监督、演出与分镜，这也是《火影忍者》动画播出16年来，首次由中国人担任单集导演。

这集成为《博人传》开播以来评价最高的一集，无论打斗、分镜还是音乐、剧情都获得了100%的赞扬，而这背后是超过18000个镜头、500张分镜图的代价。要知道业内常规水平是8000个镜头、300张分镜图。

(节选自《钱江晚报》 记者 姜周)

分析：黄成希将自己的人生梦想与职业梦想结合在了一起，努力、敬业、专业是他在职场表现出来的品质，也是他职业信念的忠实体现。每个进入职场的人应该时刻秉持着“不忘初心，方得始终”的信念，遵循职业道德，坚持职业信念。

活动与训练

我的职业理想

目标：体会和认识职业道德与信念的意义。

活动形式：课堂讨论、思维导图。

道具：思维导图。

过程：

1. 先讲述自己的职业理想。

2. 实现自己职业理想的过程中，都需要什么样的职业信念？你能做到遵守职业道德的约束吗？最终结合自己的职业理想制作一幅思维导图。

（建议时间 20 分钟）

探索与思考

1. 当职业信念与职业道德相违背的时候，我们该坚持什么？

2. 职业信念与职业梦想的关系是什么？

第二节　职业意识唤醒

学习目标

1. 了解职业意识的概念和心理表现。

2. 了解几种积极的职业意识。

3. 培养职业意识的十个方面。

导入案例

发明达人张战士

张战士是 2000 年 7 月进入邯郸供电公司的一名普通电工。由于心细、对专业有热情，在 10 多年的工作中，他有了许多小发明、小创造、小工艺，并且得到了业内的广泛认同。

在日常的工作中，细心的张战士发现，电焊机是一种常用的、耗电较大的电气设备，广泛用于造船、钢构、电建、汽车制造等企业，一些大型企业需要几百台甚至上千台。而电焊机在使用过程中往往会因下料、配料等原因处于焊焊停停的状态，有 30%～50% 的时间处于空载运行，有时还会因操作人员忘记拉闸而长时间空载，造成很大浪费。据测算，一台电焊机在空载状态下，每小时约耗电 4 千瓦时。由此，张战士萌生了一种想法：如果能有一种断电装置来阻止电焊机空转，就可以降低损耗。

经过反复查阅书籍和上百次试验，张战士最终用6个元件组成了简便易操作的电焊机空载自动断电装置，通过可控硅技术控制交流接触器，来达到超时自动断电的目的，实现电焊机空载无功耗。同时也避免了使用继电器烧坏触点的弊病，使自动断电装置使用寿命更长。

据初步测算，此装置如果在全国推广应用，年节电量将相当于一个大型发电厂的发电量。2011年4月19日，张战士拿到了由国家专利局颁发的实用新型发明专利证书。2012年10月8日，张战士发明的“低压交直流电路发热报警装置”也被国家专利局授予实用新型发明专利。

分析：在工作中表现出来的创新意识、效率意识都是职业意识的体现。专业的人做专业的事，以专业的方式去发挥自己的专业能力，创造社会价值，就是职业精神，也是职业意识。

一、 职业意识的认知

职业意识是人们对职业劳动的认识、评价、情感和态度等心理成分的综合反映。由于每个人的职业意识不同，职业轨迹也不相同，从而产生不同的结果。积极的职业意识是取得职场成功的关键因素。

积极的职业意识对于个人的影响主要体现在三个方面。第一，提高工作效率。影响工作效率的因素众多，但是良好的职业意识一定是众多因素中最重要的一个，因为职业意识会影响到职业行为、工作过程、个人情绪等方面。第二，养成良好的工作情绪。良好的职业意识会增强工作的动力，让工作更加积极主动。第三，促进职业成功。相关研究表明，职场中的成功60%取决于职业意识，30%取决于职业技能，10%则靠运气。因此，积极的职业意识对于职场人意义重大。

在生活中，我们经常会听到一个人对另一个不懂得察言观色的人的评价“没有一点眼力”。如果这样的事情发生在职场，很可能就是这个人的职业意识出了问题，在本该有一个职业化行为或者态度的时候，做了一个不成熟、不合理的举动。一般职场“菜鸟”容易犯这样的错误。有些我们平时不是很注意的生活细节，如果发生在职场，就可能会成为一个问题。例如，职场中有一种总爱“无脑问”的人，就是遇到什么事情都问领导、问同事，自己认为是虚心请教，而且觉得爱问问题是好学的表现，但是这样的“无脑问”在职场是缺乏独立思考能力和解决问题能力的表现，也是不自信的表现。适当的提问和汇报才是适合职场的方式。对于提问的分寸感的把握，就是职业意识强弱的表现。

（一）职业意识的心理表现

职业意识在职场中的表现其实是处理个人与他人、与团队的关系，以及满足不同需求的思维和意识。主要体现在以下四个方面(如图 2-3 所示)。

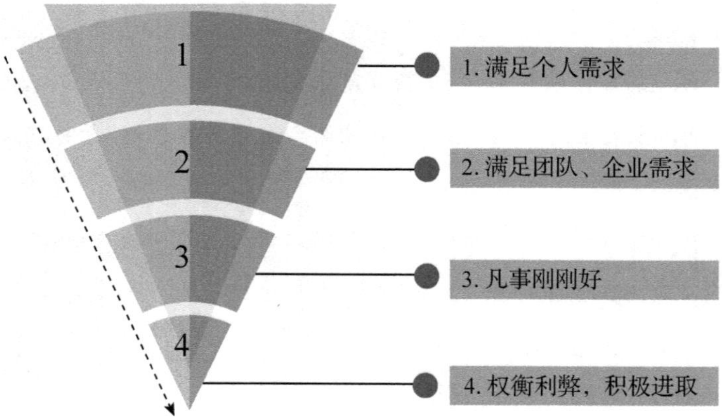

图 2-3 职业意识的心理表现

1. 满足个人需求

当满足个人需求的想法占据主导的时候，工作仅仅就成为获得收入、提高满足感的手段，同时也会忽略他人或者企业的需求。这样的意识和心态也是或多或少真实存在的，这是职业意识薄弱的表现。

2. 满足团队、企业需求

在企业中，团队利益高于个人利益是一个大前提。有意识地维护团队利益、满足团队需求是比较积极的职业意识，但是不能过犹不及。

3. 凡事刚刚好

工作中比较惜力的表现。做事情不求出色，只求刚刚好，达标就好，这样的心态会导致的职业发展平庸，也是职业意识差的表现。

4. 权衡利弊，积极进取

工作中既考虑团队利益的至上，也不忽视个人需求的满足。做事要积极进取，有大局观，但是也不忽视工作中的各种细节。

（二）职场中积极的职业意识

职场中，积极的职业意识表现为图 2-4 所示的几点。

图 2-4　积极的职业意识

1. 机会意识

机会意识是指把解决遇到的各种问题当成锻炼自己的机会、成长的机会和展现才能的机会、挑战潜能的机会。发现问题，解决问题，你会在这个过程中展现自己的能力，就可能脱颖而出。在充满各种机会或机遇的职场，善于把握机会是职场成功的开始。

有的人在工作中遇到问题的第一反应往往是烦恼、沮丧，甚至是逃避。如果用积极长远的眼光来看，问题意味着进步与发展的空间。推掉问题的同时，也把机会拒之门外了。相反，如果我们抓住机会，努力解决问题，我们从中收获的不仅是经验和智慧，更是超越自我的机会。

2. 发现意识

发现意识是指在工作中具有敏锐的洞察力，能够发现解决问题、做好工作的方法，发现可能存在的隐患的意识。

发现问题有时候比解决问题更重要。发现问题是一种创新的能力。在外界众多的信息源中，发现自己所需要的、对自己有价值的信息是综合能力的体现。在实际工作中，发现问题和机遇，能很好地表达观点和说服他人更是需要勇气和技巧的。很多人感觉得不到重用，不代表他们没发现问题和机遇，而可能是没有成功地传达信息，或者让他人相信自己的判断。

3. 解决意识

解决意识是指发现问题或者机会之后积极应对、有责任有担当，发挥自己的智力、调动自己的资源、排除一切困难去解决问题的职业态度。

迅速地找到行动方案是职场解决意识的关键。随便应付了事，对于问题的解决并没有什么实质的帮助，反而审时度势的处理方式，会让你解决问题的能力和意识在职场锻炼中不断加强。

4. 风控意识

风控意识是指能够结合经验与信息，提前预测可能发生的问题，并采取相应措施，防止问题的发生和发展给企业带来不必要的损失。

在工作中不断地学习观察，善于总结与反省，就会逐渐提高自己预测问题的能力。事物发展一般会遵循一定的客观规律。只要我们时刻保持风控意识，为企业谋利避害，取得职业的成功是顺其自然的事情。

二、 职业意识的培养

唤醒职业意识是开始，养成职业意识是过程也是目标。在即将开始的职场工作中，我们都需要在哪些方面去提高我们的职业意识呢？主要有以下十个方面。

（一）规范意识

规范和规矩是职场中最为强调的一点，就像军队强调纪律一样。企业员工按照职业规范去完成工作任务，不同团队间都按照规范流程去配合协调，最终保证整体企业的良好运转。所以进入职场首先要学会的就是了解规范、规则。

职场中的很多规范是写在制度中的，也有一些是表现在工作场景中的，如规范的工作话术、公文、邮件，规范的职业着装，规范的沟通流程等。在一些金融行业企业中，甚至还会有专门的合规部，来规避企业可能触发的风险。

（二）质量意识

质量意识包含两个层面，一方面，是个人完成工作的质量；另一方面，是企业生产产品的质量。作为参与企业经营生产的一员，应具有把控产品质量的责任和心态。

在企业中，我们每个人都有自己的责任和义务，保质保量地完成自己所承担的工作内容，是职业精神的体现。不应付、不投机取巧是工作质量的保证。追求工作结果的最优化，也会赢得同事领导的认可，所以保证个人工作质量的意识是非常重要的工作态度。

作为生产型企业，全员质量意识决定了企业产品的质量，也决定了企业的生存。每一个环节的失误都将影响产品的整体质量，即使是一些互联网公司，制作的软件、在线商城，一个小的漏洞都将造成产品遭到投诉，甚至下架的命运。所以全体员工都要把控质量，对公司的产品负责。

（三）效率意识

很多企业一直在追求降本增效，这里的“效”是效益的意思，潜台词是增加企业效率。投少人，产出多，就是高效率。对于个人而言，在规定的时间做出超预期的产出就是效率高。没有效率的努力是非常可怕的，在学习中也是一样的。有些同学看着很努力很刻苦，可是考试成绩总是不高，归根结底就是因为学习效率低下。

在工作中有意识地提高效率，不仅能给自己的工作预留了空间，赢得了时间，而且是团队合作中，同事间看重的品质。大家都不想因为别人的问题而影响到自己的工作。一个人拖后腿，可能让整个团队背锅。

（四）责任意识

责任就是对事、对人、对己、对社会都有应尽的义务，所以责任和义务经常一起出现。企业需要尽职尽责、踏实能干的人。遇到问题，勇于担当，积极面对并解决问题就是负责任的体现；遇到问题，推卸责任、逃避问题、不作为是缺乏责任感的表现。

无论在生活中还是工作中，责任感是一个人走向成功的关键，也是立足于世的资本，如同诚信一样。责任感的缺失就是个人信用体系的崩塌。责任感的养成也是从小处一点一滴积累的。积极负责、避免以自我为中心、不推卸责任都有益于责任意识的培养。

（五）服务意识

现代社会，服务意识就是敬业精神的延伸，是职业价值、企业价值的传递。无论是企业还是政府职能部门，都把服务精神摆在前列。个人的服务意识可以表现在两个方面，对内服务和对外服务。

对内服务体现在企业内部、团队内部，为同事企业提供专业的支持。这样的支持包括专业技能的支持，积极的心态，待人接物、沟通配合中对于大家的尊重。

对外的服务意识是代表企业的形象，通过企业的产品、服务行为为客户解决问题，满足客户需求，秉持着客户至上的理念去做事、待人。

（六）团队意识

团队意识指整体配合意识，分为团队目标、团队角色、团队关系及团队运作过程四个方面，是集体意识和协调合作能力的综合体现。

现在企业的分工越来越精细化，原来很多边界模糊的岗位现在都细分为多个职能岗位，这就意味着每个岗位人员之间的配合是保证工作结果的基础。在团队中实现个人价值，需要依赖于团队成员之间的互帮互助。团队意识是实现团队合作的前提。

团队意识不仅仅表现在为团队着想，还体现在积极完成团队内的本职工作、给予团队合理化建议、建立良好的团队合作机制、保守团队商业机密等多个方面。

（七）诚信意识

诚信是一个企业、一个人立足社会的基本品质，也是最为珍贵的品质，是职场人的职业素质、道德品质的体现。拥有诚信意识，我们便具备了社会交往中最起码的素养。诚信社会交往过程中的通行证。虽然在社会中存在着欺诈经营、假冒伪劣、虚报瞒报的不诚信现象，但是诚信作为一个必要条件，已经成为全民关注的职业精神。

在职场中，诚信意识体现为个人诚信和企业的诚信，很多时候个人的诚信就代表了企业的诚信。曾经在一场竞标会中，某家竞标的公司就因为一个数据的造假，被判定为不诚信，最终没能中标，而且也影响了企业的声誉。所以我们在职场中守住自己的诚信底线，就是守住企业的诚信底线。做事做人一定要有诚信意识。

（八）学习意识

时代在进步，科技在发展，终身学习的理念已经深入人心。学习意识是保持职场活力，提升个人能力必要的职业意识。不学习就没有进步，就会被淘汰。

学习的意识是要求我们在职场中要有一个积极学习的心态。面对一些挑战和困难，即使没有金钱上的收获，至少可以收获一份经验，这也是一种学习。在职场中，关注自己专业领域技术的发展，做到与时俱进，争取更多学习的机会，这也是职业进取心的体现。你所经历的一切都会是你未来成功的资本，在这些经历中学到经验是值得职业人去追寻的目标。

（九）竞争意识

竞争在我们的身边无处不在。竞争一方面可以让我们更加的强大，另一方面也可以让团队充满活力和竞争力。

在职场竞争中，错误的方向和思维很容易导致负面的结果，职场的钩心斗角也源自恶性竞争。企业一方面要营造一个积极、公平的竞争环境，另一方面要设置相应的机制。这样良性的竞争环境为很多企业带来了巨大的利益。

竞争意识是要求我们在工作中，与比自己优秀的人学习、比拼、合作。有时候，合作也是一种良性竞争的方式。竞技体育的最大魅力是竞争的魅力。在职场中，也需要竞争意识。

（十）创新意识

创新是一个民族进步的灵魂，也是国家兴旺发达的不竭动力。在工作中，完成基本工作的同时，要有敏锐的观察力和洞察力、要有良好的思维能力。要通过不断地实践，发挥主观能动性，从不同角度去解决问题，从而提出创新性的解决方案。

要时刻有创新意识，但是对创新行为一定要慎重。虽然很多时候，创新是在打破旧规则、旧制度，但是并不是所有的创新行为都是正确的。一定要结合团队、企业、社会的多重因素去想问题，而不能钻牛角尖。创新一定要依赖于对实践的深刻理解和认知。

三、 职业意识与职业心态

职业心态是指在职业当中，根据职业的需求，表露出来的心理感情、心理反应。职业心态在很大程度上就是职业意识的心理反馈，职业心态在一定程度上也会影响职业意识的形成。

通过对多年职场经验人群的访谈和调查，我们也总结了一些“金句”，期望这些积极的职业心态对于即将走入职场的你有所启发：不要觉得不顺就跳槽，哪个公司都有问题；愿意放手让你做的领导要珍惜；公司的问题是你脱颖而出的机会，抱怨和埋怨公司就是打自己耳光；为公司创造利润才是你存在的价值，公司不是慈善机构；反映问题谁都会，思考并解决问题才是王道；多承担，少抱怨，责任在心中；做专业的人，做专业的事；乐观面对一切，提高自己的情商、逆商；在职场，谁都没有义务教你、帮你、懂你，只有你自己可以救你。

其实在职场中还有很多正能量的职业心态，是需要在工作中不断体会才会有所感触的。心态就是我们的心理状态和态度，在职场中保持什么样的态度主要在于自己。职业意识的唤醒，意味着职业心态的成熟。我们要努力地做一个专业、成熟的职业人。

总结案例

做职场那个有准备的人

小周大学毕业后，入职一家著名的机械制造公司工作。虽然他的专业技术不错，也踏实肯干，但是小周来了半年左右并没有得到公司的重用。他工作的第二年，公司产品质量出了问题，许多订单纷纷被退回，公司蒙受了巨大的损失。公司董事会为了挽救颓势，紧急召开技术会议来商议对策。会议连开了两天，都没有一个好的解决方案。第三天，会议开始之前，小周找到经理，向经理表达了自己已经找到了解决问题的办法，希望有机会在今天的会议中给大家陈述。经理拿过了小周带来的一些资料和方案，大概了解情况之后，问小周：“你对你的方案有信心吗?”小周坚定地说：“有，我做了详细的考证和实验，肯定没问题。”

于是，会议开始后不久，经理就给了小周发言的机会。面对难得的机会，小周还是非常紧张的，幸亏他的方案准备得非常详细。他分析了技术故障的原因，也提供了两种改良产品的方案。配合他提前准备好的技术图纸，他的方案立刻得到了董事会的认可。最终，公司采用了他其中的一个方案，这个方案恰到好处地保留了原来机械的优点，同时克服了已出现的弊病。

会议结束后，总经理及董事会的董事看到小周的专业能力如此出众，看了他的相关背景和过往绩效评估，决定任命他为负责技术问题的副总经理。

原来，小周刚来时，被指派到一个小车间工作，并未得到他想要的职位。可是他并没有因此产生情绪，而是认真工作，努力钻研专业。他相信，只要自己努力，一定会得到认可。于是在工作之余，他细心观察，查看了公司各个部门的生产情况和数据，并一一做了详细记录。当产品出问题的时候，他利用自己过去对各个生产环节数据的了解，查找比对分析之后，及时地找到了问题的所在。关键是他向领导汇报的方式也是非常得体专业，做了充分的准备，不是盲目地去邀功表现，因此得到了大家的认可。

分析：工作中表现出的职业意识其实就是对人、对事的处理方式。小董将事情做对了，与人表达的方式也做对了，给人的感觉就自然够“职业”了。而且，在自己不受重用的时候表现出的学习意识、责任意识和团队意识更是表现出了他职业化的成熟。

活动与训练

我的职业意识

目标：理解职业意识在不同职业环境中的差异和重点。

活动形式：分组讨论。

道具：卡片、A4 白纸。

过程：

1. 列举自己关注的职业或者未来所希望从事的职业都需要哪些职业意识，选择 3 个最重要的，写在白纸上。

2. 以小组讨论的方式，分析所学专业需要具备的职业意识如何实现、可能会遇到哪些阻力、遇到困难怎么办。

3. 将小组讨论后的结果和自己列在白纸上的选择做对比，再次思考自我职业意识应当如何形成和修炼。

（建议时间 30 分钟）

探索与思考

1. 只做好本职工作和专业工作就够了吗？

2. 从学习的态度、生活的态度，联想自己对待职业的态度。

第三节 规矩与责任意识

学习目标

1. 了解职业道德的内涵。

2. 了解职业道德的规范与特点。

3. 了解职业信念的内涵。

导入案例

迟到毁掉了你的成功

小吴和小白毕业后在同一家公司做业务。小吴业务能力比较好，业绩一直都是部门的佼佼者，唯一的缺点就是爱迟到。小白比较踏实，一直严格要求自己，工作包括作息习惯上做好日程安排，工作上勤勤恳恳，努力上进，不迟到早退，但业务总赶不上小吴。

当时老板把他两个留下来，是看重小吴比较聪明，如果好好栽培是个业务的好苗子，将来可以提拔为经理。而小白呢，能力虽然不如小吴，但人不错，踏实能干，值得信任。

后来，小吴因为堵车迟到，影响了和客户的一次谈判。幸好有小白及时向客户解释，并由小白和客户签下订单，才避免了公司的损失。

从此，老板对小白更加看重了。后来，老板提拔小白做了部门经理，小吴仍然做着业务员的工作。小吴对此很疑惑。

分析：迟到是小事。但是当迟到影响到个人在公司的前途，对个人来说，那就是大事了。身为职场人，处在一个团队或集体中，如果迟到影响到工作和企业的利益，无论优秀与否，职位多高，领导都不会包容的。“守规矩”的员工大多重视原则。这些小细节，有时会影响你在职场中的发展。遵守规矩的人更容易获得升职加薪的机会，获得老板的器重，在职场上也更容易成功。

一、 规矩

（一）规矩的内涵

职场中常有人说："想入行，就要守规矩。"在长时间的沉淀下，各行各业都形成了很多不成文的规矩规范。有些规矩是约定俗成的，也是不可改变的。有一些刚入职场的年轻人认为打破规矩就是创新，甚至在不理解某些规矩的情况下就贸然挑战，最终撞得头破血流。例如，公司规定了给客户发邮件的标准邮件格式，出版社规定了书稿的字体、标题、版式规则，这些都是行规。这些每天出现在工作中的小规矩很多，员工不遵守，可能会影响客户对公司的印象，甚至造成一定的经济损失。

职场中的规矩相当于数学中的公式，往往是无须公示但又普遍运用的规矩。只要参与其中，就要遵守规则，除非你退出。举一个例子，日本佳能公司刚开始在中国扩展业务的时候，发现中国的雇员不会彼此问好，沟通生硬不畅。老板认为这很危险，因为佳能是一个面向消费者的销售型公司。于是，公司规定，每天早晨，公司总部各科室抽调出一个小组，到各个楼层科室进行"你好，早晨好"的问候，被问候的员工也要积极地回应问好。最初，员工们觉得这样的做法太幼稚太傻了，但是坚持下来之后，员工们发现彼此的熟悉度和沟通顺畅方面都得到了加强，对待客户也会很自然地问好，非常地舒服。这就是日韩企业"恭敬鞠躬，拾得天下黄金"的道理，员工通过守规矩看到了规矩带来的好处。

通过前面的内容我们可以发现，在职场规矩可以分为两种类型：可见的和不可见的，即显性职业规矩和隐性职业规矩(见图 2-5)。

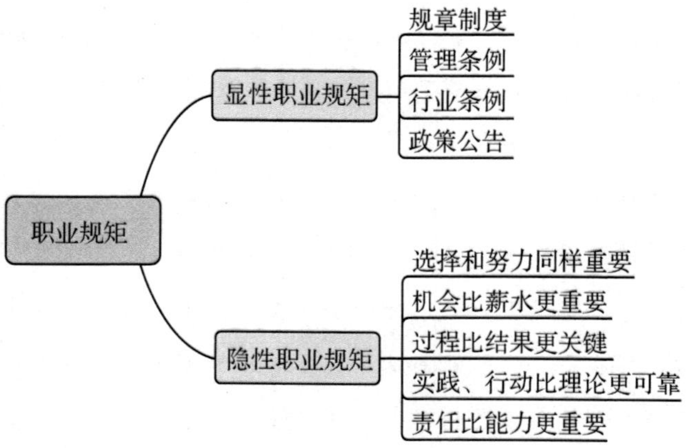

图 2-5 职业规矩的分类

（二）显性职业规矩

显性职业规矩主要是职场中公司的规章制度、管理条例、行业条例、政策公告等。这类规矩最大的特点就是有据可循，有规可循。例如，公司发布的通知公告、职场中往来的电子邮件就是规范的可被取证的文件形式，包括工作中一些签字确认的合同文件，都是对于遵守规则的承诺。

显性职业规矩一般是经过权威认证或者普遍认知的公开性的条陈，是对集体利益的保障。破坏规则的人会受到相应的惩罚，所以一般伴随规则的说明，都会说明惩罚或者奖励方式，惩罚破坏规则者，奖励维护规则者。所以，在职场中遵守规矩是职业人拥有职业意识的重要表现。

（三）隐性职业规矩

隐性职业规矩是相对于显性职业规矩而言的。一般情况下，职场中很多规矩并未通过条例方式公示于众，但是人人都遵守。这部分规矩也是职场新人最好奇和感兴趣的部分。这部分规矩潜移默化地影响着职业人的职场行为和职业意识。所以，职业人应当对于职场中看到的和感受到的规矩，理性地分析和选择，摒弃那些不良消极的“恶”规矩，身体力行的塑造那些“阳光”的规矩。

1. 选择和努力同样重要

选择适合你的环境、团队、企业，找到你人生的伯乐，比在错误的方向努力更重要。要是在职场选择一个合适的职场导师。

2. 机会比薪水更重要

有职业理想的人在职场需要的是机会，是机遇，是展现自我才华的平台。坐等机会，不如创造机会、抓住机会。有了机会，你可能就在职场中占据了有利位置。

3. 过程比结果更关键

在工作中以结果为导向、有目标的努力是非常好的职业态度和工作方式。但是不管结果如何，对于自身而言，一定要关注过程。过程中的收获一定是结果之外的，也是结果成功的保障。

4. 实践、行动比理论更可靠

作为职场人，我们每天都要解决一些综合性的问题。解决这些问题不需要太过高深的理论，而是需要我们能够行动起来，用务实的态度和用具体的实践来发现问题、解决问题。

5. 责任比能力更重要

敢于承担责任，会使一个人勇于担当更重大的工作任务。积极主动地为组织发展尽最大努力的人，自然会赢得公司的赏识，获得更多的职业机会。

二、 责任意识

责任意识是一种自觉意识，也是一种传统美德。责任是一种能力，又不仅是能力；责任是一种精神，更是一种品格。责任是对自己可能并不喜欢的工作，毫无怨言地承担，并认认真真地做好。

责任意识在我们的生活中无处不在。其实只要稍微留意就不难发现，总有这样一些人让我们感动。他们用行动诠释着责任意识的最高境界。

党的好干部牛玉儒以勤政为民、忘我工作诠释“生命一分钟，敬业六十秒”，桥吊工人许振超在普通岗位上创出世界一流的“振超效率”，乡村邮递员王顺友二十年如一日在大凉山中用脚步丈量工作的苦乐，公安干警任长霞以炽热情怀书写执法为民的人生壮歌，导弹司令杨业功用赤胆忠心浇铸共和国的和平之盾，医学专家钟南山在抗击严重急性呼吸综合征(SARS)、新型冠状病毒肺炎这两场没有硝烟的战场中敢医敢言，科学家马祖光在实验室里以生命之火点燃科学之光，艺术家常香玉用德艺双馨把人生唱响“戏比天大”。同样，在我们的身边也时刻能看到众志成城抗台风、挥汗如雨战高温、连夜施工抢进度、扶贫捐款献爱心……从中，我们无不感受到一种品格、一种境界，这就是对国家、对人民、对事业的责任。

相反，没有责任意识会出现什么样的情况呢？一起起惨痛矿难带给人民生命财产的重大损失，一种种假劣食品导致许多无辜百姓的伤害，一次次严重污染造成难以挽回的生态灾难，一个个触目惊心的腐败案例引发的沉痛教训，甚至一次次小小的操作失误造成的无可挽回的损失……从这些事情中，我们看到的是什么？是共同的祸根——责任的缺失！不仅表现在对个人的不负责，更表现在对家庭、集体甚至国家的不负责。

（一）职业责任

职业责任是指人们在一定职业活动中所承担的特定的职责，它包括人们应该做的具体工作和应该承担的义务。职业责任包含两个层次的内容，一个是普遍的共同的职业责任，另一个就是个人所在的行业所特有的责任。比如，律师、医生、军人所承担的职业责任就更具有职业特点，而非适用所有职业岗位。

职业责任包含个人责任、集体责任和社会责任三个方面。在集体和社会中，又可以通过道德、纪律、行政规定、法律条例等方式去规范和调整人们承担责任的方式。

（二）职业与责任意识

在职场中，既然我们要遵循特定的职业责任，那么将职业意识与责任意识相关联，就是职业意识建立中的重要的因素。无论什么职业，安全责任意识就是首要建立的责任意识。尤其某些高危的职业，更需要在工作中保持安全责任意识，避免因为责任意识的疏忽，造成生命财产安全的损失。

责任意识是做好各项工作的前提。有句话说得好，在其位谋其政，任其职尽其责。具备良好的责任意识是工作减少差错的前提，也是强化自身工作能力的体现，是岗位工作执行力的必备条件，是深入工作的根本。

员工有了责任意识才能敬业，才能自觉把岗位职责、分内之事铭记于心，及早谋划该做什么、怎么去做，未雨绸缪；有了责任意识才能尽职，一心扑在工作上，能做到不因事大而难为，不因事小而不为，不因事多而忘为，不因事杂而错为；有了责任意识方能不因循守旧、墨守成规、原地踏步，而是能勇于创新、与时俱进、奋力拼搏、积极进取。

三、 如何增强责任意识

人们最熟悉的，往往也是最陌生的；最应该做到的，往往又是最难以做好的。责任也是这样。增强责任意识、培养职场中的责任感是履行自我责任的体现，也是践行职业责任的方式。

首先，明确责任，学习责任。树立正确的世界观、人生观和价值观，把个人的前途命运融入建设中国特色社会主义的伟大事业中。着眼于服务他人、奉献社会，在这过程中实现个人的正当利益；着眼于爱国主义和集体主义，把国家、集体、个人的利益有机结合起来，坚持国家利益、集体利益高于个人利益；着眼于职业道德和职业精神，把职业目标同远大理想结合起来，在自己的岗位上忠实地履行对社会、对国家、对人民的责任，自觉地把责任意识转化到“全心全意为人民服务”的行动中去。做好自己的本职工作。每个人的尽责是对集体的尽责，每个集体的尽责是对社会的尽责。明确自己的个人责任、社会责任和职业责任，积极学习强化责任意识。

其次，勇于承担负责。勇于承担责任是中华民族的优良传统。大禹治水“三过家门而不入”，诸葛任事“鞠躬尽瘁，死而后已”；范仲淹挥写“先天下之忧而忧，后天下之乐而乐”；文天祥高歌“人生自古谁无死，留取丹心照汗青”；林则徐铭志“苟利国家生死以，岂因祸福避趋之”。不怕牺牲、尽忠职守、利居众后、责在人先，是志士仁人薪火相传的思想标杆，是后世子孙生生不息的精神动力。

最后，讲责任、立规矩，有奖惩。无论是管理个人还是管理集体，都应该做到讲规则、立规矩。对认真负责的员工，要给予奖励和表彰；对失职渎职的员工，要予以追究和惩罚。讲责任，也要落实责任制，一要履责，二要问责。没有问责，责任制形同虚设。问责，要贯穿到履责的全过程。事前问责是提醒，事中问责是督促，事后问责是诫勉。只有把责任和责任制统一起来，把履责和问责结合起来，才能在全社会确立一种良性的责任导向，增强责任心、培育责任感、加强责任意识。

责任是一种发展自我的机遇、手段，听从责任的召唤，珍惜自己的每一份责任。

总结案例

从离职看人品

张伟在一家互联网公司任职项目经理，非常注重个人能力和经验，团队内的小伙伴也都非常敬佩他的专业能力和人品。平时工作的时候，他追求细节，要求严格，对上对下有自己的专业态度，固执己见。但是他的固执会不断地通过说服、讲解和大家讲明白，所以他们所在的项目组业绩非常好，而且新员工成长得非常快，很多人都愿意和他合作，甚至叫他职业导师。

在他的领导下，他们项目组连续拿下了好几个大项目，在行业内声名鹊起。随着张伟在业内的良好口碑和专业能力，他有了独自创业的想法，而且创业一直是他的梦想。这个想法在他的心中就好像一团火焰在燃烧，如果不去尝试一下，这团火焰会越烧越旺，让他彻夜难眠。

唯一让张伟纠结的地方在于，如果自己现在决定创业，就和老东家成了竞争对手。公司对自己不错，老板也很赏识他的能力和人品，自己的离开也许还会带走同事、客户，给公司带来损害，这些让他有些难以抉择。最终他还是下定了决心，找老板提出了辞职，也声明了自己的立场，就是一年内不带走同事、不带走客户，自己的公司如果一年都生存不下去，也不值得老同事追随。老板最终同意了张伟的辞职，也在员工大会上感谢了张伟的多年付出。

张伟离职过程中，将自己的工作做了详细的备忘录交接给同事，从项目底稿到复稿，以及复核意见、项目进度和未尽事项，客户关系清单等。他还配合同组的同事开了多次小组会议，给客户一一电话确认工作的交接，让同事和客户都看到了张伟身上专业、敬业的精神，也看到了他强大的责任意识。

张伟走后半个月，他原来所在的项目组出了一个大的事故问题，给公司造成了巨大的危机，团队小伙伴面临集体被辞退的风险。他知道这件事后，又停下自己的事情，回到公司一个月，和同组的伙伴共同度过了此次危机，把项目挽救了回来。临别之时，小伙伴和公司领导都非常感动。他只是说："我回来是因为我觉得我对我们组的小伙伴还有责任，以后就看你们的了。"

后来的张伟在事业上也风生水起，几年的发展后，还收购了他原来公司的业务。他对待团队、企业的责任意识，让他赢得了大家的信任，也赢得了更多的机会。关键的时刻，他不计个人利益，坚持原则，不忘责任，值得每个职场人学习。

分析： 离职和"被离职"是职场中非常常见的一件事，很多职场人在处理这件事情的时候采用非常极端的方式，是职业意识的缺失，也是责任意识不健全。案例中的张伟为我们树立了一个榜样，从小事看人品，从小事看职业意识。

活动与训练

不守规矩的恶果

目标： 理解责任、规矩的范畴和重要性。

活动形式： 事例分享。

道具： 故事演绎、视频采访。

过程：

1. 依据本节课所学内容，以小组为单位，设计一组路人采访问题，围绕不守规矩带来的坏影响和恶果，展开对周边人的突击采访。

2. 收集汇总采访视频或文字，制作成一组短片。

3. 以视频的形式在班级内分享讨论，理解规矩在生活中、工作中的重要性。

探索与思考

1. 责任意识对工作的重要性。

2. 职业意识的范畴到底有多广？

模块总结

规则是社会发展和运转的机制保障。学校有学校的规则，家庭有家庭的准则，而社会也有各种各样规矩规则。那么职场是不是也有一套专属的规则呢？答案是肯定的，职场的规则正是以职业道德、职业信念、职业意识、规章制度约束着人们的职业行为，影响着人们的职业状态。

职业道德代表了一个行业长期形成的意识形态，也是职业法律法规的基础和底线。除了职场人共同的职业道德标准之外，特定行业的职业规则更加代表着这个行业的职业精神、职业意志，是值得每个职场人在整个职业生涯用心维护的准则。而职业信念更多的是个人坚定不移追求的目标、理想、方向。

职业意识的唤醒则是本模块的学习重点，因为这是从学生向职场人转变的开始，如何在职场拥有职业化思维，在这样的思维模式下指导我们的职业行为，从而让我们避免很多思维误区、盲区对我们的影响。拥有职业意识也意味着我们真正地融入社会，是新的开始，也是我们职业素养能力提升的关键因素。

MODULE 3

扫码进入微课堂

模块三
职业意识提升

标准引领

知识 1. 了解什么是新时代的工匠精神。

2. 了解什么是创新意识以及创新能力。

3. 了解什么是团队意识。

4. 了解企业文化对团队意识的影响。

能力 1. 能够将工匠精神运用到自己的职业当中。

2. 能够构建良好的创新意识。

3. 能够构建良好的团队意识。

素养 1. 能够体会匠人们的工匠精神。

2. 激发自己的创新强国精神。

3. 理解团队合作精神。

学习导航

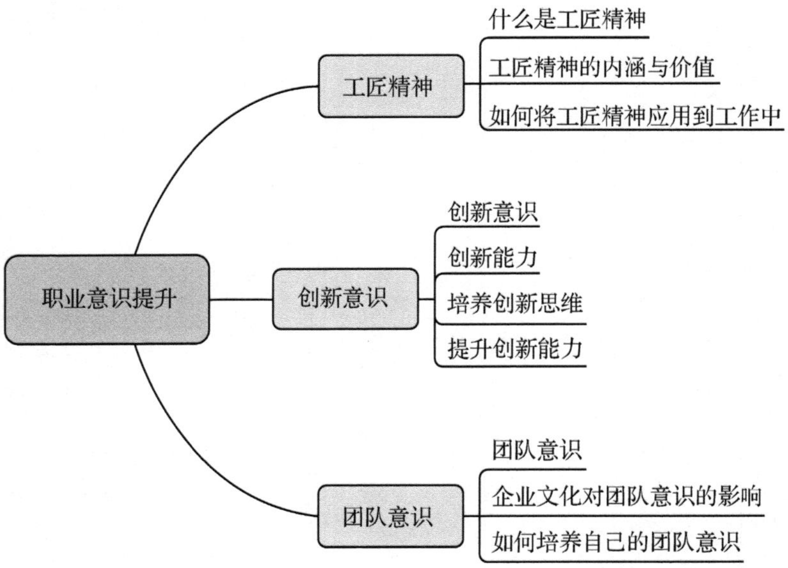

第一节 工匠精神

学习目标

1. 了解什么是新时代的工匠精神。
2. 掌握工匠精神的基本素养。
3. 通过学习将工匠精神运用到自己的职业当中。

导入案例

对工作的抱怨

张丽有一位认识不久的朋友，和她聊起了最近的工作，说自己在这个新单位上了一年班，感觉一无所获，不想做了，想跳槽。

姑娘很年轻，一年已经跳了好几次槽了。总是在抱怨自己的工作很累、很辛苦，于是就总想着找下一家。

张丽是因为工作接洽认识的这个年轻的姑娘，后来的交往都仅限网络交流。如果张丽没记错的话，她一年应该换了四个工作。

张丽认识她时，她在某企业做办公室文员，其实，就是很多打杂的事情，领导要求随叫随到，甚至会充当司机或者厨师的角色。虽然工资不是很低，但是，小姑娘不愿意这样被呼前唤后，于是，她辞职之后非常理直气壮地走人了。

她听说做保险收入很高，而且一分耕耘一分收获，也不用凭关系，完全靠能力晋升。于是她跑去考保险代理人资格证。拿证倒是很快，可是没过完三个月，她就又离职了，原因是不愿意去讨好别人要别人买保险，不想做“热脸贴冷屁股”的事情。

再后来她做过收银员，也做过单位的普通职员，都因为各种原因离职。2017 年又准备再找工作。

她每次找张丽聊天，其实就是要张丽听她诉苦，让张丽知道她的工作是多么艰难和不容易。

其实张丽是不喜欢和这样总是抱怨的人一起交流的，但是，看在她还年轻、还太小的份上，再加上小姑娘总说：“你总是满满的正能量，满满的阳光和自信，希望和你交流能感染我。”正因为这样，张丽让她一直待在自己的朋友圈，希望能感染她、教育她、改变她。

分析：很多时候我们总是抱怨自己的工作，可曾想过我们对于工作的态度？作为一个职场人，最重要的就是应该干一行爱一行，这也是工匠精神中非常重要的一点。工作不仅仅是赚钱的方式，而应该树立一种对工作执着、对所做的事情和生产的产品精益求精、精雕细琢的工匠精神。

一、 什么是工匠精神

工匠精神到底是什么？它是一种职业道德标准还是一种执业制度？工匠精神需要长时间的累积传承还是短期塑造即可养成？工匠精神又是怎样在实践当中推进的呢？实际上"工匠精神"不仅是一种工作态度，也是一种人生态度，代表着一种时代的精神气质：坚定、踏实、严谨、专注、坚持、敬业、精益求精……如果人人都能将这样的品质在内心沉淀，有干一行爱一行、爱一行钻一行的韧劲，有对工作只管付出不求回报的奉献精神，一定可以使自己的职业生涯得到很好的发展。

（一）工匠精神定义

工匠精神是一种职业精神，它是职业道德、职业能力、职业品质的体现，是从业者的一种职业价值取向和行为表现。"工匠精神"的基本内涵包括敬业、精益、专注、创新等方面的内容。

（二）新时代的工匠精神

"工匠精神"一词起初的意思是形容工匠们喜欢不断雕琢自己的产品，不断改善自己的工艺，享受着产品在双手中升华的过程的精神。工匠们对细节有很高要求，追求完美和极致，对精品有着执着的坚持和追求。把品质从 0 提高到 1，其利虽微，却能长久造福于世。

在古代，各行各业均以"匠人"之名冠之，如老师被称为教书匠，理发师被称为剃头匠，牙医也被称为镶牙匠……在社会职业及所形成的社会群体中，工匠，成了一种代名词。在如今，大师被称为"巨匠"，单单一个"匠"字，就反映了整个社会对于工匠精神的追求。

随着社会的发展，工匠精神有了更深远的含义，它代表一个集体的气质，代表专注、坚持、严谨、一丝不苟、精益求精等一系列的优秀品质。

"工匠精神"是制造业在"干中学"实践中的创新，在技术"引进、消化、吸收、再创新"的过程中发挥着重要作用。大批基层技术人员和产业工人既是创新的构思者，也是创新的践行者。与此同时，工匠精神和创新精神持续催生着新的技术、新的服务、新的标准和新的品质，直接推动着技术升级、质量升级和产品升级，进而推动经济发展动力向创新驱动转换。

在企业当中，工匠精神是企业文化的一部分，体现了产品与生产者或者服务者对于工作品质的不断追求与坚守。对一个刚步入职场的新人来说，完善自己的工匠精神对于今后的职业发展至关重要。李克强总理曾四次提及工匠精神。

2016 年 3 月 5 日，国务院总理李克强在做《政府工作报告》时，首次正式提出，鼓励企业开展个性化定制、柔性化生产，培育精益求精的工匠精神，增品种、提品质、创品牌。

2016 年 4 月 24 日，国务院总理李克强在四川芦山考察工作时，对青年学生说“我们国家需要搞普通研究的人，也需要搞专业工作，当高级工匠的人”，“后者现在国家更需要”，“上大学和读高等职业学校，不管走哪条路都可以成为大师”。

2016 年 7 月 15 日，国务院总理李克强对“世界青年技能日”做出批示，举办“青年技能日”活动，就是要营造尊重劳动、崇尚技能的社会氛围，引导广大青年大力弘扬工匠精神，走上技能成长成才之路。各地区、各部门要多措并举，创造良好环境，培养造就数量充足、结构合理、素质优良、技艺精湛的青年技能人才队伍，促进就业结构优化，推动中国制造实现转型升级、中国经济发展跃上中高端。

2017 年 3 月，国务院总理李克强在第十二届全国人民代表大会第五次会议上作的政府工作报告中再次强调：“质量之魂、存于匠心。要大力弘扬工匠精神，厚植工匠文化，恪尽职业操守，崇尚精益求精，完善激励机制，培育众多‘中国工匠’，打造更多享誉世界的‘中国品牌’，推动中国经济发展进入质量时代。”

二、 工匠精神的内涵与价值

工匠精神在当今时代，无论是对于企业的发展，还是社会的发展都有着非常重大的意义。当今时代，很多人与企业看重的是投资少见效快的产业，从而忽略了产品的品质。因此企业需要工匠精神，需要对产品进行不断地改进。对于社会而言，具有工匠精神的人才可以推进社会的进步。

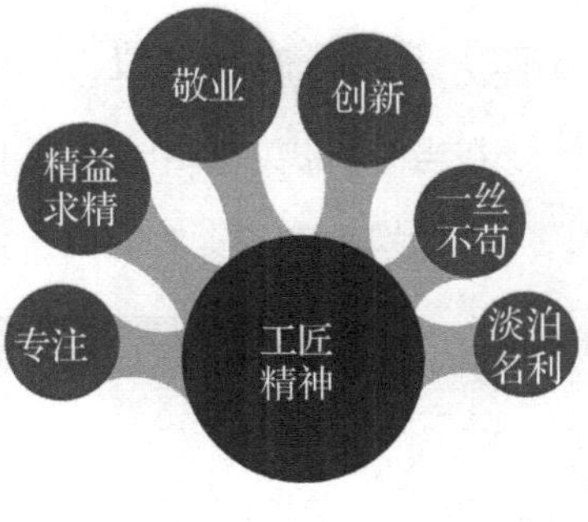

图 3-1 工匠精神的内涵

（一）工匠精神的内涵

工匠精神的内涵集中体现在专注、精益求精、敬业、创新、一丝不苟、淡泊名利等，如图 3-1 所示。

1. 专注

执着专注是工匠精神的基本内涵。执着专注就是将自己从事的工作认定为是自己一生的事业，将自己全部的精力凝聚到自己认定的目标上，一心一意走好自己的路。具有工匠精神的人都是有毅力、有信念的，他们知道自己怎样坚持才能施展自己的抱负，实现自己的价值。

2. 精益求精

精益求精是工匠精神的核心，指的是尽力将自己的手艺打磨做到完美的行为。精益求精是工匠具备的思想特质和从业准则。

3. 敬业

敬业是从业人员出于对职业的敬畏与热爱，全身心地投入到职业当中，认认真真，恪尽职守的一种职业精神。敬业是中华的传统美德，也是当今社会正确的职业价值观的一种要求。

4. 创新

追求突破，创新改变，也是工匠精神的重要内涵。随着社会的发展，创新已经成了世界科技进步的重要推动力。创新对于国家和民族而言，有着非常重大的影响，是国家发展和民族复兴的前提。例如，国防实力增强，教育水平的提高，科技进步以及“互联网＋”时代的到来。因为创新才使社会得到了进步。所以创新是工匠精神当中不可或缺的内涵。

5. 一丝不苟

一丝不苟主要体现在做事情不投机取巧，严格遵循工作规范与质量标准，保证每一个部件的质量。不忽略任何一个细节。一丝不苟是达到精益求精的途径，是专注的表现之一。

6. 淡泊名利

用心打造精品，这种行为是发自内心的。在工作的过程当中应该得以报酬，但工匠精神的目的不是金钱。工匠精神应该做到追寻本真，认真地将一件事情做到极致。

（二）工匠精神的价值

在当今时代，由中国制造向中国创造的方向转变时，工匠精神就被赋予了新的使命与意义。工匠精神有了更重要的价值，主要体现在如下几点(如图 3-2)。

图 3-2　工匠精神的价值

1. 职场生存的保障

严谨的工匠精神是企业长期竞争的保障，这就要求员工应该具备工匠精神、坚持工匠精神，依靠精益求精的工匠精神来推动企业产品的不断改进与完善。

2. 融入企业与工作的基础

工匠精神的核心在于所人在做某件事物的时候要与工艺品建立密切的联系。也就是说，匠人要把工艺品看成是有生命的个体，用心与他交流，锲而不舍，精益求精。在公司当中，应该认真了解公司的企业文化，培养自己的工匠精神。只有真正热爱自己的工作，孜孜不倦地钻研，才能更好地融入企业当中。

3. 提升自我满足感

我们生活中的大部分时间都是和工作在一起，员工对待工作的态度就是对待人生的态度。只有真正爱自己的工作的人，会凭借工匠精神，积极地完成工作。只有这样，员工才能在工作当中获得自我满足感，工作才具有了真正的意义。如果每天应付自己的工作，那么生活也会变得枯燥乏味。

4. 建设新兴国家的需要

党的十九大报告指出，要“建设知识型、技能型、创新型劳动者大军，弘扬劳模精神和工匠精神，营造劳动光荣的社会风尚和精益求精的敬业风气”。工匠精神体现出劳动者精益求精、持之以恒、爱岗敬业、守正创新的高尚品德，是新时代劳模精神的重要载体。大力弘扬工匠精神，有利于建设创新型国家，也是建设质量强国和文化强国的需要。

(1)建设创新型国家的需要

创新型国家的建设需要实践技能突出、具有娴熟的技术、善于解决问题的高技能人才。而新时代的工匠精神，是培养富有创新精神、充满活力的产业工人队伍，稳步提升中国产业工人的整体素质的重要方式。

(2)质量强国的需要

中华民族历来重视质量，但是与世界一些发达国家相比，中国的制造业在自主创新、资源利用等方面还是有明显的差距，这就需要具有工匠精神的人，发挥提升产品质量的作用。工匠精神是推进制造业质量的升级、技术的升级、产业的升级的重要举措。

(3)文化强国的需要

工匠精神不仅体现在对产品的精益求精，它也是中华优秀的传统文化。工匠精神蕴含的职业理念和价值取向与社会主义核心价值观契合，符合建设文化强国的需要。

三、 如何将工匠精神应用到工作中

作为一个职业人，当你置身于职场当中时，就要立足于本职工作，锤炼工匠精神。不管是哪一个行业，哪一个岗位，都要做到干一行，爱一行，专一行，精一行。一个人只有不甘于平庸，才能够在自己的人生中取得华丽的壮举。职业中坚守工匠精神是一种义务，更是一种精神。那要如何将工匠精神应用到自己的职业当中呢？

高凤林：为火箭焊接“心脏”的大国工匠

高凤林，是首都航天机械有限公司的一名特种熔融焊接工，被称为“金手天焊”。他的工作，一般人做不了，他给火箭焊“心脏”。发动机是火箭的动力源，也被称为火箭的心脏。

高凤林这几天正在焊接的，就是长三甲系列火箭——长征三号乙火箭——的氢氧发动机喷管。在这个发动机喷管的管壁上，要经过几万次精密的焊接操作。每一个焊接点的位置、角度、轻重，都十分重要。如果焊枪多停留0.1秒，就有可能把管壁烧穿或者焊漏。“刚入门时候，一面跟着师傅学，一面自己勤学苦练。久而久之，就做到了眼、心、手高度合一。”高凤林说。

尽管已经是掌握超高技艺的“金手”了，但56岁的高凤林仍旧保持着多年来勤学苦练的习惯。吃饭时拿筷子练习送焊丝动作，喝水时端着水杯练稳定性，休息时举着铁块练耐力，冒着高温观察铁水的流动规律。

不仅在技术上精益求精，在工作作风上，高凤林还保持着甘于奉献的精神。在一次全箭振动试验塔建造中，为了焊接出合格的试验塔振动大梁，需要在几百度高温下连续不断操作。高凤林自告奋勇接下任务，双手被烤得发干、发糊，鼓起一串串水泡，他仍咬牙坚持，最终顺利完成。时到如今，高凤林的手上还残留着严重烤伤留下的伤疤。

这一切的背后，与高凤林对航天事业奋斗终生的情怀紧密相连。曾经，为了攻克国家某重点攻关项目，近半年的时间，他天天趴在冰冷的产品上，关节麻木了、青紫了，他毫不在乎。在技术攻关的关键时期，他和恋人一周偶尔见一次面，见了面也只待上十几分钟就匆匆离去。当恋人成为妻子后，他将家托付给妻子，即使妻子怀孕，他都无暇悉心照顾陪伴。孩子出生那天，他还是从工作岗位上匆忙赶往医院……提起这些，高凤林的理由很简单：因为国家任务不能等，航天事业的发展不能等。

有人出重金想挖走他，他却拒绝了。“火箭飞上天那一刻的成就感、自豪感，是金钱无法比拟的。我将继续扎根航天第一线，为新时代培养更多的高技能人才，为我国成为航天强国努力奋斗！”高凤林说。

（节选自《北京日报》）

（一）不走捷径

捷径，是指想要较快地达到目的，而使用巧妙的手段与方法，更简捷快速地达成目标。但是，在不具备基础的前提之下，往往会弄巧成拙，也就是所谓的“欲速则不达”。所以做事必须要脚踏实地，严谨认真。不迷恋走捷径，才能更好地达成目标。曾国藩在给儿子的一封家书中写道：“余于凡事皆用困知勉行工夫，尔不可求名太骤，求效太捷也。熬过此关，便可少进。再进再困，再熬再奋，自有亨通精进之日。”曾国藩从 16 岁就开始参加科考，第七次才中秀才，时年已经 23 岁。他说过一句名言：“拙看似慢，实则最快。”在学习求知方面，他对自己的要求是：不读懂上一句，不读下一句；不完成一天的学习任务，绝不睡觉。考取进士后，曾国藩进入翰林院工作，但他没有一心去钻研权术，经营为官之道，而是将手中的工作踏踏实实做好，对每一件事都尽心尽责。这种不投机取巧的极致工作态度反而成就了他。短短 10 年里，曾国藩升迁 7 次，年仅 37 岁便成为二品级别的礼部侍郎，成为当时最年轻的中央要员。

古往今来，不管什么领域，脚踏实地、严谨认真才是成功的途径。初入职场的人来说，只要沉下心来，踏踏实实地工作，就一定能让自己化茧成蝶。

（二）忠于职守

忠于职守就是对自己的工作严谨认真，尽力地遵守自己的职业本分，不管在什么时候，在什么岗位，都要履行自己的职责。忠诚是员工的重要的品质。每个员工，特别是对于刚刚步人职场的员工，要培养自己对职业的忠诚。将自己职责范围内的事做好。当对职业的忠诚融入我们自身的时候，我们就可以更好地完成自己的工作。

（三）积极进取

一个人是否积极进取在很大的程度上影响着自己的工作。一个国家、企业，乃至是个人的发展都与积极进取有着关联。有时候我们在工作中遇到问题总是容易退缩，可一味地退缩，并不能解决问题。所以，在工作当中我们必须有理想、有追求，不断地和自己、和他人进行比较，改正自己的缺点。

如果一个人可以充满自信地朝着梦想走去，在这个过程当中不断地积极进取，他将会获得意想不到的成功。

（四）充满热情

热爱工作并对自己的工作充满热情，是工匠精神的基础。只有真正地热爱一个职业，才可以避免敷衍工作。这也就是我们为什么说工匠精神就要做到“做一行，爱一行”。每个员工都是公司运行中的重要一环。热爱本职工作，有利于自己的工作能力不断进步。有句话说：“知之者不如好之者，好之者不如乐之者。”

工作其实每天都在变化，不断发展。在这个世界，赚钱绝对不是人生的唯一的目的。在工作中拥有诗意的世界是工作热情之源。用满满的激情与热情去对待工作，才能保持工匠精神。

（五）坚持不懈

孔子曰：“学如不及。”求知永无止境。这不限制于某一特定范围，而适用于我们生活中的方方面面。我们在生活中，只要仔细观察，就不难发现那些不断研究、探索，在某一领域上独辟蹊径的人，都有这个特质。孔子就是一位代表人物。像他自己说的“学如不及”一样，当许多弟子向他求知时，他从不骄傲自满，而是不断地学习、积累并总结经验。只有坚持不懈才可以功夫不负有心人。

在职场当中也许工作并不会以你的想法来完成，失败是在工作中经常出现的，但是这之后的态度至关重要。如果放弃，你永远也无法完成工作，只能坚持不懈，继续做下去。

（六）卓越创新

创新精神本就是工匠精神的内涵，甚至可以说是工匠精神的灵魂。因为只有创新才可以推动时代的进步，才能满足企业的长久发展。有无“追求卓越的创新精神”，是判断一个工人能否被称为新时代“工匠”的一个重要标准。如何凭借自己的创新能力将工匠精神运用到自己的本职工作上，我们将在下一节进行详细的讲解。

（七）团队协作

团队协作主要体现在新时代的工匠精神当中。新时代工匠尤其是产业工人的生产方式已不再是手工作坊，而是大机器生产，他所承担的工作，只是众多工序中的一小部分。比如，“复兴号”列车一列车厢就有三万七千多道工序。这三万七千多道工序，一个人是不可能完成的，必须由车间或班组以及团队协作来完成。团队需要的是“协作共进”，而不是各自为战。因此，“协作共进的团队精神”是现代工匠精神的要义。所谓“协作”，就是团队成员的分工合作；所谓“共进”，就是团队成员的共同努力、共同进步。关于具体什么是团队合作以及我们应该如何提升自己的团队合作能力将在本模块的第三节进行详细讲解。

（八）劳动教育

2020 年 3 月，中共中央、国务院印发了《关于全面加强新时代大中小学劳动教育的意见》，其鲜明地提出：“实施劳动教育重点是在系统的文化知识学习之外，有目的、有计划地组织学生参加日常生活劳动、生产劳动和服务性劳动，让学生动手实践、出力流汗，接受锻炼、磨炼意志，培养学生正确劳动价值观和良好劳动品质。”

随着人工智能在人类的工作和生活中越来越多地使用，相当比例的劳动逐渐被机器取代。与机器相比，人可以在于在劳动过程中感悟。人通过动手动脑劳动，创造价值，创造幸福。

总结案例

手艺人的工匠精神

1985 年的夏天，翟筛红 16 岁初中毕业。看着家中贫困多病的父母，他依依不舍地收起了求学之梦，他告诉父母自己想要学一门手艺。

江苏靖江以木工艺精湛而闻名，翟筛红近水楼台，拜了一位木匠师傅为师。然而师傅只肯教他锯木、刨板、打眼这种简单的基本功，直到 18 岁出师，师傅连一张完整的木凳子也没有教他做过。但是，从师傅那儿，翟筛红学会了埋头苦干，学会了偷师学艺。出师后不久，凭借着师傅教给他的基本功和想要改变自己命运的精气神，他很快学会了乡间木匠应该会的所有木工活。翟筛红说：“做什么就学什么，走到哪儿就学到哪儿。”他的技艺就这样在不断的磨炼中提升。

1995 年，翟筛红成为中建五局装饰公司的一名合同工。时任装饰公司总经理的都云树记得很清楚，这个农民工不一样，别人干活间隙喝喝水、聊聊天，只有他一句话也不说，不是自己闷头刨料，就是围着别人做好的成品反复看。收工之后，他也从不像别的工友一样打牌、喝酒，而是画草图、读书。最让都云树震惊的是，有一天这个寡言少语的小伙子跑到自己面前，居然向自己借了一本叫作《营造法原》的书。

《营造法原》是民国初期营造大师姚承祖的经典著作，建筑专业大学生读起来都非常吃力，只有初中文化的翟筛红也想一窥其中的奥秘，这让都云树十分吃惊和怀疑。没想到半年之后，翟筛红不但把书中的精华装进了自己的脑子里，还用装修废弃的边角料做出了书中一些经典结构图的实物模型。

念念不忘，必有回响。在别人不经意间，翟筛红已经一点一点化茧成蝶。从一个手艺平平的小木匠，成了绝技在身的顶尖高手。

2006 年，在全国首届建筑技能大赛当中，翟筛红一举获得了精细木工组第一名。然而，说起这次业内的比武夺魁，他更看重的是这次比武带给他的学习新知识、切磋技艺、提高水平的机会。

分析： 翟俤红是真的热爱自己的工作，在工作中坚定、踏实、严谨、专注、坚持、敬业、精益求精。最后凭借自己的努力取得了成功。在工作中，具备工匠精神，并且能又把自己的工匠精神正确地运用到自己的工作当中，这会对你的职业生涯有很大的帮助。

活动与训练

实践中的工匠精神

目标： 结合实际了解工作中的工匠精神。

活动形式： 课堂讨论。

道具： 发言奖励。

过程：

1. 课堂讨论的方式，理解自己所学专业与工匠精神具体品质是如何结合的，哪些是自己能做到的，哪些是需要未来长期培养的。

2. 教师总结学生的发言，并开启延展性讨论话题，例如，工匠精神运用到学习生活中会起到什么样的作用。

探索与思考

1. 你认为什么是工匠精神？

2. 初入职场的你，如何看待工匠精神与跳槽之间的关系？

第二节　创新意识

学习目标

1. 了解什么是创新意识、创新能力。

2. 掌握创新能力的基本素质要求。

3. 通过学习培养创新思维、创新意识，提高创新能力。

导入案例

诺基亚的创新失败

诺基亚最初是建立于芬兰一个小村庄中的造纸厂。20世纪60年代，它开始扩张到电子产品领域，并于1979年研发出世界上第一种蜂窝网络。不久后，诺基亚推出了Mobira Senator，这是世界上第一种车载电话。

到20世纪90年代末和2000年左右，诺基亚已经成为全球移动电话领域的领导者。诺基亚的利润非常高，股东们为此欣喜若狂。毫无疑问，诺基亚认为其将成为移动手机中的“王者”。

接着，更多公司开始专注于互联网，人们开始理解数据而非声音才是通信行业的未来。直到2013年，当诺基亚硬件部门被微软收购时，诺基亚创造的辉煌最后被终结。

诺基亚的品牌不可谓不响亮。莫说如日中天时期，就是这些年江河日下，其品牌价值仍然在全球名列前茅。2011年虽然跌出全球前十，但仍然保持在第十四位，品牌价值甚至高于宝马和路易威登。但是品牌这一金字招牌并没有阻止诺基亚市场份额的快速下滑。

由此可见，品牌对一个公司固然重要，但如果没有有竞争力的产品做支撑，品牌的力量也会苍白无力，不可能让消费者做到从一而终。

说到产品，许多人有一个误区，认为质量决定一切。其实，在需求日益多元的今天，产品质量绝非消费者选择产品的唯一标准。这是诺基亚给我们的第二点启示。

对于企业，选择怎样的发展战略至关重要。在发展战略上，是大胆创新还是简单重复，这其实已经为今后命运走向埋下了伏笔。诺基亚给我们的第三点启示就是：创新肯定有风险，但守旧和重复，只能是死路一条。

说到重复，诺基亚此次出售核心业务其实就是再次重复过去的成功战略。以“壮士断腕”的精神彻底甩掉传统业务，集中精力发展无线网络设备和地图等新业务，以图东山再起。

这种大胆跨界、大开大合的做法在诺基亚百年历史上的确两次获得成功。比如，百年前靠木材、橡胶起家的诺基亚，在20世纪中后期毅然卖掉传统业务，跳到电子领域生产电视机。20世纪八九十年代，诺基亚又卖掉已经做到欧洲第二的电视机业务，涉足全新的移动通信领域，并一举做到全球最大。

但是，再一再二难再三，发展战略上的跨界重复，风险远远大于前两次。前两次转型是主动为之，而第三次则是被动选择。主动和被动恰恰是企业转型成功与否非常关键的因素。

分析：苹果公司首席执行官(CEO)蒂姆·库克谈及诺基亚时说，不创新必然带来消亡。诺基亚就是一个不创新而枯萎的案例，尽管它曾经在全球市场份额中占有重要地位。这可能正是诺基亚对所有企业敲响的警钟。

一、 创新意识

创新是一种重要的社会实践现象。无论是社会的发展还是企业的发展都依赖于创新力。所以，作为一个职场人，创新力是一项重要的能力。了解创新力的基本知识是培养创新力的基础。

（一）什么是创新意识

创新意识是指人们根据社会和个体生活发展的需要，创造前所未有的事物或观念的意识，并在创造活动中表现出的意向、愿望和设想。它是人类意识活动中的一种积极的、富有成果性的表现形式，是人们进行创造活动的出发点和内在动力。是创造性思维和创造力的前提。

（二）创新意识的构成

创新意识包括创造动机、创造兴趣、创造情感和创造意志。

1. 创造动机

创造动机是创造活动的动力因素，能推动和激励人们发起和进行创造性活动。

2. 创新兴趣

创造兴趣能促进创造活动的成功，是促使人们积极追求新事物的一种心理倾向。

3. 创造情感

创造情感是引起、推进乃至完成创造活动的心理因素。只有具有正面的创造情感才有利于创造活动的实现。

4. 创造意志

创造意志是在创造中促使人们克服困难、冲破阻碍的心理因素。创造意志具有目的性、顽强性和自制性。

（三）创造意识的作用

1. 创新意识决定一个民族创新能力

在今天，创新能力实际就是国家、民族发展能力的代名词，是一个国家和民族解决自身生存、发展问题的能力大小的客观和重要的标志。

2. 创新意识推动社会的全面进步

创新意识根源于社会生产方式，它的形成和发展必然进一步推动社会生产方式的进步，从而带动经济的飞速发展。创新意识进一步推动人的思想解放，有利于人们形成开拓意识、领先意识等先进观念；创新意识会促进社会向更加开放、宽容的方向发展。这些社会条件反过来又促进创新意识的扩展，更有利于创新活动的进行。

3. 创新意识能促成人才素质结构的变化

创新实质上确定了一种新的人才标准，它代表着人才素质变化的性质和方向，它传递着一种重要的信息：社会需要充满生机和活力的人、有开拓精神的人、有新思想道德素质和现代科学文化素质的人。它客观上引导人们朝这个目标提高自己的素质，使人的本质力量在更高的层次上得以确证。它激发人的主体性、能动性、创造性的进一步发挥，从而使人自身的内涵获得极大丰富和扩展。

二、 创新能力

（一）什么是创新能力

创新能力是指人在完成了原有的目标任务之后，提出新思想、新理论、新方法和新发明的能力，从而达到创造性地解决问题的目标。创新能力主要包含创新意识、创新思维、创新精神、创新技能等几个方面。

1. 创新意识

创新意识是指善于独立思考、敢于标新立异提出新观点新方法的意识，它是创新能力的基础条件和前提。

2. 创新思维

创新思维是指用新颖独特的方式来解决问题的思维过程，通过这种思维方式突破常规的思维界限，用不同的角度思考问题。创造思维是创造能力的核心，是创新能力的关键。

3. 创新精神

创新精神是一种勇于抛弃旧思想、旧事物，创立新思想、新事物的精神。它包括对工作的责任感与敬业精神，包括对新事物有强烈的好奇心以及敢于冒险、敢于进取的精神。良好的创新精神对于培养创新能力是必不可少的。

4. 创新技能

创新技能是指人在发挥自己的创新能力时所表现出来的实践技能，创新技能是创新能力的直观表现。

（二）创新的重要性

创新对于国家和民族而言，都有着非常重大的影响。是国家发展和民族复兴的前提。当前社会的发展需要创新型人才。近些年来，社会各个方面的水平都在迅猛发展，这是由于创新在其中起着推动作用，例如，国防实力增强，教育水平的提高，科技进步以及“互联网＋”时代的到来，在这里都是以创新作为其中的动力。只有创新才能够突破固有的思维模式，只有创新才能够不断地进取，也只有创新才能够让整个企业走在时代的前沿。创新是一个公司的关键，是公司的核心竞争力。

（三）创新能力的分类

创新是人类特有的认知能力和实践能力，是人类主观能动性的高级表现，是推动民族进步和社会发展的不竭动力。一个民族要想走在时代前列，就一刻也不能没有创新思维，一刻也不能停止创新。创新在经济、技术、社会学以及建筑学等领域的研究中举足轻重。提起创新，人们往往联想到技术创新和产品创新。其实创新的种类远不止这些。创新主要有七种，它对于不同行业，有着不同的创新内容以及方法，主要包括技术创新、管理创新、企业创新、制度创新、产品创新、营销创新、文化创新，如图 3-3 所示。以上几种类型的创新能力与即将进入职场的大学生有着非常密切的关系。

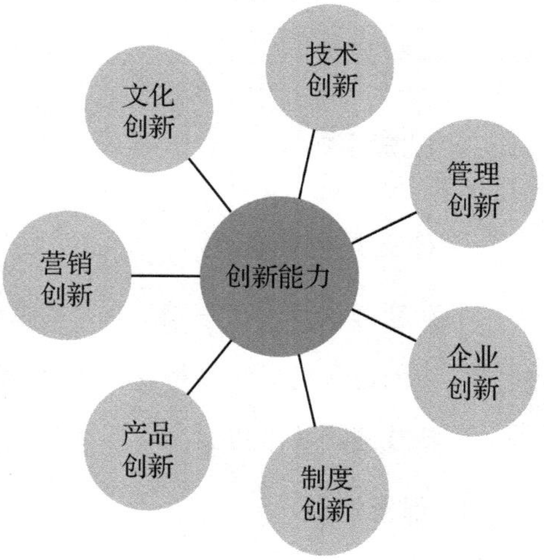

图 3-3　创新能力的分类

1. 技术创新

技术创新，指生产技术的创新，包括开发新技术，或者将已有的技术进行创新应用。企业将技术创新当作生存与发展的期望，国家把技术创新作为提升国家综合实力的重要方式。技术创新对当今时代变化起着决定性的作用。

2. 管理创新

管理指通过技术、组织、协调控制等手段对在组织之内的人、资本、事件等进行有组织的控制。管理创新主要包括管理方法创新、理思想创新等。

3. 企业创新

企业创新是企业发展的核心，是决定公司发展方向、发展规模、发展速度的关键要素。从整个公司管理，到具体业务运行，企业的创新贯穿在每一个部门、每一个细节中。企业创新要全盘考虑整个企业的发展，因为在企业中，各方面的创新是有较强的关联度的。

4. 制度创新

制度创新是指在原有的基础上，通过建立新的、更能激励人心的制度来实现企业与社会的持续发展。

5. 产品创新

产品创新是指创造某种新产品或对某一新或老产品的功能进行创新的活动。成功的产品创新可能会给一个企业或者一个国家带来质的飞跃。

6. 营销创新

营销创新，是指企业采用了此前从未使用过的全新的营销概念或营销策略，主要涉及产品(服务)设计或包装、产品(服务)推广、产品(服务)销售渠道、产品(服务)定价等方面。

7. 文化创新

文化在交流的过程中传播，在继承的基础上发展，都包含着文化创新的意义。文化发展的本质，就在于文化创新。文化创新，是社会实践发展的必然要求，是文化自身发展的内在动力。

（四）创新应该具备的基本素质

企业当中非常需要创新型人才。对于即将走向职场的学生来说，应该注重培养自己的创新能力。创新能力的基本素质主要包括动机、自信、坚忍的意志、专注的情感、质疑自己、胆量(如图 3-4)。

图 3-4　创新应具备的基本素质

1. 动机

在职场当中，创新的动机主要体现在，强烈的事业心与责任感。尤其是对于技术型人才来说，想要创新，责任感是非常重要的。试想，一个人对自己的职业不够热爱，缺乏责任心，每天只想着如何应付工作，这样他永远也不会创新出新的东西。爱迪生曾经说过："我要解开大自然的奥秘，并以此为人类造福，我们在世的短暂的一生中，我不知道还有什么比这种服务更好了。"正是因为他有着对大自然的向往和对人类的责任感，才有了不断创新的动机。

2. 自信

创新本就存在着无数的风险与未知，所以需要足够的自信。自信心是取得成功的前提，因为，一个人只有保持积极向上的心态，才可以在遇到困难的时候不畏惧，能够勇往直前。

3. 坚忍的意志

创新是一个漫长的过程，所以在创新的过程当中要保持坚忍的意志。对于即将步入职场的大学生而言，意志力是不可或缺的。良好的意志力，包括做人的信念、做事的目标与方式、自我管理能力等。

4. 专注的情感

创新需要专注的情感。专注情感指的是对于工作的喜爱与专注。如果对于工作缺乏兴趣，没有主动意识，就失去了创新的动机。

5. 质疑自己

在创新当中自信固然重要，但是也要存在对自己的质疑。质疑是创新的开始，古人云："疑者，觉悟之机也。一番觉悟，一番长进。"只有常常问自己"为什么"才会不断地进步，不断地改善，最终达到成功。

6. 胆量

创新本就是做别人没有做过的，或者没有做成功的事情，因此没有一定的胆量是不行的。创新一定会存在风险。若是在这个过程当中总是害怕失败，这样就达不到成功。所以，创新要有不怕失败的精神，要百折不挠。当然，所谓胆量是要建立在科学分析的基础之上，并不是盲目的勇敢。

三、 培养创新思维

创新思维是职场当中每个人都应该具备的思维能力。对于常规的处理问题，以及做事方式大部分员工都会，但是从非常高的角度处理问题，是一般人难以做到的。这种超常规的处理问题时的思维就是创新思维。创新思维是通过突破固有的思维模式，用新颖的角度，全方面地探求事情的思维活动。首先，我们来看一下当代大学生的创新能力现状。

（一）当代大学生创新能力现状

大学生正处在一个精力旺盛的时期，做事情思维敏捷、活跃。但是创新能力方面还是有所欠缺。

1. 缺少创新意识

大学生刚刚步入社会，对任何事情都充满了好奇心，并且，他们能够很快地掌握并积累知识。可是由于多年按部就班的学习，导致大学生看待事物时不够全面，对事物不够敏感，缺乏计划性和灵活性，所以导致大学生只是单纯的好奇，停滞不前，不敢标新立异，提出自己的观点和想法。

2. 思维方式不全面

大学生积累了足够的经验，有了更深程度的思考，但介于知识面有限，导致思考问题的方式往往过于单一，导致思考的时候缺乏灵活性与全面性，缺少科学的思维方式。

3. 缺乏创新技能

一些大学生受多年的应试教育的影响，缺乏动手能力，导致对于创新产生了灵感的时候，缺乏横向的联系。要想使这些灵感得到实施，就必须具有必要的创新技能。

4. 创新精神不佳

大学生经过十几年的在校生活，在学校以及父母保护的情况下很难真正接触社会，导致他们对这些不够了解，创新目标不够明确。由于创新是未知的，会遇到风险，某些大学生缺乏毅力，见异思迁，遇到一点困难就唉声叹气，不能长期坚持下来。

（二）创新思维的特点

1. 独特性

创新活动必须是没有人接触过的，或者没有取得成功的，而不是前面已经有人涉足过的。创新思维是一种独创、一种突破，是一种超出常规的思维，需要在学习的过程当中对所学的知识提出自己的观点想法，进行合理的“挑剔”。

2. 多向性

多向性是指不受任何条件的约束，思路开阔。不受固有模式的束缚，这样便可以产生新的观念。创新思维需要突破传统的枷锁，从纵、横、逆三方面来思考解决问题。

3. 多元性

多元性也就是超乎一般的逻辑规则和通常的实践过程，另辟蹊径地完成一件事情或者解决一个问题，即善于从事物的多环节、多因素、多层次、多角度来进行思考。

4. 开放性

开放性，指的是善于大量地、广泛地吸收外界各种信息，在与外界各种信息的交换和反馈中不断吸收新东西，以建立自己的思维模式，调整自己的思维方式，整合自己的思维成果。

（三）七大思维方式培养创新思维

创新思维主要有七种类型，我们可以根据这七大思维模式培养自己的创新思维。

1. 发散思维

发散思维又称辐射思维、放射思维、扩散思维或求异思维，是指大脑在思维时呈现的一种扩散状态的思维模式。发散思维解决问题的方法是面对同一问题，从不同的角度、不同的途径去考虑。发散思维是多方向、多思路、多角度地思考问题的思维方式，从而提出新的问题。

2. 逆向思维

逆向思维也称方向思维，是指突破固有的思维模式，采取与往常相反的思维模式进行思考的方式。当常规的思维方式不能思考出结果时，往往可采用逆向思维。

3. 收敛思维

收敛行为又称“聚合思维”，是指在解决问题时，利用已有的知识与经验，把各种信息聚合起来思考。求同是聚合思维的主要特点。把众多的信息有条理地引导到逻辑序列当中，最终做一个总结。

4. 联想思维

联想思维指的是将一个事物与另一个事物结合在一起，探索事物之间的规律并以此解决问题的思路。

5. 离散思维

离散思维就是通过复杂系统的分化，找到解决复杂问题的新思路。例如，用离散思维法来创新或改进产品。我们可以将产品的特性按照名词、形容词和动词进行分析，研究如何通过改变这些特性使产品变得更好。

6. 类比思维

类比思维也称作类推思维，是在解决陌生的问题时常用的方法；是将陌生的不熟悉的事物类比有经验的类似事物，从而创造性地解决问题。

7. 置换思维

置换思维也称作替代思维，是将目标对象和与之相似、相近、可替代的对象进行交换，从而达到解决问题的目的的思维过程。

四、 提升创新能力

一个企业的进步需要员工的创新能力与努力。企业的员工如果缺乏创新能力，就意味着这个企业失去了前进的动力，就会被社会淘汰。同样，对于一个员工来说，如果没有创新能力，也会被企业淘汰。没有企业喜欢按部就班、没有想法的员工。

圆头牙刷

日本狮王公司有一位叫加藤信三的职员，在使用自己公司的牙刷刷牙时，牙刷毛的尖头经常使他牙龈出血。他想着如何改变这种情况。

他利用放大镜仔细观察牙刷毛，发现其顶端是方的。于是他想，如果将其由方的改成圆的，牙龈不就不再会受伤害了吗？利用一次会议的机会，他把他的建议向公司提了出来，公司最终采纳了他的建议。这一细节的改进，果真成功解决了刷牙时牙龈出血的问题。狮王牙刷因此变得畅销，后来占到日本牙刷总销售量的30%左右。加藤信三也因为此创意的成功，由一个小职员晋升为公司董事。

（一）创新活动开展的基本方法

1. 组合法

组合法是非常重要的创新方法。所谓创新就是将大家认为不可能组合在一起的东西组合在一起，产生新的产品。组合可以是任意的，各种各样的事物都可以组合。例如，不同的颜色，不同的材料，不同的领域，不同的性能。两种及两种以上的事物都可以进行组合。

2. 类比法

类比法指的是，在确定的两个以上的事情上面寻找同异关系的思维方式，根据相关的标准，把有联系的几个相关事物进行对照。类比法要求在类比当中有新的创造。类比法是一种具有创造性的创新方式，人们对于各种不同的事物进行对照，从类比中产生新的创造设想，获得新的创造结果。

3. 联想法

联想法是依据人的心理联想而产生的一种创新方法。联想可以在指定的对象中进行，也可以在指定的空间里进行，还可以无限地自由联想。而且，这些联想都可以创造出新的设想，并获得成功。我们乐意联想不同的类型，发现不同的联想方法，进行发现，发明与创造。联想法主要有 3 个原则。

(1)自由畅想

要求参与者解放思想，无拘无束地思考问题，尽可能地提出新奇的想法。

(2)延迟评价

延迟评价就是不要太早地进行评价，太早地进行评价会将很多好的想法拒之门外，这对于创新是很不利的。

(3)以量求质

在进行设想的时候，尽可能获得更多的设想。很多好的答案往往是相近的，所以在进行头脑风暴的时候要尽量提出多的想法。

（二）提升创新能力技巧

1. 敢于超越，勇于尝试

现在大学生是从应试教育当中走出来的。学生被动地接受知识，学习只是为了考试。学生缺少主动思考的习惯，这样，大学生的悟性经过千锤百炼已经被埋没了，思维得到了严重的束缚。所以大学生敢于超越、勇于尝试的精神在创新能力面前是难能可贵的。

2. 培养综合能力

创新需要很高的创新技术能力。想要具备较强的创新技术能力，就要具备很强的综合能力与综合素质，例如，观察力，分析问题的能力，以及独立思考的能力。大学生在学习的时候，不应该仅仅是只记得知识，应该培养各方面的能力。

3. 完善知识体系

创新能力的提升基础是知识的积累，只有踏踏实实地积累知识，掌握真才实学，才能够在此基础上融会贯通，提升创新能力。

4. 参与实践

创新源于生活，所以实践是提高创新能力的最好方式。当代大学生多年来经历的都是应试教育，学会的大多是书面知识。所以参加一些社会实践对于大学生来说是再好不过的，可以增加竞争意识和创新意识。

5. 肯定自己

“一千个人有一千个哈姆雷特”，每个人的想法都是不一样的。当我们有了新的想法时，要学会肯定自己，想办法去实现这些想法。在肯定自己之前要做到考虑创新可以带来的收益效果，考虑失败的后果，尽量选择风险较小的方式来创新。

6. 敢于提问

在创新当中要不断地质疑自己，只有在质疑当中我们才会反思，才可以让自己有新的突破。

总结案例

通用电气的创新帮助公司渡过了巨大难关

通用电气公司是世界上最大的电气和电子设备制造公司及提供技术和服务业务的跨国公司，也是美国纽约道·琼斯工业指数自创造以来至今仍榜上有名的企业，在全球创新史和经济史方面创造了许多世界第一，是极少数成功地实施多样化战略的大型集团公司。通用公司虽然在全球声名赫赫，但是其在发展过程中也遇到了一些比较大的困难。

第一部分是外部困难，主要指的是通用公司的外部发展环境。在外部发展环境方面，通用受到的挑战有4个。一是在通用公司发展的一段时期内，美国的经济表现不景气，其他的国外经济体迅速崛起同美国形成了竞争，通用公司面临的外部竞争加剧。二是随着经济全球化的进程加快，市场的开放度不断地增加，在这样的大环境下，通用的竞争对手在不断地增多。三是随着传统制造业的衰退，通用的发展空间被压缩，加之美国制造业受日本等的冲击，通用的发展环境更加的艰巨。四是互联网对传统的产业形成了冲击。

第二部分是内部困难，主要表现也有4个。首先是通用公司内部的机构较为臃肿，组织上存在着严重的紊乱现象。其次是内部员工的思想较为僵化，创新不足，加之其既得利益和心理因素的原因，整体变革的阻力较大。再次是整个企业的业务比较散乱，没有明确的发展战略。最后是企业对市场的反应较为迟钝，所以市场机遇的把握效果不是很好。

面对着内忧和外患，韦尔奇在接手通用之后开始进行有计划的创新和改革，最终实现了通用的现代化发展。从韦尔奇的改革来看，其主要采取了3个方面的创新。一是进行了战略创新。在全面的分析全球经济发展情况和技术进步水平的基础上，韦尔奇制定了“数一数二”战略。这一战略的制定实施使得通用迅速地找准了自身的发展定位，并充分地利用了当时环境下的先进技术实现了自我的转型，由此摆脱了发展中的外部困难。二是进行了管理创新。韦尔奇认为企业的发展需要高效的管理，所以其积极地进行管理层的整顿，将臃肿的机构进行合并和裁撤，这样有效地提升了企业运转的效率，管理的质量也有了明显的提升。三是进行了人才培养的创新。基于企业员工思想僵化、创新不足的现象，韦尔奇积极地进行多样化人才培养方案的制定，由此改变了人才培养的局限性，实现了人才对企业的发展推动。

分析：创新具有重要的力量，所以重视企业创新是企业发展进步的重要内容。全面性分析通用企业的发展和创新，总结其成功的经验，可以为我国企业的现代化发展和创新发展提供有效的参考。

活动与训练

旧物改造

目标：理解创新的方法和应用。

活动形式：手工制造。

道具：利用生活中随手可及的材料、工具。

过程：

1. 利用身边随手可及的材料，设计和制作一件新的、可用的物件，最好结合自己所学专业的知识、技能和工具。

2. 制作过程中体会自己用到了哪些创新的方法。

3. 新物品完成后做一个小型展览。

探索与思考

1. 你认为对于创新能力你具备哪些基本素质？
2. 如何提升自己的创新意识与创新能力？

第三节 团队意识

学习目标

1. 了解什么是团队意识。
2. 了解企业文化对团队意识的影响。
3. 通过学习培养自己的团队意识。

导入案例

三个和尚的故事

在过去的一个山顶上有一个破庙。有一天，一个矮小的和尚要去山上的破庙，途经一条河流，由于天很热，便到附近的水池喝水。他来到庙中，看见庙里的缸没水了，便挑水，给观音的瓶子中加了水，那干枯的杨柳也死灰复燃。

不久后，一个胖和尚也来到庙中，由于天热，到水池边喝水。他来到了庙中喝完了庙中的水，又挑了一桶。之后两人都不愿挑水，后来他们意识到这样做不行，于是两人就挑水了。但是分配总是不均匀，都想占便宜，最后两人在竿子上画了一条线，总算平息了风波。

不久后，一个瘦和尚来到了庙中，由于天热，到水池边喝水。他来到了庙中喝完了庙中的水，又挑了一桶。之后三人都不愿挑水，杨柳也枯萎了。最后风干物燥，老鼠横行，引起了一场大火，三人奋力救火。风波平息后，三人通力合作打水。

分析：一个和尚挑水喝，两个和尚抬水喝，三个和尚没水喝，说明三个和尚不够团结，都不愿意承担责任。最后，一场大火让三个和尚明白之间就是要愿意承担责任，愿意跟伙伴分担。在职场当中也是一样的，只有团队齐心协力才可以取得最大的成功。

一、 团队意识

什么是团队合作，团队合作就是一种为了达到既定的目标，大家共同努力的一种愿望或思维。它可以调动团队成员的资源与能力。在追求成功的过程中，我们离不开团队合作。因为没有一个人是万能的，所以在职场当中团队合作非常重要，这就需要我们培养自己的团队合作意识。

（一）什么是团队意识

团队意识指整体配合意识，包括团队的目标、团队的角色、团队的关系、团队的运作过程四个方面。团队是拥有不同技能的人员的组合，他们致力于共同的目的、共同的工作目标和共同的相互负责的处事方法，通过协作的决策、组成战术小组达到共同目的。我们每个人的相互关系，都要对他人起到重要作用。

团队意识是一种主动性的意识，将自己融入整个团体对问题进行思考，想团队之所需，从而最大程度地发挥自己的作用。而仅仅服从命令，将是被动的、消极的。前者可以促进团队的发展，而后者只是简单的拼凑。

（二）团队意识的作用

团队意识在团队合作和企业当中具有以下几种作用。

1. 呈现系统效应

系统效应可以理解为团队意识在企业当中表现出的一种集体力。也就是大家团结在一起共同完成一件事，产生“1＋1＞2”的结合力。

2. 塑造企业凝聚力

在大家共同完成某一目标的时候，团队意识可以让团队成员心往一处想，劲往一处使，可以提高团队成员的凝聚力与向心力。

3. 制造员工归属感

在团队合作当中，团队成员之间进行沟通协作，增强了团队意识，可以使员工对企业有长远的归属感。员工对自己作为企业的一员感到自豪，并以此为自己全部生活、价值的依托和归宿。

4. 给予员工安全感

每个员工都深深体会到这个企业是我获得基本生活保障和安身立命之所时，这种团队意识变成一种安全感意识。

（三）团队意识的意义

从古至今，从一个国家、民族和社会的存在、发展和繁荣昌盛，到一个地方、单位和家庭的兴衰，都是和由个人组成的集体、团队的努力密不可分。“团结就是力量”“众人拾柴火焰高”等生活语言的产生已充分说明了人民大众对团队意识的认可和肯定。团队意识的主要作用表现在以下几个方面，如图 3-5 所示。

图 3-5 团队意识的意义

1. 推动团队发展

在团队精神的作用下，团队成员产生了互相关心、互相帮助的交互行为，显示出关心团队的主人翁责任感，并努力自觉地维护团队的集体荣誉，自觉地以团队的整体声誉为重来约束自己的行为，从而使团队精神成为公司自由而全面发展的动力通道。

2. 培养成员亲和力

一个具有团队精神的团队，能使每个团队成员显示高涨的士气，有利于激发成员工作的主动性，由此而形成集体意识、共同的价值观、高涨的士气、团结友爱。团队成员才会自愿地将自己的聪明才智贡献给团队，同时也使自己得到更全面的发展。

3. 提高企业整体效能

通过发扬团队精神、加强建设能进一步节省内耗。如果总是把时间花在怎样界定责任，应该找谁处理，让客户、员工团团转，就会减弱企业成员的亲和力，损伤企业的凝聚力。

二、 企业文化对团队意识的影响

企业的成功与发展取决于员工的共同努力。企业存在着各种规章制度，他依靠明确的规章制度对员工进行约束，在约束的同时营造一种健康向上的文化氛围，对员工进行影响，使员工自愿为企业奉献。把企业的目标资源当作自己的目标，增强使命感。

（一）什么是企业文化

企业文化指的是所有企业员工在实际生产和工作中所创作出来的精神财富和物质财富的总和，它涵盖了企业内部全体员工所创造的具有企业精神、企业发展目标、企业发展思想、企业管理方法、企业道德行为规范等具有价值的东西。良好的企业文化不仅能够促进企业的良性循环发展，还会为企业培养出一支高素质、专业化的高效企业人才，从而为企业带来丰厚的经济效益。从企业文化分解来看，就是建立文化，利用文化来化解企业发展过程中遇到的一系列问题和不足，从而加强企业员工的凝聚力、向心力，为企业员工营造一种健康、和谐的工作环境。由此可见，企业文化在整个企业发展中占有十分重要的地位，发挥了不可替代的作用。

（二）企业文化与团队意识的关系

企业文化是团队建设当中不可分割的一部分，良好的企业文化可以起到凝聚人心的作用。在当今时代，企业要想获得持续的发展，仅仅依靠其体制的科学性是不够的，还需要建设一种全新的企业文化，并努力使这种文化得到大多数员工的认可。否则，企业团队意识的形成是根本不可能的。任何成功的企业，文化建设是企业成功的一个必要的前提条件。企业文化建设是知识经济时代企业发展壮大和提高管理水平的一种必然趋势。

（三）企业文化对团队意识的影响

企业文化对团队意识有以下几方面影响(如图 3-6)。

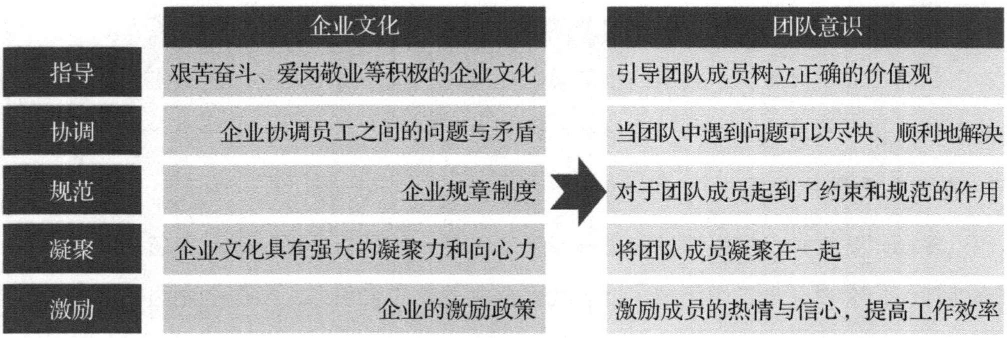

图 3-6 企业文化对团队意识的影响

1. 指导

企业文化对于团队建设，促进了价值观和理想信念的形成。企业文化对于团队建设起到了指导的作用。例如，一个企业经过多年形成了艰苦奋斗、爱岗敬业等积极的企业文化，而且企业文化能够引导团队成员树立正确的价值观，调动企业员工的积极性。

2. 协调

企业文化可以协调团队员工之间出现的各种问题与矛盾。企业内良好的机制可以让团队成员之间不会有压抑的感觉。这样当员工在工作中遇到问题的时候，就可以尽快地解决，顺利地完成目标。

3. 规范

企业的规章制度对于团队成员起到了约束和规范的作用。良好完善的规章制度可以体现出一个企业的风格与准则。在团队成员进行合作时，良好的规章制度也可以帮助团队成员朝着一个明确的目标前进，以免走岔路。

4. 凝聚

企业文化具有强大的凝聚力和向心力。同样的价值观让团队成员与企业融为一体。当团队成员被企业认同的时候，团队成员之间各方面就会凝聚在一起。企业文化可以使企业员工在企业发展目标、企业运营手段、企业发展战略、企业对外交流等方方面面都形成共识，从而协调企业员工之间的关系，为企业员工提供必要的保障，推动企业又好又快地发展。

5. 激励

优秀的企业文化可以起到激励团队成员的作用，能够激励成员的热情与信心，提高工作效率，使成员形成爱岗敬业的价值观。团队成员拥有乐观向上的心态，才能够在工作中坚持奋斗。

三、 如何培养自己的团队意识

团队意识的培养取决于组成团队的每一个成员。作为团队成员，我们每个人都要提高团队意识。通过提高团队意识，我们能培养自己的表达与沟通的能力，培养主动做事和敬业的品格，培养宽容与合作的品质，更能培养我们自己的全局意识和大局观念。一个具有团队意识的团体，能使每个团队成员的士气高涨，有利于激发成员的主动性并自觉维护团体的集体荣誉，自觉以团队的整体声誉来约束自己的行为。培养团队意识，才能够在团队合作当中更好地施展自己的团队合作能力。

（一）团队中容易遇到的问题

在团队合作当中，若是掌握不好团队合作的方式很容易变成“1＋1＜2”的局面。那么什么原因会导致团队合作达不到最好的效果呢？

1. 绩效影响

在企业当中经常会采用绩效评估的方式来考核一个团队，此时绩效的评估方式就会对团队成员产生影响。如果绩效不够公平、透明，就会影响到整个团队成员的积极性。因为团队绩效是每一个人共同努力的结果。若绩效不够透明，就会出现个别成员滥竽充数，不为团队做出努力的情况。

2. 人际关系影响

团队是由人组成的，各种各样的人聚在一起就会产生错综复杂的人际关系。在团队协作中，人际关系处理不恰当就会引发冲突。复杂的人际关系非常不利于团队的协作。人的精力是有限的，当把一部分精力放在处理人际关系上的时候，应该放在工作上的精力就会被分散。所以团队人多不一定力量大，工作的氛围是很重要的。在和谐的关系当中，人们才可以轻松地工作。

3. 公平因素影响

公平对于团队中的每一个成员都非常重要。公平分为过程的公平与结果的公平。如果在过程当中所有的规则都是公平的，团队成员在面对不乐观的结果时，只会抱怨自己不够努力，而不会去怪罪其他人。结果的公平是指给予这件事公平的结果。只有先保证在程序上的公平之后，再确保结果的公平，这样才能保证团队成员的积极性。

4. 观点冲突影响

不同的人对待同一件事会有不同的想法。这时如果处理的方式不恰当就会引发冲突，所以在与别人想法不同的时候应该遵循以下几种方式。

解释：首先应该向对方解释你的想法，你为什么想要这样做。

询问：在对方听了你的解释之后，询问对方的想法。

讨论：最后要与对方进行讨论，找到解决问题的最佳方法。

（二）职场新人如何培养团队意识

职场新人应该快速地融入企业团队中，在平时工作中应该注意以下几点。

1. 沟通能力

培养团队意识，沟通能力是非常重要的。如果在团队合作当中掌握不好沟通的方式，便很难达到工作的目标。例如，在团队协作当中遇到自己不明白的事情该怎么办？当领导交给你的任务在规定的时间完不成，这时候你该如何向领导说明？这些都是团队协作中沟通应该注意的。关于团队沟通技巧可以参考以下几条。

(1)积极倾听

在团队当中的沟通与在学校的倾听不同。在学校时，我们听老师讲课很多时候不需要回答，只要一直跟着老师的思路，保证听懂老师的知识点然后将它们都记下来就可以。但是在团队当中，倾听不仅是单向的，而且往往是双向的。除了要仔细听懂对方的话，保证你们是在同一个频道上的，还要在倾听时时刻想好在对方说完话时，我们应该怎样去回应对方。倾听是有效沟通的基础。

(2)复述任务

在领导给自己布置任务的时候应该向领导再次复述一遍任务的内容，以便双方对于事情的理解与表述是一样的，避免造成偏差，导致最终白白费力工作，还引起领导的不满意。

(3)大胆请教

对于很多刚进入职场的人来说，不懂的问题往往会自己去琢磨，不敢去问领导，怕给对方添麻烦。其实在领导的角度来看，请教是一种信任与尊重，领导往往更喜欢主动请教的下属。当然请教也要分场合，如果领导有事在忙，要等他忙完之后再请教。对于我们来说，遇到不会的问题及时请教可以及时止损，避免根据自己的猜测做出错误决定造成严重后果。

2. 工作主动

机会是靠自己的努力争取来的，没有任何一家企业喜欢被动的员工。在团队当中更是如此，大家都不喜欢被动、偷懒的成员。所以作为一个合格的团队成员应该主动积极。工作主动主要包含以下几个方面。

(1)主动承担责任

团队合作当中每个人都会犯错，重要的是犯了错误要勇于承担。犯错不可怕，可怕的是找各种借口推卸责任。犯错之后应该敢于承认，主动找到问题的根源。保证同样的问题不会再出现下一次。

(2)积极工作

积极承担工作可以帮助团队更好地提高工作的效能，并且可以提升自己的能力，得到领导同事的青睐。

(3)主动汇报

在团队合作当中，要主动向领导汇报你工作的进度与遇到的困难。因为领导心中通常有一个疑问就是自己的下属，每天都在忙什么？主动汇报工作可以让领导心里有数，并且认为你是一个对待工作积极的人。

3. 敬业

所有的团队成员都应该具备敬业精神，有了敬业精神，把工作当成自己的事情才能够为实现团队目标而不断地努力。敬业精神主要表现在恪尽职守，认真负责，一丝不苟，善始善终等职业道德。提高自己的敬业精神可以注意以下几个方面。

(1)态度端正

在团队合作当中要时刻端正自己的态度，热爱自己的工作，只有真正地热爱，才会不辞辛苦地为之奋斗，从而不断地提升自己的能力。

(2)热爱工作

热爱工作可以避免对工作的敷衍。做一行，爱一行，每个员工都是公司运行中的重要一环。只有热爱，员工才能保证自己的岗位毫无差池，才能真正起到在团队中的作用。

(3)增强工匠精神

工匠精神在团队合作当中非常重要，对于企业的发展和企业目标的完成都有着重大意义。所以我们在团队合作当中应该具备坚定、踏实、严谨、专注、坚持、敬业、精益求精的工匠精神。

4. 顾全大局

培养团队意识不反对个性张扬的人，但其个性必须与团队的行动一致。员工们要有整体意识、全局观念，考虑团队的需要。有大局观的人可以全面地看待问题，能够从整体上把握事情的规律。同时要有远见，遇事脑子多思考，站在不同的角度看问题，把握好整体的利益和局部的利益关系，对待问题能够做出快速的反应和正确的决策，使整体的利益最大化。

(1)三思而后行

在团队当中，我们说的每一句话，做的每一件事都可能会对团队目标产生影响，所以在做决定之前要考虑清楚即将产生的影响与后果。

(2)树立全局观念

我们应该树立自己的全局观念，提高自己的思想站位，要将自己看成是可以通过努力为单位做出贡献的单位的普通一员。

(3)提升综合能力

我们应该加强自身学习，提高自己的综合能力，扩大自己的知识面，提高思想觉悟，只有这样才能让自己更加优秀、更有大局观。

5. 了解企业文化

每个企业都有自己独有的文化和自己的发展历史。初入职场的人应该先充分了解公司的规章制度、一些不成文的“规则”等一系列的企业文化，在企业当中多观察、多留心。只有了解了公司的企业文化，才可以在企业中顺利地开展团队合作。

6. 公私分明

工作当中，应该保持公私分明，不带有个人感情色彩。例如，在工作当中不打听别人隐私，就算是别人主动和你说起，也不要到处宣扬。在工作当中不带有影响工作的私人情绪。

总结案例

微软的团队精神

提起微软，大家赞叹不已。在很多人眼里，微软是成功的，甚至是神秘的公司。在微软，数以万计的雇员成了百万富翁。可是鲜为人知的是，他们当中很多人在获得财务自由之后，仍然留在微软工作。

如果你了解微软公司的工作条件并非舒适安逸，你就会觉得雇员们的献身精神难能可贵。微软公司也并非以其高额津贴出名，相反，它以“吝啬”著称。据该公司的一位前任副总裁透露，多年以来，董事长比尔·盖茨因公出差时，总是自己开车去机场，而且坐的是二等舱。

那么，是什么神奇的吸引力，竟使这帮百万富翁不因为自己经济的需要而如此卖命地工作呢？答案只有一个，那就是完全超越了自我的团队意识。这种团队意识已在微软公司落地生根。微软人认为，他们不属于自己，而是从属于某种特别的东西——微软这个团队。

在微软的任何一个团队中都有着这样一句名言：“没有永远的领导与员工，领导与员工在一起不仅是为了工作，更是一起分享成功与失败，快乐与悲伤。”开放的环境形成了开明的领导风气。

这使得微软人的团队意识非常强。无论是成功还是失败都是团队共有的。大家互教互学，互相奉献和支持，遇到困难互相鼓励，及时沟通。依靠团体智慧，承认并感谢队友的工作的帮助。

这种团体意识已经在微软的公司生根发芽。微软人认为，他们不属于自己，而属于微软这个整体。董事长比尔·盖茨在谈到团队精神时，讲过这样一段话：“我们微软公司所形成的氛围是：你不仅拥有整个公司的全部资源，同时还拥有一个能使自己大显身手，发挥重要作用的小而精的班级或部门。每个人都有自己的主见，而能使这些主见变成现实的是微软这个团体。我们的策略一向是：聘用有活力、具有创新精神的顶尖人才，然后把权力和责任连同资源，一并委托给他们，以便使他们出色地完成任务。”

分析：团体意识能够更好地完成工作，也会使自己的职业生涯有更好的发展，这种团体意识，绝非微软公司所独有。类似于这种把个人归属于集体的团体意识，也是许多公司都在追求和培养的。团队意识，使雇员们工作热情更高，工作体验更深，从而使他们的生活更具价值和意义。

活动与训练

团队讲故事

目标：练习培养团队意识。

活动形式：接龙互动游戏。

道具：PPT、白色卡纸。

过程：

1. 将学生分成两组或多组，每组成员10人左右。各小组的成员分别围坐在一起，选出一名记录员，负责记录故事的进展。

2. 随机选择一名组员开始，一人一句话，开始编故事，记录员记录每人的一句话，以接龙循环的方式，一组一个循环结束，讲完一个故事。例如，A同学说“很久以前有一个高手”，B同学可以说“高手突然隐居到了深山里”，接着C同学、D同学……往后排列，所有组员共同完成一个故事的编写。

3. 比较两组完成后的故事，分析哪个环节让故事更精彩或者更难继续下去，之后可以开始第二轮团队讲故事游戏。

探索与思考

1. 你认为团队意识对于自身发展有哪些帮助？

2. 根据你的职业思考应该如何养成自己的团队意识。

模块总结

职业意识是作为一个职场人所应该具有的意识，也可以称作主人翁精神。它是人们对职业劳动的认识、评价、情感和态度等心理成分的综合反映，是支配和调控全部职业行为和职业活动的调节器，是职业道德、职业操守、职业行为等职业要素的综合。它是每一个人从事所工作的岗位的最基本的素养，是必须牢记和自我约束的。

由于社会分工的不同，产生了不同行业类型和不同职业。每个人为了获得生活来源、社会地位、精神满足，就必须参与到社会生产活动的不同岗位中去。这些岗位对就业人员的职业素养具有独特的要求，而职业素养中最内在、最本质、最基础的便是职业意识。它包括工匠精神、创新意识和团队意识等方面。

首先，工匠精神是最基本的职业道德，代表着坚定、踏实、严谨、专注、坚持、敬业、精益求精……在当今时代，工匠精神成了企业文化的一部分，体现了产品与生产者的或者服务者对于工作品质的不断追求与坚守。对于刚刚步入职场的大学生来说，完善自己的工匠精神对于今后的职业发展至关重要。学生有了有干一行爱一行、爱一行钻一行的韧劲，一定可以使自己的职业生涯得到很好的发展。

其次，创新意识是推进社会、企业发展的动力。所以，作为一个职场人，创新力是一项重要的能力。一个企业的进步需要员工的创新能力与努力。企业如果缺乏创新能力就意味着这个企业失去了前进的动力，就会被社会淘汰。同样对于一个员工来说，如果没有创新力，也会被企业所淘汰。没有企业喜欢按部就班、没有想法的员工。

最后，在当今时代，市场竞争越来越激烈，所以仅仅依靠个人的力量不能帮助企业达到最大的价值。这时就需要团队意识和力量。正所谓“众人拾柴火焰高”。因此团队意识对于刚刚步入职场的大学生来说，尤为重要。

培养并提升自己良好的职业意识，能够帮助自己明确自己的职业方向以及今后的职业发展。本模块通过工匠精神、创新意识和团队意识三方面讲解了如何提升自己的职业意识。

MODULE 4

扫码进入微课堂

模块四
职业行为修炼

标准引领

知识

1. 了解什么是职业行为与职业习惯。
2. 了解沟通能力的概念与沟通能力的基本要素。
3. 了解团队合作的基础。
4. 了解职场与学校，职场人与学生之间的差异。

能力

1. 培养自己良好的职业行为习惯。
2. 掌握与同事、领导以及客户的沟通方式。
3. 提升团队沟通与合作的能力。

素养

1. 能够克服角色转换时遇到的困难。
2. 理解职场口应该具备的职业道德。

学习导航

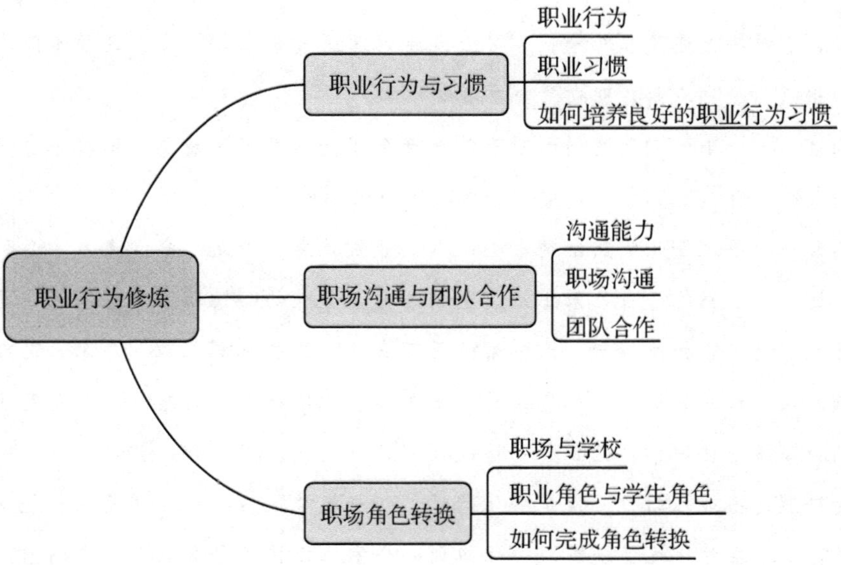

第一节 职业行为与习惯

学习目标

1. 了解什么是职业行为与职业习惯。
2. 掌握职业习惯的基本要素。
3. 通过学习培养良好的职业行为习惯。

导入案例

“忙碌”的小叶

小叶担任销售部主管3年了，由于公司的销售目标压力很大，小叶的工作非常繁忙。

早上起床来不及吃早点，小叶就直奔公司。刚进办公室，经理来找他，告诉他下个月经理要出差，有一个重要的会议，让小叶代为出席发言。走出经理办公室，小叶非常高兴，他知道这是一次在上级面前展现自我的好机会：“还有一个月的时间，我一定要好好准备一下。”

之后，小叶每天还是非常繁忙，早上没有时间送女儿上学，晚上还经常陪客户吃饭到深夜，出差、应酬不断，朋友聚会也不好推辞。

直到有一天，小叶突然意识到明天就要开会了，心里不免着急。不过毕竟还有一天时间，明天一定什么也不管了，全心全意准备会议资料。

第二天一大早，女儿突然发烧，小叶心中非常焦急。但是，分身无术，只好带着歉意让太太送女儿去医院，自己来上班。刚到公司，小叶的心情还没平静下来，总经理秘书来找他，说总经理找他谈话。他怀着忐忑不安的心情去见总经理。原来，总经理接到了一封顾客投诉信，让他马上调查清楚，下午答复。他当然不敢怠慢，于是花了一个上午的时间把事情处理好。当他正想一边吃便当，一边构思发言稿，突然，他的一个客户也是他的好朋友出现在门口，说是顺便路过，想一起吃饭。小叶当然无法拒绝对方的美意。于是，心不在焉地吃了午饭，小叶回到办公室已经快下午2点了。看到桌上有几份紧急文件，小叶就想先处理完，认为这并不会花太多时间。他在处理文件的时候，有几个电话打进来，又有两个下属找他谈话，处理好这一切之后已经快下午6点了。这时，小叶心中着实惦记女儿，实在不想再加班了，于是下班回家。路上正好是交通高峰，塞车很厉害，小叶到家已经快晚上7点了。小叶想吃了饭再写。吃完饭，洗完澡，已经是晚上8点了。刚巧电视转播四年一次的世界杯足球赛，小叶最喜欢了。虽有些不安，但小叶还是忍不住坐下来，安慰自己说：“看一会儿，松弛一下，做事会事半功倍。”球赛转播完毕，小叶已经在沙发上睡着了。

第二天早上4点钟，小叶设置的闹钟响了，5点钟，小叶爬了起来，想写发言稿，但是由于睡眠不足再加上前一天过于忙碌，导致头晕眼花，一点思路都没有，最后终于写好了一个开头。但是，由于资料不全，没有办法写下去，小叶只好提前回了办公室，匆匆忙忙地写了一个大概，就去开会了，会上的效果可想而知。

分析：案例中的小叶没有良好的职业行为与习惯，主要体现在没有做好时间管理。在职场当中时间管理是提高工作效率与质量的最有效方式。拖延时间只会使问题变得严重，给工作造成更大的损失。

一、职业行为

（一）什么是职业行为

职业行为是指人们对职业劳动的认知、评价、情感和态度等心理过程的行为反映，是职业目的达成的基础。从形成意义上说，它是由人与职业环境、职业待遇、职业要求的相互关系决定的。职业行为包括职业创新行为、职业竞争行为、职业协作行为和职业奉献行为等方面。

（二）职业行为规范

行为规范，是社会群体或个人在参与社会活动中所遵循的规则、准则的总称，是社会认可和人们普遍接受的具有一般约束力的行为标准，包括行为规则、道德规范、行政规章、法律规定、团体章程等。

职业行为规范是在职业生活中根据人们的需求、好恶、价值判断，而逐步形成和确立的，是社会成员在职业活动中所应遵循的标准或原则。由于行为规范是建立在维护社会秩序理念基础之上的，因此对全体成员具有引导、规范和约束的作用。引导和规范全体成员可以做什么、不可以做什么和怎样做，是和谐社会重要的组成部分，是社会价值观的具体体现和延伸。

（三）职业行为的道德意义

在当今社会中，人的职业行为不是孤立发生的，而是在各种社会关系当中发生的，这就会与社会、集体、他人发生联系而形成一定的道德关系。主要可以从以下 4 个方面分析(如图 4-1)。

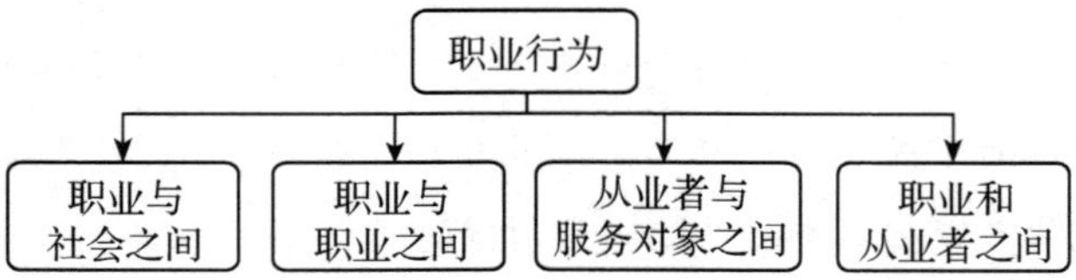

图 4-1 职业行为的道德意义

1. 职业与社会之间

职业本身是根据社会分工而产生的。如果某一个职业活动发生了变化，整个社会也会受到影响。职业道德作用就是通过承担各种各样的义务与责任，来确保各个行业与社会的联系，使每个职业的社会职能都能正常地发挥作用，促进社会的向前发展。

2. 职业与职业之间

在当今社会中，任何职业都不可能是孤立的。不同的行业之间，同行业不同企业之间都存在着各种各样的联系与竞争。保证它们之间的平等互利，也是重要的道德问题。

3. 从业者与服务对象之间

每一个职业都有它特定的服务对象，如何促成、维持和保证它们之间融洽、和谐、互惠互利的关系就需要道德的协调与约束。

4. 职业和从业者之间

从职业和职业者自身的关系来分析，人们在选择某一职业时，一般主要考虑以下几个因素。

第一，该职业经济收入的高低。第二，该职业的社会地位，包括社会对该职业的评价以及职业者本人从事该职业的前途。第三，该职业的社会意义。

但是在我国现有条件下，职业的选择还要受到一系列外在因素的制约，还不能充分满足人们的职业理想，人们还不能完全按照自己的意愿去选择职业，这样就有可能造成个人愿望和从事的职业的矛盾冲突，表现为对现状不满足、工作不安心等。它会使个人的劳动积极性和创造性受到一定程度的挫伤。协调个人与职业的关系，就需要一定的道德约束。

二、 职业习惯

（一）什么是职业习惯

职业习惯是指一个人长期从事某种职业而养成的一种极富职业特点的言谈举止。良好职业习惯的养成是建设职业化队伍必不可少的重要内容。

（二）职业习惯的基本要素

职业习惯的基本要素可以总结为态度、效能和超越，如图 4-2 所示。

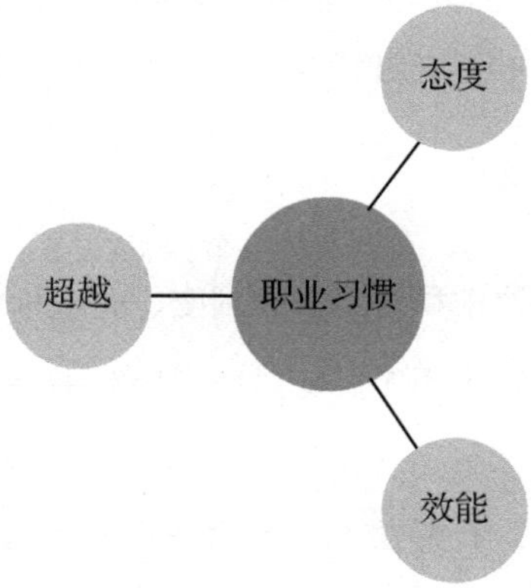

图 4-2 职业习惯的基本要求

1. 态度

员工的职业习惯能够充分反映出这名员工的职业素养，而态度是体现习惯的重要方面。态度是一种长时间工作的心理模式。在拥有一个好的职场态度之前我们应该做到以下两点。

(1)端正态度

正确的工作态度是工作成功的关键，在工作中我们应该端正自己的态度，例如，不在工作中找借口，主动承担工作任务，不要把工作仅仅当作赚钱的工具，而是要在工作中找到实现自我价值的感觉，点燃自己的工作激情，并且在当今时代，努力已经成了普遍的工作态度，所以在工作中要努力做好每一件事。

(2)修炼态度

在工作中除了端正自己的态度之外，养成以下几种态度是非常关键的。首先，我们可以给自己设定一个目标。拥有一个清晰的目标，会有可能取得更大的成就。当然光有一个清晰的目标是仅仅不够的，还需要为目标设定一个期限，只有为目标设定了一个期限才能促使我们积极地去完成它，不至于总是找各种理由推迟。其次，我们应该从内心由衷地认可自己，在认可自己的同时要正确地认识自己。这样可以在工作中找到适合自己的工作。最后，要学会把握当下，在工作当中难免会出现失败，但是不要总是盯着昨天的失败不放，要看眼下，只有把握好今天，才不会浪费。

2. 效能

效能主要体现在两个方面，效率与效益。高效能指相同或者更短的时间内完成比其他人更多的任务，并且能够保证质量。高效能的员工是企业与员工都想达到的目标。但是如何才能修炼成高效能呢？

(1)筹划

筹划指的是在面对工作中的难题时，应该提前做好充分的准备，包括前期团队成员的分工、执行战略以及业务开展过程中可能遇到的各种特殊情况。如果没有周密的计划，在进一步的执行中就会十分被动。

(2)规范

在工作当中，要根据团队的计划和思路，有制度、有流程地去完成一项工作。并且在完成的过程中要注意有反馈、有奖惩。这样才可以保证工作的事半功倍。

(3)质量

管一项工作任务的时间有限，但是在工作中也要保质保量，使每个阶段都能够达到预期。不能因为时间紧张就降低工作的质量。

(4)迅速

争取做到“今日事今日毕”，面对问题不要拖延，迅速解决。

(5)激情

无论是在个人工作当中还是团队工作当中，想要达到高效能的工作成果都需要保证充满激情。只有真正地喜欢一份工作才可以更好地完成它。

3. 超越

在职场中，要想被同事与领导看好和肯定，就必须创造相应的价值，促使自己创造价值的方式就是不断地超越自我与他人。

(1)超越自我

超越自我指的是员工在根据自己设定的目标不断地努力，在此过程当中不断地去提升自己的能力。关于有效的超越自我可以参考以下几点。首先，要不断完善自己的知识体系，员工通过在工作当中不断地学习与积累时需要建立一个属于自己的知识体系。以便在下次遇到问题时，能够在解决的时候事半功倍。其次，员工应该养成全面思考的能力，在解决问题、看待事物的时候，应该收集多方面的因果关系，避免片面思考。看清事物的本质，在事件复杂的背后抽丝剥茧，最后做出正确的决定。最后，员工应该做到随时适应时代的变化，当今时代，科技进步一日千里，员工想要不断地自我超越就要做到与时代变化同步。

(2)超越他人

在职场中想要提升竞争力可以参考以下几个方面。首先，我们要保持谦卑的学习心态，培养爱学习、善于学习的习惯。其次，员工可以参加一些大项目，这可以使人得到快速地成长，从同级员工之间脱颖而出。最后应该做到不断地激励自己，不要当工作可以胜任的时候就开始出现惰性，想要超越他人就要多看看他人，不要让自己陷入舒适圈。

三、 如何培养良好的职业行为习惯

对于步入职场的新人来说，养成良好的职业行为与习惯是做好工作的基础条件。在职场当中好的行为习惯可以决定你是否可以凭借高效率完成工作，或者是出色地达到目标。养成良好的行为习惯，要做到言行一致，形成高尚的道德品格。想要养成好的职业行为习惯主要有以下几个方面。

（一）塑造良好的职业形象

塑造一个良好的职业形象，首先外表上要保持仪容仪表整洁，不要太过华丽，但是要简洁大方。除此之外，言谈举止也是塑造良好形象的关键，人的举手投足都代表着一个人的形象。所以，干净整洁、彬彬有礼的形象有利于赢得同事与上司的青睐。在后面的模块中我们将详细地讲解如何塑造自己的职业形象。

（二）培养良好的职业道德

学生在步入职场之前大部分时间都是在家长和学校的保护之下，很难接触到真正的社会，对于怎样养成良好的职业行为一无所知。在养成良好的职业行为习惯中具有优秀的职业道德是很重要的。这就要从自身做起，树立正确的理想与信念，学会诚信、敬业。

1. 树立正确的理想与信念

在职场当中要做到有正确的明辨是非的能力，可以全身心地投入所热爱的事业当中，克服工作中的困难与干扰，不断地攻变自己，提升自我，完善自我。

2. 诚信

诚实守信不仅是做人的准则，在工作中也是非常重要的原则。工作中的诚实守信包括，不用欺骗的手段，讲究质量，说到做到，不仅仅是一个人的成功，甚至是一个企业的成功。诚信对企业和个人都有着深远的意义，所以诚信是生活与事业的基本原则。

3. 敬业

敬业是职业道德的基础，敬业就是对自己的职业怀着一份热爱、怀着一份珍惜，在自己的工作中可以获得荣誉感与成就感。敬业是一种非常优秀的职业品质。在职场当中，我们想要获得进步，必须要对自己的工作保持热情与敬仰之心。

（三）养成良好的职业行为习惯

良好的职业行为习惯不是一蹴而就的，是通过日复一日的实践与锻炼养成的。在平时的工作与生活当中我们要注意细节，从细节做起，具体表现在以下几个方面。

1. 掌握公司行为规范与办公流程

俗话说“无规矩不成方圆”。在公司当中，规矩也就是制度。规章制度可以保证企业的管理有序化、规范化。遵守公司的规章制度这是一个员工应该具备的职业精神与职业素养的表现。可以帮助你和谐地融入企业，愉快地开展工作。

2. 及时反馈工作中的问题

在工作当中遇到不懂的问题要及时请教。很多刚进入职场的人，对于不懂的问题往往会自己去琢磨，不敢去问领导，怕给对方添麻烦。其实在遇到问题的时候应该及时请教，避免用自己的主观意识判断造成错误。遇到不会的问题及时请教可以及时止损。

3. 做工作计划与总结

工作计划是对即将开展的工作进行设想与安排，工作计划是我们高效能完成工作的最有效的手段。工作计划的呈现形式可以是文字形式也可以是表格形式。工作计划有以下 4 个必备要素。

工作内容：要明确工作目标，工作任务是什么。

工作方法：要采取什么措施与策略去完成工作内容，也就是将“怎么做”具体明确。

工作分工：要明确什么人来做什么。在安排的过程当中必须要做到胸有成竹，哪些先做哪些后做，应该根据轻重缓急合理安排。

工作进度：要明确完成期限，并将时间细分，预计各个阶段应该完成的事情，根据时间线开展工作。

4. 倾听工作安排，不懂就问

在领导布置任务的时候要注意仔细倾听，包括团队的任务、目标以及开展工作的方式方法和每个人员的分工等。遇到听不懂的情况要第一时间请教。在领导布置完任务之后，用自己的话向领导复述一遍任务，以便双方对于事情的理解与表述是一样的，避免造成偏差，最终白白费力工作还引起领导的不满意。

5. 服从工作安排，勇于承担责任

勇于承担责任是一种优秀品质，也是在职场中生存的基础。无论你职位高低，能力大小，都应该站在自己职务的角度，遇事独当一面，肩负起所在职位的责任。企业雇佣员工，使用相应的薪水换得你对企业实现的价值。在工作中难免会遇到错误，最重要的是做到承认错误、勇于承担责任，发现问题，解决问题，吸取教训，下次避免。

6. 主动进行工作汇报

当领导安排了工作的时候要主动汇报工作进展。美国著名管理经营专家——马克·麦考梅克曾说：“谁经常向我汇报工作，谁就在努力工作，相反，谁不经常汇报工作，谁就没努力工作。”

主动汇报工作，有助于消除上下级之间因沟通不畅引起的误解。作为员工，不要等着领导问起才汇报工作，而要主动汇报，让领导及时了解你的工作情况，察觉出员工工作中的问题，给予指导和帮助。这样不但可以避免执行跑偏，还能有效地化解危机。

主动向领导汇报工作，还能体现出员工尽职尽责、认真工作的职业态度，能给领导留下很好的印象。而且领导可以根据员工的工作进展，及时做好对后续工作的安排。

总结案例

现在就办

维克托·米尔克是世界上屈指可数的现代化大食品公司墨西哥城推销中心的技术总监。他的工作直接或间接地受到公司 5000 雇员中 3000 多人的影响。他总是忙得不可开交，想找点时间度假非常困难，可是他的工作却从来也没有干完过。他因此参加了在墨西哥城举行的一次时间管理研讨会，并取得了很大进展。

1. 不再加班工作

米尔克说：“现在我不再加班工作了。我使用的最重要方法是制订每天工作计划。现在我根据各种事情的重要性安排工作顺序。首先完成第一号事项，然后再去进行第二号事项。现在我把次要事项都放在最后处理，即使这些事情完不成，我也不用担忧。过去我从未迫使自己写出要做的事和将它们排列出优先次序。我发现，排列出优先次序使我对各项目标有了明确认识，把需要做的事交给别人，自己则可集中精力去处理那些需亲自做的事。对我有极大帮助的另一点是‘现在就办’的概念。我有意识地尽力克服工作上的拖拉现象。我在困境中抓住一件事情就努力一次性给予处理。”

2. 贴在墙上的浪费时间因素

米尔克说：“浪费时间因素表贴在我办公桌前的墙壁上，这个地方非常醒目。我曾核对过其中 20 个浪费时间因素。我们赞成温斯顿·丘吉尔的看法，展望未来比我们现在所能理解的要困难得多。同时我们也确切地发现，预先采取措施防止可能发生的危机和制订应急计划完全可能最大限度地减少危机的影响。”

分析：米尔克通过实践研讨会学习了如何将自己的时间排序，根据工作的优先级来处理，这样因为对各项工作有了明确的目标而可以高效完成。养成良好的工作行为习惯，不仅能够提升工作效率，同时能够提升生活效率。

活动与训练

被打乱的计划

目标：通过对职业行为和习惯的分析，理解职场思维与决策的重要性。

活动形式：案例分析讨论。

道具：本节的导入案例。

过程：

1. 通过导入案例小叶的经历，假设自己是小叶，如何应对他所面对的职场状况。
2. 重点分析如何不打破自己的工作计划，又能很好地处理同事间的配合和关系。
3. 由教师对同学的分享进行点评。

探索与思考

1. 良好的职业行为习惯的重要性。
2. 如何养成良好的职业行为习惯。

第二节　职场沟通与团队合作

学习目标

1. 了解沟通能力，掌握与同事、领导以及客户的沟通方式。
2. 了解团队合作的基础。
3. 通过学习提升团队沟通与合作的能力。

导入案例

团队合作的重要性

一个外企招聘职员，吸引了不少人前去应聘。应聘者中有本科生，也有研究生，他们头脑聪明、博学多才，是同龄人中的佼佼者。聪明的董事长知道，这些学生有渊博的知识做后盾，书本上的知识是难不倒他们的，于是，公司人事部就策划了一场别开生面的招聘会。

招聘开始了，董事长让前六名应聘者一起进来，然后发了15元钱，让他们去街上吃饭。并且要求，必须保证每个人都要吃到饭，不能有一个人挨饿。

六个人出门之后你看看我我看看你，大家都觉得将15元钱平分最为公平，这样自己靠自己，谁也不会占谁的便宜。于是他们将15元钱平分之后，纷纷自己去完成自己的任务。

他们中第一个人，来到大街拐角处的一家餐厅。上前询问就餐情况，服务员告诉他们，虽然这里的米饭、面条的价格不高，但是每份最低也得3元。他一想，自己手里只有2.5元，根本不够。于是，他垂头丧气地出了餐厅。

其他的人也没有找到合适的食物，所以大家都没有吃到饭，并且回到了公司。

董事长问明情况后摇了摇头，说："真的对不起，你们虽然都很有学问，但是都不适合在这个公司工作。"

其中一人不服气地问道："2.5元钱怎么能吃上饭？"

董事长笑了笑说："2.5元？我明明给了15元。"

又有一个人说道："可是15元我们六个人平分就是2.5元呀。"

董事长："你们每个人2.5元吃不到饭，但是如果你们六个加在一起有15元不就吃到了吗？你们每个人只想到自己，从没有想到凝聚起来，成为一个团队。这只能说明一个问题，你们都是以自我为中心、没有一点团队合作精神的人。而缺少团队合作精神的公司，又有什么发展前途呢？"

听闻此话，六名大学生顿时哑口无言。

分析：在这个过程中，应聘者们只想到自己，害怕和其他人在一起，其他人会抢走自己的，只能自私地拿着2.5元，从未想过团结起来的力量。正所谓"众人拾柴火焰高"，团队的力量往往可以产生更大的效果。

一、 沟通能力

在日常生活中免不了与人沟通，在职场当中，也不例外。但沟通并不是一件容易的事情。缺乏沟通能力的人想要表达一件事情的时候可能会一直说不清楚，别人也不能清楚地理解他想要表达的内容。为什么有的人在职场中可以顺风顺水，有的人却处处碰壁？沟通能力确实是一门学问。接下来我们就来认识一下什么是沟通能力。

（一）什么是沟通能力

沟通能力指的是个体在事件、情感、价值观等方面与对方进行交流的能力。一般来说沟通能力强的人，事业进步快，会更易获得更好的工作机会。而沟通能力相对差的人，工作效率会比较低，不受领导与同事的喜欢，晋升机会少。从沟通的目的和沟通的效果来看，可以将沟通分为 4 个层次。

1. 传递与交换信息

沟通最基本的就是把某个信息告诉某人，也就是信息的传递与交换。在信息的交换与传递的过程当中不需要争辩，不需要说服别人，只要达到信息的共享与交流的目的就可以了。

2. 解释说明

解释说明信息，是指将自己对信息的理解传达给别人，如向上级汇报工作等。这时需要我们具备能够清晰明确地解释信息的技能。我们可以有一个总的框架，解释说明时思路清晰，语言简洁，重点突出。

3. 说服他人

在与同事沟通，说服同事按照你的方式行动的时候。如果沟通不到位，就会引起同事的不认可。所以，我们想要说服他人的时候，应该在说服别人之前，先表明自己的想法可行，需要对方的协助，并鼓励肯定对方让对方有对于好结果的期待。

4. 商务谈判

商务谈判当中不仅仅是说服对方就可以，而需要在协商当中达成一致，互利共赢。我们在谈判之前要尽力去理解客户的需求，提前沟通清楚，找到双方利益的契合点，只有这样才能实现共赢。

（二）构成沟通能力的基本要素

构成沟通能力的基本要素包括倾听、表达、提问、说服、反馈等，如图 4-3 所示。

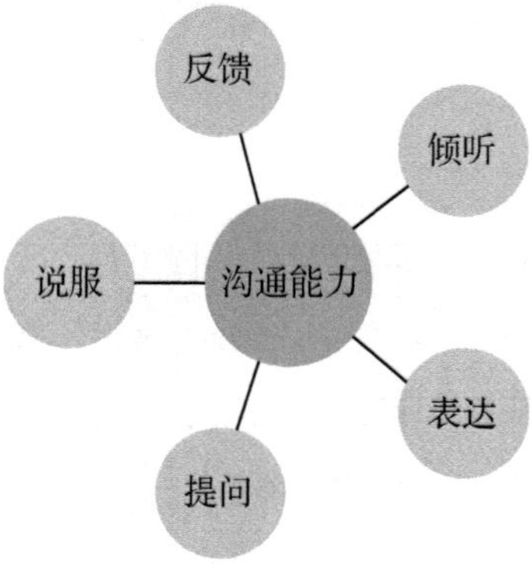

图 4-3　构成沟通能力的基本要素

1. 倾听

倾听是沟通的开始，只有在倾听的时候抓住关键信息，了解了对方的喜好，才能更好地表达自己的看法与主张。倾听并不是简单地听，它主要是需要将听到的信息进行筛选和解读。

2. 表达

良好的表达能力是沟通的关键。当你对一个人说话的时候，他总是云里雾里，别人对他说话的时候，他就茅塞顿开，这时问题很可能出在你身上。关于如何提升表达力，在后面的模块我们会进行详细的讲解。

3. 提问

适当的提问可以帮助你获得更多的信息，掌握更多沟通时的主动权。提问时应该注意场合和与你谈话的人。例如，你对上级、客户、同事提问时应该采取不同的提问方式。

4. 说服

想要在沟通中说服对方，首先要做到取得对方的信任，其次要明白自己要说服的人是谁。找准之后要根据被说服的对象的个性特质进行针对性的沟通。关于取得信任的方式有 3 种。

重复对方的话。假如自己不善于沟通，可以重复对方刚刚说的话中的关键词表示赞同，或者将对方表述的内容进行同义词替换，之后引用事实进行复述。

表示理解。首先，深入理解对方说的话。其次，表示对对方所言的理解后提出建议。最后，获得对方的认同与信赖。

表示认同。对于无关紧要的问题可以直接表示赞同。若确实存在不同意对方的观点的情况时，要保留意见，等待合适的时机发表意见。

5. 反馈

反馈作为沟通的重要组成部分，是表达自己观点的方式。反馈的主要形式是一对一，或者一对多。反馈在双方进行交流的时候，对于促进工作关系有很大的改善。有效的反馈可以起到优化工作的过程，以及带来更好的结果。

（三）有效沟通

有效沟通越来越多地被应用在企业管理上，常见主流商业管理课程，如 EMBA、MBA 及其他各类企业培训等均将“有效沟通”作为管理者必备的一项素质要求包含在内。所谓有效的沟通，是通过听、说、读、写等载体，通过演讲、会见、对话、讨论、信件等方式将思维准确、恰当地表达出来，以促使对方正确地理解信息的过程。有效沟通应遵循以下原则(如图 4-4)。

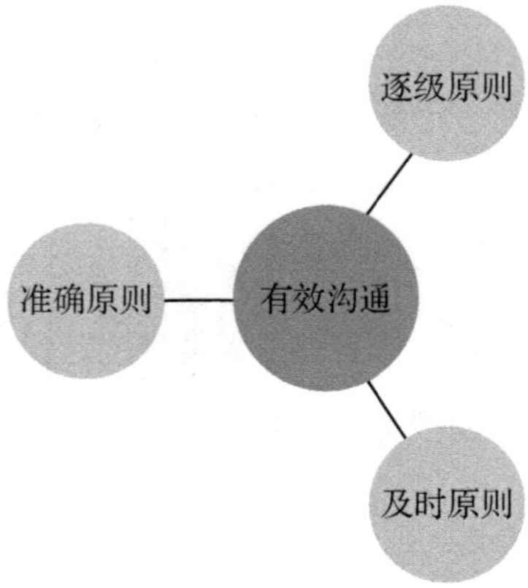

图 4-4 有效沟通原则

1. 准确原则

准确是沟通当中最重要的原则，例如，在领导给下级布置任务的时候，需要传递者准确地传递信息，需要接收者准确地理解信息。建议在信息的传达完之后，接收信息的人复述一遍，这样可以有效地避免信息不一致的情况。

2. 逐级原则

在职场沟通当中，由于职位级别的存在出现的一个原则是逐级原则。例如，在经理下面有总监，总监下面是普通职员。这时候在沟通当中，普通职员有问题需要沟通的时候，应该先与总监进行沟通，由总监和经理进行沟通。只有特殊情况下才可以越级沟通。

3. 及时原则

在实际工作当中，经常因为传递不及时，导致信息的价值大打折扣。所以无论是与同事、上级还是客户沟通的时候都应该注重及时传递、反馈信息。

二、 职场沟通

职场上，大家都知道同事之间配合非常重要。要密切配合，沟通就非常关键。沟通效率的高低决定了执行力的好坏。沟通好，执行就好；沟通不好，执行力就会下降。但在实际工作中，沟通并不是一件容易的事情。那么如何进行有效沟通？我们将从面对同事、上级与客户三个方面进行详细的讲解。

（一）如何与同事沟通

在同事之间要建立融洽的人际关系，必须要互相交流。在交流当中，得体的语言是非常重要的，许多争吵的发生都是因为说话方式存在问题。那么如何和同事进行交流才是最合适的呢？

1. 尊重

与同事沟通要建立在互相尊重的基础之上，可以多使用“您”“请”“谢谢”“辛苦了”等文明用语。在谈话当中要避免涉及同事的隐私。

2. 体谅

在与同事建立良好关系的时候，可以用心去帮助他们。其实无论是职场当中还是生活当中，你帮助了别人，有一天别人也会帮助你。

3. 耐心倾听

耐心地倾听。当同事在和你说话的时候应该注意认真倾听，如果一个人叽里呱啦地说个没完，会引起别人的反感。往往礼貌性地微微一笑，赞同地点头等，都会使谈话更加融洽。切忌左顾右盼、心不在焉，或不时地看手表、伸懒腰等行为。

4. 禁止批评指责

批评指责对方会伤害对方的自尊心，令人生厌，甚至会使对方以牙还牙，造成不欢而散的局面。在一个公司的同事抬头不见低头见，如果产生了矛盾，对今后的工作将会造成很大的负面影响。

（二）如何与上级沟通

在职场当中不会与领导沟通，不仅仅影响工作的进度，还会影响你在领导心里的印象，从而导致你的职业生涯受到阻碍。那么和领导进行沟通的时候应该注意些什么呢？

1. 复述领导的任务

在领导给自己布置任务的时候之后应该向领导再复述一遍任务的内容，以便双方对于事情的理解与表述是一样的，避免理解有偏差，导致最终白白费力工作，还引起领导的不满意。

2. 大胆请教，不懂就问

对于很多刚进入职场的来说，面对不懂的问题往往会自己去琢磨，不敢去问领导，怕给对方添麻烦。其实在领导的角度来看，请教是一种信任与尊重，领导往往更喜欢主动请教的下属。当然请教也要分场合，如果领导有事在忙，要等他忙完之后再请教。对于我们来说，遇到不会的问题及时请教可以及时止损，避免根据自己的猜测做出决定造成严重后果。

3. 主动汇报

主动向领导汇报你工作的进度与遇到的困难。因为领导心中通常有一个疑问，就是自己的下属每天都在忙什么？主动汇报工作可以让领导心里有数，并且认为你是一个对待工作积极的人。

4. 领导交付的任务及时处理

若领导交付你的任务你没及时处理，领导就会认为你没有能力胜任工作，执行力不强。领导如果分配工作给你，最好能第一时间回应。但是如果交给你的是一个你没有接触过或是不了解的工作时一定要给自己留出一个缓冲时间，你可以和领导申请晚几天完成，利用这个时间尽快找到解决方案，最终给领导满意的任务结果。

（三）如何与客户沟通

作为一个职场人员，与客户谈判是必备的能力之一。那么在与客户进行沟通的时候怎么样才能达到双赢的结果呢？

1. 第一印象

一个好的第一印象包括得体的衣着打扮以及形象礼仪。在与客户进行商务谈判时候的你代表的不再是你自己而是你公司的形象。你的一举一动在客户心理都会有一个印象，这个印象会影响客户对你所在企业以及产品的看法。所以在进行商务谈判之前，要注意自己的仪容仪表以及职场礼仪。

2. 充分了解客户的诉求

在谈判开始之前就应该了解客户，了解客户的需求和客户的喜好，这样才可以对症下药，为客户提供令其心满意足的服务。

3. 尊重客户

尊重不仅仅是与客户有效沟通的必备要素，在生活以及工作当中尊重他人都是至关重要的。当你给予客户一种被尊重的感觉的时候，客户就会对你留下好印象。

4. 全方面掌握产品信息

作为一个职场人，熟悉自己本公司的产品是最基本的要求。只有对公司的产品有了充分的了解，才能够向客户提出的问题进行解答，获得客户的认可。如果一个人连自己想要介绍的产品都不清楚，怎么向别人介绍？

5. 清晰表达自己的观点

在与客户进行谈判的时候，要清晰地表达自己的观点，向客户传输准确的信息。

6. 注意察言观色

在谈判过程中要注意留意客户的反应，若发现对方对你的方案和产品不感兴趣的时候应该及时停止；当客户指出不同的观点时不要否定，可以说：“您的观点也有道理。”你可以先肯定客户的意见，之后再说出自己产品的其他优势。

三、 团队合作

在企业当中，单打独斗永远不能取得成功。企业需要的是所有员工为了共同的目标努力奋斗。因此，对于刚刚步入职场的大学生来说，了解团队，培养团队合作的能力是必需的。

（一）认识团队

1. 什么是团队

管理学家斯蒂芬·P. 罗宾斯认为：团队就是由两个或者两个以上的相互作用、相互依赖的个体，为了特定目标而按照一定规则结合在一起的组织。

在职场中也就是由基层员工和管理层人员组成的一个共同体。它将每一个员工的技能相结合并合理安排，从而为达到共同的目标努力，最终达到“1＋1＞2”的效果。

2. 构成团队的要素

团队有几个重要的构成要素，总结为5P(如图4-5所示)。

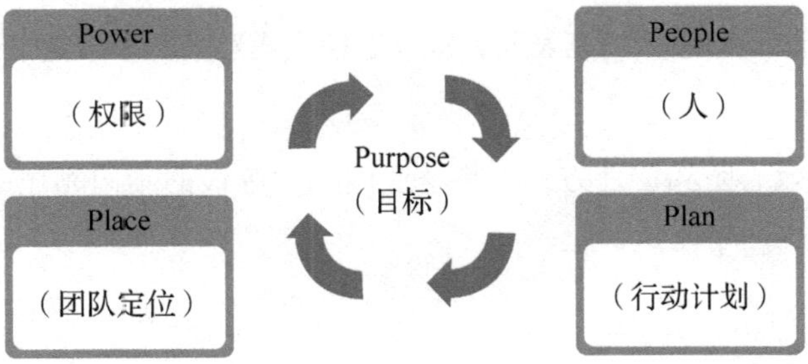

图4-5 团队的构成要素

(1)目标(Purpose)

团队具有一个共同目标，团队内的所有成员都要奔着这个目标而去。如果没有目标团队就没有存在的意义。

(2)人(People)

人是构成团队的核心。由于目标是人员共同实现的，所以团队中在人员的选择上是至关重要的。在人员的选择上应该注意人员之间的互补，以及单个人员的能力、经验等必备的专业能力。

(3)团队定位(Place)

在团队中定位分为两种，团队的定位和人员的定位。团队的定位是指，在企业中团队所处的位置，以及团队最终应对谁负责。人员的定位是指，作为成员应该在团队中担任什么样的角色。

(4)权限(Power)

团队权限包括两个方面，一方面是整个团队在组织当中拥有什么样的决定权，比如财务、人事、信息决定权；另一方面是指组织的基本特征，比如组织规模多大、团队的数量是否够多、它是什么业务类型。

(5)计划(Plan)

团队目标的最终实现需要一系列的行动方案。计划可以理解为具体的工作程序。

3. 团队的类型

根据团队存在的目的和拥有自主权的大小，可将团队分成四种类型。

(1)问题解决型团队

问题解决型团队的核心点是提高生产质量、提高生产效率、改善企业工作环境等。在这样的团队中，成员应该就如何改变工作程序和工作方法相互交流，提出一些建议。成员几乎没有什么实际权利来根据建议采取行动。

(2)自我管理型团队

一般来说，团队人员责任范围包括控制工作节奏、决定工作任务的分配、安排休息。但对自我管理型工作团队效果的总体研究表明，实行这种团队形式并不一定带来积极效果。

(3)多功能型团队

它是一种非常有效的团队管理方式，将企业内同一等级的不同领域的工作人员组织到一起，共同完成一项复杂的工作。

(4)虚拟型团队

虚拟团队是利用现代信息技术把实际分散的成员联系起来，这些成员共同实现一个目标。虚拟团队有着明显的成本优势、人才优势。

4. 团队的价值

中国有很多古话来形容团队的价值，例如，“天时不如地利，地利不如人和”“二人同心，其利断金”，都证明了团队在竞争中的力量。

(1)鼓舞信心

在团队协作过程中成员可以互相鼓励，增强对方的信心。当团队成员在一起的时候更能提高工作效率。

(2)增强团队凝聚力

在团队当中，成员们会自觉地朝着团队的目标与核心努力。这样就形成了重要的凝聚力。

(3)促进自我成长

团队成员在合作的过程中，会进行交流，会互补。这会使个体在能力方面有所提升，从而促进自己的成长。

(4)提升自我认同感

在没有团队的协同时，仅凭自己的一己之力是很难取得很大的成功的。当有了团队的协作，可以共同努力，发挥各自的优势取得成功，这样会提升团队成员的自我认同感。

（二）团队合作的关键

团队在进行一个项目的时候是由不同的人组成的，那这么多位不同的人能不能和谐地完成工作呢？这就需要注意以下三个关键问题。

1. 分工

一个项目组人员分工一般由项目经理负责。由于团队成员人数较多，因此在工作量与工作内容的分配问题上，显然难以通过平等协商和沟通得出一个有效并令众人都满意的方案。项目经理进行分工的原则应该是，团队每个成员的具体工作及相应职责都必须被合理并明确的划分。所谓合理的划分，即每个团队内成员的能力必须与其从事的具体工作相匹配。合理的分工使得团队内的各成员得到真正的“人尽其才”，每一个成员都可以在合适的岗位上发挥其最大的价值。

2. 合作

有分工就要有合作。合作的关键在于，对团队内各成员具体负责的工作进行有机整合，以实现项目目标。合作的重点是沟通。在团队协作上，沟通主要体现在纵向的上下级及横向同级成员间的相互交流上。良性的沟通事实上往往建立在项目组内部良好融洽的人际关系的基础上。上下级互相尊重，同级人员相互信任，而不是钩心斗角。在加强沟通时，要避免沟通过度，过于频繁的团队会议会导致沟通效率的低下以及时间的浪费。

3. 监督

监督的目的是促使项目组内各成员都完成好本职工作。监督并不仅仅是外部的，团队之间的成员也可以起到互相监督的作用。监督包括对团队内各成员是否完成自身职责进行考量，以及相应的奖惩手段。如果缺乏行之有效的监督机制，那么一个项目组只能退化为一个成员们不负责任地牟取各自利益的工具。

（三）如何提升团队合作的能力

在工作当中要与他人和谐相处。团队合作是一名员工应该具备的素质之一，很多企业在选拔人才的时候都会把一个人是否具有团队合作意识作为一个考核标准。那么作为团队的一员，如何为团队出一份力呢？

1. 真诚待人

与团队成员在相处的时候，最重要的就是平等，不论是老员工还是新员工都不能丢掉平等的关系。在与团队成员交流的时候要注意真诚相待，只有真诚相待才可以赢得对方的信任。相互信任在团队合作当中起着非常重要的作用。

2. 主动沟通

团队沟通是任何项目之中最重要的部分，绝大多数项目的成功都与团队的沟通有关系。沟通在一定程度上可以成就一个项目，也可以毁掉一个项目。所以在团队沟通时应该充分发挥职场沟通的原则与技巧。

3. 谦虚谨慎

“三人行，必有我师”，在团队当中一定要谦虚谨慎。只有这样，我们才会永远受到别人的欢迎。

4. 努力化解矛盾

一般而言，与同事有点小摩擦、小隔阂，是很正常的事。但千万不要把这种“小不快”演变成“大对立”，甚至激化成敌对关系。对别人的行动和成就表示真正的关心，是一种表示尊重与欣赏的方式，也是化敌为友的纽带。

5. 接受批评

从批评中寻找积极成分。如果同事对你的错误大加抨击，即使对方带有强烈的感情色彩，也不要与之争论不休，而是从积极方面来理解他的抨击。这样，不但对你改正错误有帮助，也避免了语言敌对场面的出现。

6. 培养创造能力

注意培养自己的创造能力，不要安于现状，试着发掘自己的潜力。一个有不凡表现的人，除了能与人合作以外，还需要他人乐意与你合作。

总结案例

唐僧团队

唐僧师徒四人性格迥异，却历经万险，坚定地朝着目标前进，终于求取到真经。可以说唐僧团队是经典的团队组合。唐僧这样的领导对自己的目标非常执着。孙悟空虽然很自以为是，但是很勤奋，能力强。猪八戒虽然懒了一点，但是有着积极乐观的态度。

沙僧虽然从来不谈理想，但却脚踏实地。因此，这四个人在一起就是最完美的取经组合。

归结起来，唐僧团队主要包含着4种角色：德者，能者，智者，劳者。他们分工明确。如网友所说："德者领导团队，能者攻克难关，智者出谋划策，劳者执行有力。"

孙悟空能力强，个性率直，想法多，行动活泼，可谓团队内的优秀人员。然而，孙悟空缺乏自我约束力、团队合作能力和全局决策能力。可以说，孙悟空是能力超强执行者，但不能成为运筹帷幄的管理者。

关于猪八戒的评价褒贬不一，但他在团队却是不可或缺的角色。猪八戒虽然好吃懒做，但做起工作来还是保质保量；虽然自私自利，但是会坚持自己的大立场；虽然喜欢打小报告，但是不会无中生有。并且猪八戒的协调能力是团队中的其他人不具备的。他在团队中的重要功能就是协调各方，为整个团队带来活力。

最后就是沙僧，也许有人觉得沙僧的作用不大。但试想如果这个团队里面没有沙僧会完整吗？唐僧只知发号施令，无法推行。悟空只知降魔，不管小事。八戒只知道打下手又粗心大意。那么谁牵马、喂马做后勤？只有沙僧。虽然沙僧能力一般，但是忠心耿耿，工作踏实，任劳任怨，心思缜密，并且有良好的团队合作精神。这种角色虽然不会有大作用，但是团队运行离不开他。

由此看来，唐僧团队之所以被奉为经典，离不开4个角色之间的互补优势：角色型互补、性格型互补、技术型互补、优势型互补。

分析：团队合作是一个人愿意作为群体的一员，与群体中其他人一起协作完成任务。而不是单独地采取竞争的方式从事工作。团队要想高效地完成工作，绝不是取决于哪个员工工作能力卓越，而是团队整体的能力。所以德者、能者、智者、劳者这4种人必不可少。

活动与训练

信息传递的衰减

目标：体会职场沟通与团队合作的重要性。

活动形式：互动游戏。

道具：一段100字左右的文字描述。

过程：

1. 3～5人一组，排好前后顺序，第一人阅读一段100字左右的文字描述，1分钟时间。此时，小组的其他成员都不知道文字信息的内容。

2. 第一人将自己看到的文字信息复述给第二人，此时不得看原文字，也不可做任何记录，只能口耳相传。以此类推，直到小组内最后一人听到信息后，将自己所听到的信息复述出来，与原文字信息对比。

3. 信息传递还原度最高的小组获得胜利。

（参考文字描述：部门经理张总让设计部的绘图员小董在今天下午5点下班前把凯林公司的设计方案提交到工程部。工程部盖章确认后，把图纸打印成A3比例大小，发送同城快递，快递给凯林公司。凯林公司的地址和联系人，可以去问张总的助理小王。）

探索与思考

1. 如何做一名优秀的团队成员？

2. 你认为自己在一个团队当中具备什么样的素质？

第三节　职场角色转换

学习目标

1. 了解职场与学校的差异。

2. 了解学生与职场人的差异。

3. 通过学习使自己能够更好地转变成职场人。

导入案例

初入职场的实习生

小丽一开始是在一家宾馆的客房部做客房服务的实习生。她曾经有过做客房部服务的见习经验，单位就把她安排在了客房部。她本以为会“驾轻就熟”，工作很简单。但是不同的单位要求不一样，小丽的工作相当于重新开始。对于新的工作她觉得太辛苦了，她常常做下来叫苦连天，不断地给班主任老师打电话：“老师，这里太严格了，我天天跪着擦马桶。我觉得我的人格受到了侮辱。”与此同时，她的妈妈也打电话给班主任：“老师啊，我们孩子在家里什么都不做，我也不叫她做，学校怎么给她介绍擦马桶的工作呢？我们孩子怎么吃得了这个苦，我要给她重新找工作。”

2个月之后，小丽的妈妈就给她找了一份旅行社的工作。刚开始，小丽也是做一些杂事，跑腿，跟团。她觉得太无聊了，一再和旅行社的领导说自己可以带团，想要申请一次带团的机会。后来机会终于降临在她的身上。这次是一个老人团。在带团的过程当中，她发现要对游客千叮咛万嘱咐，要不厌其烦地清点人数，更要应对不同的客人。一次带团结束之后她觉得特别累，认为自己不具备做导游的责任心，她不适合这份工作，于是又打起了退堂鼓。

于是她又换了新的工作。等到她把实习变动申请再一次交到班主任的手里时候，班主任发现这次的工作单位变成了一家生物科技公司，岗位是文员。小丽说："这次我觉得我找到了适合我自己的工作，我要认真工作。"

几个月过后，小丽换了第3份工作，这份新的工作果然好景不长。在一次会议时，部门负责人让小丽做会议记录，小丽当时内心忐忑不已，她从来没有做过，也不知道应该记录什么，于是在会议当中小丽找不到重点，只能听到什么记什么，最后导致重点内容没记全，杂七杂八的废话倒是写了不少。她开始抱怨这里的工作太难了，可是她又碍于面子不好意思问别人。最后老板觉得她不仅工作不认真、爱抱怨、不能吃苦又不积极，将她开除了。

分析：案例中的小丽不能吃苦，她对于职场的工作强度没有一个很好的心理准备，所以一次又一次地以调整工作单位和岗位来解决"职场困难"。但是这样并不会真正起到作用。既然选择了这个社会角色就应该去适应角色的需求，扮演自己的角色，通过自己的努力去体现这个角色的价值。

一、职场与学校

大学生在毕业之后便迎来了人生中的一个重大转折，也就是从一名学生转变成一位职场人。如何走好职场的第一步，是摆在众多学生面前的一大难题。转型是否成功，对今后的职场生涯有着非常大的影响。学生应该从一开始就做好充分的准备，迈好事业的第一步。

（一）职场

职场，可以从狭义和广义来理解。狭义的职场是指工作的场所；广义的职场是指与工作相关的环境、场所、人和事，还包括与工作、职业相关的社会生活活动、人际关系等。

在职场中职场政治和个人能力同样密不可分。个人的能力表现为时间掌控能力、知识水平、现场问题解决能力；人际交往表现为判断自身所处环境，以及与同事、领导交流的能力。

想要成为一个优秀的职员，要弄清以下两个方面的问题。第一方面是弄清我是谁，我适合什么样的工作。第二方面是怎样告诉别人我是谁，我擅长什么工作。

准确的定位，可以持久发展自己。很多在事业上不顺利的人不是因为能力不够，而是因为选择了不适合自己的工作。很多人并没有认真地思考一下“我是谁”“我适合做什么”，也因为不清楚自己要什么，而无法体会如愿以偿的感觉。很多人把时间用于追逐自己并不适合的工作上，随着竞争的加剧会感觉后劲不足。准确的定位，可以获得更加长足的发展。你定位准确，你就会善用自己的资源。

（二）学校

学校，是指教育者有计划、有组织地对受教育者进行系统的教育活动的组织机构。学校教育指受教育者在各类学校内所接受的各种教育活动，是教育制度重要组成部分。学校教育的具体活动受到社会需求影响，必须符合社会发展趋势，承担着对社会输送人才的职能。一般说来，学校教育包括初等教育、中等教育和高等教育。

学校是我们再熟悉不过的场景。我们从接触知识之初就进入学校，通常到大学毕业才离开学校，有的甚至更久。长达 16～20 年的学习让我们无比熟悉这个环境。在学习的过程当中，我们从一个学校到另一个学校。从一个班级到另一个班级。学校和父母将我们保护得很好。以至于我们不了解在面对真正的社会与职场当中的情况时应该具备什么技能。

（三）职场与学校的区别

学校与职场之间可谓是千差万别，主要表现在以下几个方面(如图 4-6)。

	职场	学校
目的不同	职员必须努力完成公司规定的工作任务。	培养人才，促进学生的成长。
群体不同	同事是竞争关系，大家为同一个目标奋斗。利益交换是职场生存的基础。	在学校中，同学之间没有利益纠缠，大家相互帮助，热心有爱。
环境不同	在职场中，每天面对不同的客户，应对不同的事情，宛如一个战场。	学校由教师与学生构成，宛如一个和谐的大家庭。

图 4-6 职场与学校的区别

1. 目的不同

学校的目的是培养人才，促进学生的成长，但是在职场中，任何组织都有着不同的目标与规章制度。职员们必须恪守规章制度，努力去完成公司的目标，以推动组织与个人的共同发展。

2. 群体不同

在学校当中，同学之间没有很大的利益纠葛。大家是相互帮助、热心有爱的结合体。但职场当中，同事是有竞争关系的人。大家为同一个目标奋斗，但也存在利益相争。

3. 环境不同

学校由教师与学生构成。在上学时，我们每天见到相同的人，我们与老师同学之间就宛如一个和谐的大家庭。而在职场当中，我们每天面对不同的客户，每天应对不同的事情，就宛如一个战场。

二、 职业角色与学生角色

社会角色是在社会系统中与一定社会地位相关联的、符合社会要求的一套个人行为模式，也可以理解为个体在社会群体中被赋予的身份及该身份应发挥的功能。在处于不同的环境的时候，每个人的角色也是不同的，在大学毕业生进入职场的时候要发生从学生角色到职业角色的转变。

（一）职业角色

职业角色的个性表现得非常具体，但是千差万别的职业角色有其共性。职业角色扮演者具有自己的社会职位，一定职权，一定的基础知识业务能力，履行一定的任务，经济独立。因此，可以这样定义职业角色：在某一职位上以特定的身份，依靠自身的知识和能力并按照一定的规范开展具体的工作，在行使职权、履行义务为社会做出贡献的同时取得相应的报酬。

（二）学生角色

学生在学校学习阶段，是人生当中增长知识、发展智力、求学成才的关键阶段，大学生的中心任务是努力学习以专业知识为主的多方面知识，培养以专业能力为主的各种能力。因此这是一个接受教育、储备知识、培养能力的重要阶段。由于大学生在校期间是以学习为主，经济上主要依靠家庭，所以，学生角色即在社会教育环境的保证和家庭经济资助下，学习知识、培养能力、提高自身素质、努力使自己成长为社会的合格人才的角色。

（三）职业角色与学生角色的区别

由于在学校与在社会中扮演的角色、承担的主要任务有很大的不同，所以两种角色有着巨大的差别(如图 4-7)。

	职场人	学生
社会责任不同	职业人社会的责任感就会增强。角色的任务由学习变成了工作。	学生主要以学习为主。
角色规范不同	职场中，一时疏忽便可能引起不可估量的损失。	在大学里学生犯了错，如迟到、旷课，都可以通过自己的努力来补救。
面对环境不同	职场人面对紧张的生活节奏、工作、加班，还要适应不同地域生活习惯的不同。	学生面对的环境非常简单，如寝室、教师、食堂、图书馆。
人际关系不同	职场人很容易由于与领导同事之间相处得不好而陷入困境。	学生无论是面对同学还是教师都不需要过多地防备。
生活方式不同	职场人必须按时上班，不能迟到早退，工作任务又急又重。	学生有规定的作息时间，只需要按照规定执行。

图 4-7　职场人与学生的区别

1. 社会责任不同

大学生在大学的时候主要以学习为主，在转变成职业角色的时候社会的责任感会增强。主要的任务由学习变成了工作。

在大学里，学生主要是接受来自家庭的经济资助，在老师的帮助下完成学业。这时学生主要是接受者。但是在企业里面，职员是输出体。企业花钱雇佣职员，职员依靠自己的能力去完成企业分配的任务。任务完成的如何会影响自己以及企业的声誉。

2. 角色规范不同

无论是在大学里还是在职场中都有一定的规章制度。在大学里学生犯了错，如迟到、旷课、挂科等，这些错误都可以通过自己的努力来补救。但是在职场当中，强调的是对工作结果的负责，一时疏忽便可能引起不可估量的损失。若是同样的错误犯上两次，就会失去大家对你的信任。一个你认为很小的失误有可能导致你失去工作。

3. 面对环境不同

在大学期间，我们面对的环境非常简单，如寝室、教室、食堂、图书馆等。但是当步入职场之后，面对紧张的生活节奏，工作，加班，还要适应不同地域的不同生活习惯。由于缺乏经验，很容易在心理上形成压力。

4. 人际关系不同

在大学期间的人际关系往往比较单纯，无论是同学还是教师都不需要过多的防备。但是在职场当中人们承担着比较复杂且微妙的人际关系。有些同学本来能力很强，但是由于与领导同事之间相处得不好，陷入困境。

5. 生活方式不同

大学时候学生大多住在寝室，在食堂用餐，有固定的学习时间。学校基本执行统一的作息规范，学生只需要按照规定执行。但是到了职场当中，必须按时上班，不能迟到早退，经常加班加点，节假日也变得很少，工作任务又急又重。

因此，大学生在找到工作后，如何适应新的转变是非常重要的。

三、 如何完成角色转换

根据社会心理学的角度理论，大学毕业生从学生角色到职业角色的转变，必然会伴随着角色的冲突、角色学习以及角色协调等一系列的过程。在这个过程当中，毕业生只有尽早做好准备，才能使自己的职业生涯有一个好的开端。

（一）角色转换的过程

1. 毕业之前做准备

对于角色转换要提前在大学还没有毕业的时候就做准备，这样可以避免到毕业的时候手忙脚乱。但是提前的时间也不要过早，本科生一般在每年的 6～7 月毕业离校，但是对于大专生来说，一般在前一年的 11～12 月就开始离开学校准备预就业。所以专科生求职工作在大三的上学期开学开始准备最为适宜，也就是在 8～9 月。这一阶段是择业的黄金期，主要有以下两个方面需要注意。

提前熟悉求职过程。毕业生提前和用人单位进行沟通，可以增进对用人单位的了解，有充足的时间确定自己的职业方向。和用人单位沟通时可以全方面地了解用人单位的基本情况，体会到自己在社会中的认可程度。这是大学生完成角色转换的第一步。

做好充分的心理准备和知识技能基础。学生在校学习的环境。时间精力等条件，对于学习知识都是非常有利的。所以在签订就业协议书和预就业的这段时间，是针对性地学习知识、培养能力、转换角色的最佳时期内。这段时间内，我们除了完成学校布置的任务之外，可以进行一些有关于即将入职的职业的学习，例如，学习未来职业相关的专业知识与专业技能，练习谦卑、不急不躁、大方稳重等与人交往时的一些技巧，以及做好受挫准备。有些学生在大学期间表现优异，便认为在职场中也可以一样。此时应该做好足够的抗挫折能力，职场与学校有着千万差别。

2. 实习期间的准备

初到工作岗位，生活环境与在学校时有着巨大的差别。由于环境的变化，初入职场者经常会出现角色的冲突。因此，大学毕业生在实习当中应该加强关于角色的学习。一般来说，大学生要在短时间内获得同事和领导的认同，应该在以下几个方面锻炼自己。

心理调适。首先要客观地认识自我，在新入职场时，不要太过于自信。自以为是往往会使自己失去朋友和众多机会。但是也不要过于否定自己，新入职场要允许自己在某些方面暂时落后于别人，后期尽量努力追上就可以。

树立责任意识。大学生在毕业之初都有着满腔热血，想着为了自己的梦想大干一场。可是一般在刚入职场的时候总是得不到重用，只是干一些打杂的活。有些人便开始闹情绪，对所有的工作都开始厌倦，其实这是一种缺乏责任意识的表现。要知道，干任何一份工作都需要丰富的经验和随机应变的能力。这些经验和能力的获得并非是一朝一夕就可以养成的，需要平时的积累。所以不管工作大小，毕业生都应该以充分的责任心对待。

培养良好的工作作风。毕业生在工作的时候要注意自己的工作作风。在工作中难免会出现错误，一旦发现错误就勇于承认，认真分析原因，总结经验，避免再次发生。另外，大学毕业生要注重入职前的岗前培训环节，这是帮助学生进行角色转变的重要环节。它可以让新员工了解单位的基本情况，熟悉单位的规章制度和工作流程。

（二）角色转换易出现的问题

大学生在进行学生角色与职场角色转换的过程中会出现新旧角色的冲突。大学生在走向职场最初的时候难免会有些不适应，主要表现在以下几个方面。

1. 对于职场的恐惧

在刚步入职场的时候，很多学生因为面对新环境，不知道从何下手，开始变得畏首畏尾、怕犯错、怕承担责任，于是在工作上就“前怕狼后怕虎”，不表达自己的想法，盲目地听从别人的指示。

2. 难以摆脱学生角色

很多学生在进入职场初期，会发生以学生角色的思维方式以及习惯去做事和待人的状况。

3. 自傲

有些毕业生会认为自己有文凭有学历，便自我评价过高，盲目自信，认为自己已经是人才，因此面对工作不谦虚，放不下架子，甚至认为公司安排给他的工作是大材小用。实际上，这样的态度会让大家觉得你只会纸上谈兵，眼高手低。

4. 浮躁

有些刚参加工作的毕业生在工作的时候表现出不踏实、不稳定的特点，对本职工作坚持不下去，缺乏敬业精神，即便就职很久还是不能稳定心态。

5. 做事被动

很多学生进入职场之后，对于工作是应付的态度，不愿意去主动思考，对于工作缺乏主动性。

（三）角色转换中出现问题的原因

有些毕业生之所以在角色转换中出现一些问题，主要包括以下几种原因。

1. 主观意识与社会现实相矛盾

大学生接受的都是健康积极的教育，所以他们容易用理想的思维去看待世界和规划自己的人生，这样就会出现两个极端的错误。

第一，过于天真，他们对于人性的复杂缺乏认知和准备。第二，过于悲观，对于看到的现实与自己的理想不符，变得悲观和抵触，甚至是偏激。

其实真正的社会没有期待得那么好，但是也没有那么坏，需要我们用理性的思维去判断。

2. 行为习惯与社会角色相矛盾

学生们经过十年寒窗苦读，养成了自己的一些行为习惯，当步入职场的时候很难适应角色的转换，常常在处理工作事物的时候，表现出与职业角色不符的、带有学生气的行为习惯。例如，做事不主动，总是需要别人提醒；做事以自我为中心，太过强势，等等。

3. 社会化与自我认知的矛盾

在学生角色向职业角色进行转换的过程，其实也是对于社会化的深层次认识的过程。当自己的能力不能满足于社会的需求时，他们会将社会化等同于丧失自我，甚至在心里怕被社会化。造成这种状况最重要的原因就是过于以自我为中心，不能正确地认识自我、认识职业和其他人。

（四）角色转换的技巧

从一个角色转换到另一个角色，有些不适应是很正常的，关键在于以什么样的方式来应对这种不适应。在工作当中，不同的态度会产生不同的结果。

1. 树立职业角色的全新意识

刚刚毕业进入职场的大学生对于角色转换不够清楚，对所面临的职业缺乏理解。为了形成新的职业观，可以从树立以下几个意识入手。

(1)独立意识

在处于学生角色的时候，经济不独立，社会责任感不高。当走入职场之后，转变为职业角色时，学生要学会在生活中、工作上独当一面，承担一定的社会责任。

(2)团队意识

在职场中需要成员之间的密切协作，而当学生们在学校的时候，协作精神和团队意识比较欠缺，不能满足于职场的需求。一个生产过程的组织与管理，单靠某个人的力量是明显不够的，只有团队之间互相协调互相合作才可以完成。这就要求每个成员都有团队的合作意识，从整体利益出发，顾全大局。

(3)主人翁意识

当由学生角色转换成职业角色的时候，做事不可以仅仅从自己的角度出发。凡事应该从公司的角度出发，立足于本职。

2. 提升能力，完善自我

在完善自我方面主要分为两个层次。

(1)能力提升

大学生在校期间虽然掌握了关于相关职业技能的基础知识与专业知识，但是职场与学校是有很多差别的。学校里面学到的知识对于职场并不够，所以在学生角色转变成职业角色的时候还需要不断地努力学习，提高自身的工作技能与业务水平。

(2)心理建设

除了身体上需要补充知识之外，心理因素也是影响角色转换的重要因素，主要表现为情绪、自信心、意志力。在角色转换过程中，遇到困难应该不要丧失自信，要勇往直前，凭借自己的意志力战胜困难，不要因此便显出不踏实的情绪，一直换工作。

3. 综合考虑，慎重选择

大学生要根据自己的专业、特长与兴趣等方面，寻找适合自己的工作。在就业之后换工作也是非常常见的情况。在此时应该注意从上一份工作当中吸取教训，运用在下一份在工作当中。做一行爱一行，把握好时机，谨慎的选择自己的岗位，以便于更好地发挥自己的才能。

4. 树立良好的第一印象

毕业生新到一个工作单位，往往会引起同事们的注意。良好的职业形象是从业人员素质的体现，是成功的开端，在职业生涯当中至关重要。刚刚奔赴职场的大学毕业生，想要树立良好的第一印象，自身的良好品德与文化素养是基础，但是除此之外，还有一些技巧。

(1)仪容仪表

在刚入职场应该注意穿着，简单、大方，与自己的身份相符，并且与企业的文化相符。这一点在“职业形象塑造”模块中我们进行了详细的讲解。

(2)言谈举止

举止文明、彬彬有礼会大大提升你的第一印象，也会赢得同事与上司的喜爱。

(3)虚心好学

初入职场时，有很多知识都不了解，这时不要害怕，不要碍于面子不敢虚心请教，领导与上司都喜欢积极主动的职员。

(4)诚实守信

诚实守信是职场人必备的素质。在职场当中要积极主动，切忌在工作中偷懒、闲谈。与人交往的时候要诚实守信，不失约、不失信。

5. 建立和谐的人际关系

人际关系状况能衡量人与人心理上的距离，是人与人长期交往的结果。在当今时代，不能建立和谐的人际关系，也就是不能拥有良好的社交能力，对工作前景有很大的影响。那么如何在工作当中建立和谐的人际关系呢?

(1)谦虚随和

初到新的环境，有些同学会表现出不合群，很难与人相处。这样会导致很难融入企业。其实可以用积极的心态去面对，在平时的交往中要平易近人，谦虚随和，这样才能拉近与大家的距离，大家才会愿意与你交往。

(2)服从上级安排

在面对领导的时候，应该做到尊重并服从，不要给领导留下不愿积极工作的印象，更不能与领导产生激烈正面的冲突。

(3)为人正直

要以平等、团结、宽容为原则，不要卷入是非当中，不要拉帮结派搞小团体。在职场当中除了业务能力之外，为人正直、有良好的品德对于建立和谐的人际关系也是非常重要的。

总结案例

转变心态，快速适应新角色

实习生夏琳刚走出大学的大门踏入社会时，她天真地以为，无论什么事情对她来说都应该不会太难，就像考导游证一样，她稍微努力一下就可以通过。

凭借着自己在校期间考出导游证的这点自信，她进入了一家旅行社，但是事情并非她想的那么简单。一次带团之后，面对根本就不知道具体工作中这步做完下一步该做什么的窘境，她非常难过。而且由于知识的欠缺和讲解得不到位，引来客人的投诉。这一次挫折使她信心大减，甚至一度产生了强烈的自卑感。她不断地向父母抱怨，向朋友诉苦，不断地自责，觉得自己真的有这么差劲吗，为什么别人可以做得好，自己却不行。

幸运的是她的父母、老师和朋友语重心长地开导她。在这种鼓励之下，她渐渐懂得这些成长过程中的挫折能够帮助她不断改进，令她成熟得更快。她的妈妈总是对她说："不经历风雨，怎么能够见到彩虹。"老师给她鼓励："你的目标总是很明确。这些困难影响不到你。"好朋友真诚地说："我相信你能行的。"正是因为有父母、老师、朋友的鼓励，她开始变得努力，并且正确地认识到了自己的问题，明白她之所以没有别人做得好是因为别人的经验比她丰富，于是她变得不再自责。

她认为知识丰富了，讲解才能到位，所以她无论在哪儿都捧着一本导游讲解书，花大力气了解和熟悉各个景点的介绍。

在接下来的两次带团的过程中，她尝试将所学的东西化为生动的讲解，加之热情周到的服务态度和虚心好学的精神，她逐渐得到了游客们的认可。自信又回到了她年轻的心中。慢慢地，她可以较轻松地带好团。虽然也会出现这样或那样的问题，但此时的她已经能够坦然地面对问题，并且想办法解决。

分析：从初入职场的"自卑"到之后的"自信"，夏琳是在进行角色转变时，成功调节自我的例子。虽然一开始有些丧失信心，但是经过调整，她既有敢于取胜的信心，又有面对挫折时的勇气，正因为这样，在今后的工作当中才不会因为小小的挫折就折返而归。

活动与训练

最害怕的职场困境

目标：尝试用职场人的视角去解决职场困境，理解职场角色的转变。

活动形式：开放问题讨论。

道具：便利贴、大白纸。

过程：

1. 以"我最害怕遇到的职场困境"为主题，从职业素养、专业能力出发，列举出自己最担心、最害怕遇到的职场难题或者场景。一个场景写一个便利贴，贴在大白纸上。

2. 将所有同学的场景类型进行分类，可依据本节中"角色转化易出现的问题"分类。

3. 按照大的分类，分组讨论如何应对此分类下的困境。

探索与思考

1. 职场与学校，职场人与学生之间有何不同？

2. 作为即将毕业的大学生，你如何完成角色转换？

模块总结

大学生结束校园学习生活步入社会，走向工作，这是人生的一个重大转折点。如何适应这一转折是摆在大学生面前的第一大难题。职场是一个复杂的社会体系，在职场中生存有着非常多的行为规范与技巧。有的人可以在职场中平步青云、顺风顺水，有的人却举步维艰。

想要做一个合格的职场人，必须要做到对自己有正确的认知，具有良好的职业道德和专业的能力，能与同事、领导进行有效地沟通，养成良好的职业行为与习惯。

良好的职场行为习惯可以帮助你在职场当中提高工作效率与质量，掌握职场沟通能力可以使你得到朋友、同事的青睐与领导、客户的信任。可是大学生经过十几年的在校学习，主要是接受来自家庭的经济资助，在老师的帮助下完成学业，在家长和学校的保护下很少接触社会。对于职场与学校之间的差异不了解的情况下，如何才能掌握职场中的生存技巧呢？

这就需要大学生提前学会如何从一个学生角色转变成一位职场角色。了解学生角色与职业角色之间的差异，职场与学校的差异，如何更好地完成角色的转换。

本模块具体讲解了刚刚步入职场的大学生应该如何完成由学生角色到职业角色之间的转换，工作中良好的职业行为与习惯应该如何养成，以及在职场当中如何与同事、领导、客户进行有效沟通。

MODULE 5

扫码进入微课堂

模块五
职业形象塑造

标准引领

知识
1. 理解职业形象的含义。
2. 了解形象与职业的关系。
3. 了解什么是表达力。
4. 了解求职方式与线上平台。

能力
1. 学习如何塑造自己的形象。
2. 将职场礼仪应用到日常的工作中。
3. 提升文字、语言表达能力。
4. 掌握面试技巧。

素养
1. 体会职场中应有的正确社交礼仪。
2. 理解与人沟通是礼貌的方式。

学习导航

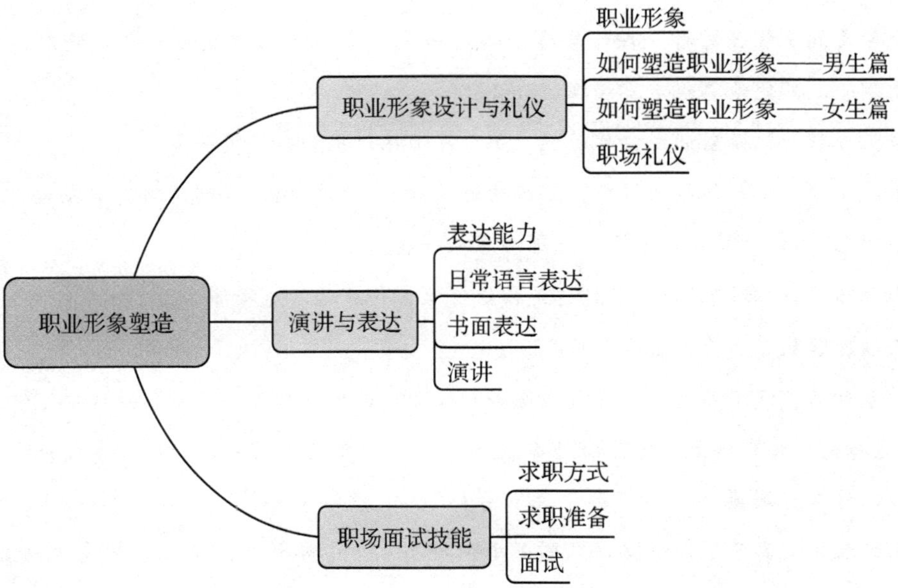

第一节 职场形象设计与礼仪

学习目标

1. 学习如何塑造自己的形象。
2. 掌握职场中正确的社交礼仪。
3. 将职场礼仪应用到日常的工作中。

导入案例

失败的业务

某瓷器厂的业务员小李按原计划，手拿企业新设计的瓷器材样品，来到一家公司，兴冲冲地登上六楼。脸上的汗珠未及擦一下，小李便直接走进了业务部王经理的办公室。正在处理业务的王经理被吓了一跳。

“对不起，这是我们企业设计的新产品，请您过目。”小李说。

王经理停下手中的工作，接过小李递过的瓷器，随口赞道：“好漂亮啊!”并请小李坐下，倒上一杯茶递给他，然后拿起瓷器仔细钻研起来。

小李看到王经理对新产品如此感兴趣，如释重负，便往沙发上一靠，跷起二郎腿，一边吸烟一边悠闲地环视着王经理的办公室。

当王经理问他瓷器的成分的时候，小李习惯性地用手搔了搔头皮。

虽然小李做了较详尽的解释，王经理还是有点半信半疑。谈到价格时，王经理强调：“这个价格比我们预算高出较多，能否再降低一些?”

小李回答：“我们经理说了，这是最低价格，一分也不能再降了。”

王经理默然了半天，没有开口。

小李却有点沉不住气，不由自主地松开领带，眼睛盯着王经理，王经理皱了皱眉。

“这种瓷器比市场上的瓷器有什么优点吗?”小李又搔了搔头皮，反反复复地说：“材质好，制作工艺烦琐。”

王经理托词离开了办公室，只剩下小李一个人。小李等了一会儿，感觉无聊，便非常随便地抄起办公桌上的电话，同一个朋友闲谈起来。这时，门被推开，进来的却不是王经理，而是办公室秘书。

分析：在这次商务活动中小李没有注意自己的职业形象，是对王经理的不尊重。小李坐在沙发上，跷二郎腿，并且随便抽烟，到处张望，搔头皮。这些不礼貌的行为导致小李的公司丢失了这次合作的机会。

一、 职业形象

（一）什么是职业形象

职业形象(occupational image)是指个体在职场公众面前树立的印象，具体包括外在形象、内在修养、专业能力和社交礼仪四个方面。职业形象是通过衣着打扮、言谈举止来反映个体的专业态度、技术和技能的。很多时候个人的职业形象代表的就是公司形象，这也是为什么所有公司都非常重视员工职业形象的原因。

（二）职业形象的具体内涵

职业形象可以分为外在形象、内在修养、专业能力和社交礼仪，如图 5-1 所示。

图 5-1 职业形象内涵

1. 外在形象

经常会有人说第一印象的重要性。心理学家们认为，第一印象的判断依据主要是外表、年龄、性别、穿着打扮、面部表情以及行为姿势等“外部的表现特征”。这些我们统称为外在形象。在一定程度上我们可以通过刻意的练习迅速地加深我们在别人心中的印象。一个人的体态风度、言谈举止、衣着打扮在某种程度上也代表了这个人的内在修养和独特个性。这就需要我们在提高外在形象的过程中内外兼修。

2. 内在修养

内在修养作为一种无形的力量，约束着我们的行为，也是我们赢得他人尊重的重要前提。内在修养的提高会和外在形象的提升有相辅相成的作用，而且往往是内在先提高，外在才会有所体现。所以如果想从根本上提高我们的职业形象，长期来看，还是要提高内在修养。我们可以多读一些不同领域的书。参加一些公益的社会活动，如一些企业、艺术馆、国际论坛等一些组织举办的社会活动。当然，坐下来听听老师讲的这门课程也会有很大的帮助。

3. 专业能力

职业形象的第三个方面就是专业能力。这点可能会引起一些同学的不解，专业能力不应该属于技术活儿吗？和形象有什么关系？其实在职场中，我们经常听到领导对一个新人的评价，说“你太不专业了”，其实这不是说他技术水平不行，而是表达他办事的方式出了问题。下面给大家举个例子。在职场中，给客户发邮件是一件很常见的事情。在给客户发的主要内容相同的情况下，专业和不专业的区别是什么呢？其实都是细节。邮件的主题、附件文件的名字、邮件核心的内容是一样的，但是专业的一般会多交代一下这几个附件都是什么，在邮件中的用语礼貌、规范，等等。站在客户角度去思考问题。这两封邮件发给客户，如果是井井有条的这一封，客户会很自然地说，这家公司很专业、相比较另一封，客户看到后心里可能会想，对方是不是不重视这次合作。其实这个例子就是告诉大家，我们的职业形象有时候是通过我们职场中的很多行为甚至是物品细节去体现的。

4. 社交礼仪

社交礼仪是指人们在人际交往过程中所具备的基本素质、交际能力等。社交在当今社会人际交往中发挥的作用越显重要。通过社交，人们可以沟通心灵，建立深厚友谊，取得支持与帮助；通过社交，人们可以互通信息，共享资源，对取得事业成功大有获益。

二、 如何塑造职业形象——男士篇

（一）男士职场仪容管理

相对于女士而言，男士的仪容没有那么复杂和烦琐。但是正式的职场当中还是应当注重整洁，如每天进行剃须修面。当接触到刺激性气味的物品时需要保持口气清新，如烟酒、葱蒜。

关于男士的发型，标准就是干净整洁。要经常修理，头发不应该过长，前面不要遮挡住眉毛，侧面不要遮挡住耳朵，后面的头发的长度不要超过衬衫领子的上部。尽量不要染色，尤其是太过亮眼引人注目的颜色。

（二）男士职场服装管理

在正式的商务场合，最稳妥的男士穿着是西装。一般情况下，正式的场合禁止穿夹克。西装里面搭配圆领衫、毛衣，都是不够正式的穿搭。

1. 西装的选择

男士西装在选择上一般以深色为主，避免颜色艳丽的西装。西装一般分为单排扣和双排扣两种。单排扣的西装在只有两颗扣子的情况下只系上面的一颗，在有三颗扣子的情况下只系上面的两颗。而对于双排扣的西装时，需要系好所有的扣子。

2. 职场衬衫

穿着西装时衬衣搭配要细心，衬衫的颜色应该与西装色调一致，并且衬衫的材质不能过透。具体在选择的时候需要注意几个关键点：领型、袖型和外轮廓。选择领型的时候重点放在领尖，要求做工精细，两个尖头保持对称，领内衬的硬度要好。常见的 4 种领型有欧式经典领型、日式简约领型、美式休闲领型和英式温莎领型(如图 5-2)，可以根据自己的脸型进行选择。

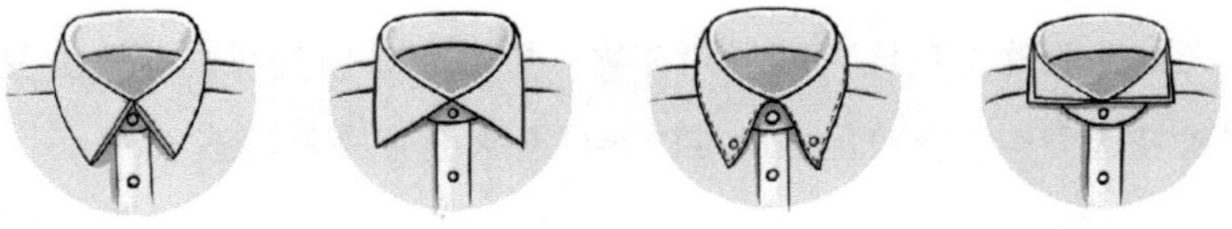

图 5-2　男士衬衫领型

衬衫的版型主要分为宽松版型、标准版型和修身版型，如图 5-3。前两种版型对身材的要求比较低，修身款则需要身材较好的男生。选择衬衫最重要的是合适，可根据自己的体型进行判断。

图 5-3　男士衬衫版型

3. 商务正装与职业休闲装的区别

不是所有的场合都要穿着商务正装。在要求穿着职业休闲装的时候应该如何选择呢？它们之间又有什么区别呢？

从色彩的角度来说，正式的西装一般都是深色、单色的，主要是蓝色、黑色，有时候也有咖啡色和灰色。深色的西装可以彰显稳重的形象。而休闲西装的色彩就没有那么单调，在颜色上不拘一格，比较随意。

从风格上来说，正装西装版式款型比较固定，有宽松款和修身款之分，且以套装为主，一般为两件套或三件套，只能搭配衬衫、皮鞋。而休闲西装一般而言都比较修身。上衣的款式与裤子的款式可以完全不同，搭配随意，一般以休闲裤或牛仔裤为主。

4. 根据季节搭配你的西装

西服可根据不同季节，定制不同的风格。

(1)春季西装

万物复苏，欣欣向荣的气象映衬着轻松而温和的心情。这一季的颜色由冷色向暖色过渡是最常见的，如米黄、葱绿。面料质地以紧密的、有弹性的精纺面料为主。结构可以是搭配的西装两件套加风衣。

(2)夏季西装

烈日骄阳，无处躲藏的炽热让人们渴望凉爽。中性色，白与黑的对比会受欢迎。棉、麻、丝是这一季着装的首选面料。清爽的面料在炎热的夏天会带来舒适感。

(3)秋季西装

草木萧疏，万物凋零。暖色调的西装会中和季节带来的萧瑟感，如咖啡色、芥末黄。秋季最能体现“整体着装”的方式，可选两件套的套装、带马甲的三件套。面料的选择可以多样化，最好是蓬松柔软的质地。

(4)冬季西装

冬季万物凋零，没有生机，这时反季节的颜色会有吸引力。当然，常规的应是藏蓝、混灰、姜黄、深蓝、褐色等。冬季也可以以整齐、精致的搭配形象出现，这需要技巧。面料可以是羊毛、羊绒、驼绒等。可以是精纺也可以是粗纺。

三、 如何塑造职业形象——女士篇

（一）女士职场仪容管理

有实力也要有形象，在职场上化妆已经成了对他人尊重的必备程序。那么女士应该怎样修饰自己的仪容，获得理想的个人形象呢?

1. 清新淡雅的妆容

一个清新、淡雅、精神饱满的妆容，会给你的职场形象加分不少。打造一个清新、淡雅的妆容，可以参考以下几点。

(1)粉底

要在自然光下找出接近自己肤色的、轻薄的粉底。在上粉底之前我们可以进行遮瑕，在有痘印和斑点的地方擦遮瑕霜，之后将海绵扑沾湿再去蘸取粉底液。上脸时用海绵扑将粉底液推开。擦完粉底后，再上一些散粉，这样会起到一个定妆的效果。

(2)眉毛

自然有型的眉妆是关键。对于清新自然的面试妆容来说，想要眉毛自然，可以将眉笔与眉刷相结合。在选用眉笔的时候应选接近眉毛颜色的眉笔。用眉笔在眉峰以后的位置开始描出眉梢。眉梢最后的位置要稍稍比眉头高出 3～5 毫米。再用修眉刀贴着皮肤把描出眉线以外的杂毛刮除掉。最后顺着眉毛的生长方向刷上眉形胶。眉形胶除了起到固定眉形的作用之外，还可以让眉毛看起来更服帖、更有亮泽感。

(3)眼妆

眼妆是整个妆容里面的主角。要塑造理想的裸妆，眼妆一定不要过重。眼影的颜色我们可以选择大地色，棕色系。记得涂眼影的时候下手一定要轻，起到立体、放大的作用就可以，避免下手过重化成黑眼圈。

(4)口红、腮红

最后还有腮红和口红。好的腮红不仅可以修饰脸型，还可以让人看上去气色很好。但是腮红的面积不应该过大，颜色不要过于鲜艳。在职场中，口红的颜色主要以自然为本，太艳丽会让人感到不适，并且与整体的裸妆形象不符。

2. 精致发型设计

要做一个形象优秀的职业女性，发型可是不能忽视的重点。

第一，也是最重要的规则，就是干净和整齐，无论你留什么发型。

第二，挑选头发护理产品也很重要。丢掉那些让你的头发看起来非常僵硬的定型和护理产品，选择一些能带来柔软光泽的产品，这会让你整个人显得更精神。另外，选择护理产品，还需要注意这些产品是否适合你的习惯。

第三，协调你的发型风格和办公环境。从事不同职业的人，可以有不同的风格。短发可以给人干练的感觉。不过，长头发如果收拾好了，也一样有很好的职业化的感觉。只要干净、没有披散在脸上或肩上，一样显得非常干练。

第四，在选择发型的时候，考虑自己的脸型。让头发凸显脸部的优点，是应遵循的基本原则。另外，还必须考虑头部的形状。

对不同长度头发的建议：

短直发要稍微长一点，前面的刘海切忌蓬乱。长直发要注意保持长发的干净和光亮。否则的话，会显得非常邋遢。短卷发要选用适合你发质的产品，保持头发的整洁和服帖。长卷发要给头发一点蓬松感觉。但要注意通过将头发分层剪来保持发型的整齐和便于收拾。

（二）女士职场服装管理

1. 服装的搭配

如何通过服装搭配让自己一步步接近“职场女神”的标准呢？主要可以参考以下几点。

(1)颜色稳重，避免花哨艳丽

职业女装体现的是女生的才智与能力，素色的职业装更容易获得尊重和接纳。过于花哨的色彩容易造成强势的压迫感。搭配色彩时也要考虑自己的体型特征。用深色减弱扩张，用浅色提升高度，都是修正体型的好办法。

(2)端庄优雅，避免过于暴露

职业女装本身就是体现女性优雅、端庄气质的有效途径，因此不宜选择具有暴露感的服装。不漏肩、不漏胸、不漏腰、不露背。时尚的露脐装、低胸装、吊带装、露背装、低腰裤或超短裙都不能在职场穿着。

(3)适度修身，避免紧身短小

职场女装还要起到扬长避短的作用，因此合适的修饰方式才是最重要的，不是一味地穿着展示身材的紧身衣。

(4)正确搭配，避免杂乱混搭

在职场中一套衣服在搭配上色彩不得超过 3 种，面料不得超过 2 种。并且服装对着装者的肢体运动有一定的限制，因此优雅的举止非常重要，动作不宜过大。

2. 巧妙配饰，彰显亮点

女士的配饰种类比较丰富，如耳环、胸针、指甲、项链等。应该注意的细节更是众多。对于配饰有以下 8 个口诀。

(1)数量少

若同时戴多种配饰，所有配饰数量的总和不得超过 3 种。

(2)同色好

在色彩方面，佩戴首饰时色彩应该注意力求同色，佩戴镶嵌类饰品的时候要保证主色调一致。

(3)质地同

佩戴多种饰品时要将饰品的质地固定在同类上。

(4)身份符

身上所佩戴的饰品应该与自己的年龄、形象相呼应。

(5)扬长避短显优势

在装扮自己时要学会扬长避短，凸显自己的优势，掩盖自己的劣势。

(6)季节变化不慌张

随着季节的变化，饰品的材质、颜色也要随之变化。

(7)服饰协调我在行

不同的衣着需要搭配不同材质与颜色的饰品。在搭配时要达到相呼应的效果。

(8)习俗规则不能忘

不同地区、不同行业、不同企业有不同的文化。饰品的搭配要考虑不同的文化，切勿违背企业文化。

四、 职场礼仪

（一）基本礼仪

基本礼仪是职场中最基础的礼仪，它主要指人的仪态、表情与语言表达。仪态又包括站姿、坐姿、蹲姿、走姿、表情。

1. 恰当的仪态礼仪

(1)挺拔的站姿(如图 5-4)

站立是日常生活、工作交往中的一种基本仪态。挺拔的站姿是一个人精神饱满的体现。正确的站姿要庄重，具有稳定性。具体要求：头要正，肩要平，背要直，胸要挺，腹要收，臀要提，腰要直，指并拢，手下垂，脚跟相靠，双目平视，嘴唇微闭，面带笑容。忌站立时弯腰驼背、探脖耸肩、双手叉腰，更不要扭捏作态。这些不良的站姿会给人懒散的印象。

男士规范站姿　女士规范站姿

图 5-4　规范的站姿

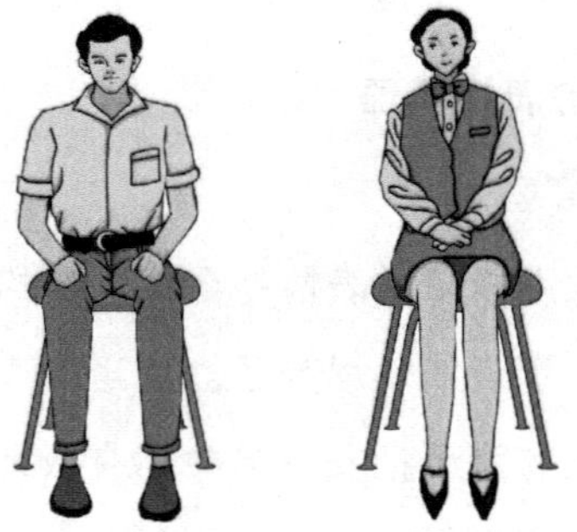

男士规范坐姿　女士规范坐姿

图 5-5　规范的坐姿

(2)文雅的坐姿(如图 5-5)

在职场中坐姿文雅、端庄不仅能给人以沉着稳重的感觉，而且也是显现自己气质和修养的主要方式。在坐姿上男女是有差别的。男生应当做到上体挺直，双目平视，表情自然，双腿分开，不超肩宽，两脚平行，小腿与地面垂直，两手分别放在两膝上。当年龄较大的男性在和年轻人说话时可以选择“小二郎腿”。“小二郎腿”是把一条腿放在另一条腿上。不论选择哪一种方式都要切记不可双手叉腰在胸前，不要抖腿。女生在工作场合应该上身自然挺直，下颌微收，双目平视，面带微笑，双手放在双膝上，双腿自然并拢，双脚放平。当长时间坐端正很累的时候可以转换成侧坐或“小二郎腿”。女生在跷“小二郎腿”时切记不要抖脚，脚尖应该朝地面，两小腿紧贴。

(3)得体的蹲姿

在职场中，人们从低处取物或者附身拾物的时候，通常是直接弯腰伸手或双腿撑开平衡下蹲。这样是非常不雅观的，尤其是女生在穿着裙子的时候更不应该选择这样的蹲姿。下蹲时，应该左脚在前，右脚靠后，左脚完全着地，右脚脚跟提起，右膝低于左膝，右腿左侧可靠于左小腿内侧，形成左膝高右膝低的姿势。臀部向下，上身微微前倾。女生应该并紧双腿，男生可以适度地分开。若捡左侧东西，则姿势相反。

(4)稳健的走姿

走姿是指人在行走的过程中所呈现的姿态。走姿是一种动态，是站姿的延续。在走姿上男女也有着不同。男生走路时要双脚并拢，身体挺直，眼睛平视，下巴微收，脚尖向前，切莫呈现外八字或内八字。抬头挺胸，切莫垂头丧气。女士在迈步时双脚内侧踩一根线，也就是所谓的一字步。步伐应该稳健、自然、有节奏感。行驶的速度应该保持均匀、平稳，不要忽快忽慢。一般每分钟 80～100 步。手臂的摆放自然，以关节为轴，两手前后自然摆动。手臂与身体的夹角一般是 10～15 度。

2. 合适的表情管理

(1)表情管理

对于职业形象来说表情是至关重要的，不管你知道多少关于塑造形象的知识，但是如果面无表情，那就前功尽弃了。恰当的表情可以让我们获得亲和力。在说话的时候，要保持微笑，微笑有利于把友善与关怀有效地传达给对方，消除双方的戒心与不安。首先，微笑要真诚，做到发自内心、表里如一。其次，要区分场合，并不是到哪里见到什么人都要微笑。

(2)眼神交流

眼神也是面部表情的关键因素。与人交流的时候要与对方对视。在对视的时候要注意正确的方式。一般视线接触时，连续注视对方的时间最好不超过 3 秒钟。在许多文化当中凝视、直视、侧面斜视或者上下打量对方是失礼的。不能死盯着对方，也不要躲躲闪闪飘忽不定，要避免瞪眼、斜视、白眼、窃视等不礼貌的眼神。

3. 完美的语言表达

语言作为一种交际形式，在很大程度上关系到交际行为的成败。谈吐能体现一个人的修养与内涵，更体现一个人的知识水平和精神世界。它是人们彼此之间交流情感、传递信息、进行交际、开展工作、建立友谊、增进了解最重要的形式。我们将在模块五中对语言表达进行更详细的讲解。

（二）与同事相处礼仪

在职场中，想要获得同事对自己工作的支持，一定要做到谦逊有礼。职场中将礼仪细节做得到位的人，更容易获得同事们的友情和支持。在与同事相处的时候注意以下几点。

1. 职场为人要低调

首先，对于刚进入职场的新人，总是想要尽快获得同事与上司的认可。其实过早地“崭露头角”是危险的。这样会在无形中将自己的定位定得过高。当你想要处处展现自己的才华的时候，就会对你身边的同事造成威胁与压力，这样对于你和同事之间的相处是非常不利的。

其次，在得到上司的器重的时候要“藏巧露拙”。一个人能在职场中得到重用自然是好事，但是如果有人对你奉承一番，千万不要喜形于色。所谓树大招风，“自大”更容易招损。因此，在与同事相处的时候务必要做到谦虚。这样不仅能体现自己的谦谦风度，也能赢得同事对自己的尊重与敬佩。

2. 同事相处要谦卑

对于刚刚进入新工作环境的人来说，需要跟陌生的同事领导逐步搞好关系。加上从事的工作和之前有所不同，这些都会在无形之中给人造成心理压力，让人不知道如何与同事沟通才能不被排斥。

首先，我们要放下自己对他人的陌生感与戒备心，主动去与新同事交谈。在交谈中也要注意把握分寸，要看场合看时间，不要打扰到别人的工作。熟识是一个循序渐进的过程，不要刻意强求。

其次，当我们有问题不清楚的时候，可以向公司的老员工请教，但是请教的时候要注意自己的表达方式。在请教的过程中，要向老员工表示尊重，体现自己晚辈的心态。

3. 不要和同事撕破脸

在职场中一定不要和同事闹僵。因为如果真的和同事产生了矛盾，会影响整个办公室的氛围。老板最不喜欢的就是员工因为私事影响工作。抬头不见低头见，如果真的和同事发生了争执，产生了矛盾，对自己日后的工作是非常不利的。

4. 对待同事有福同享、有难同当

懂得分享的人往往会拥有好人缘。相反，如果一个人独享成果就会引起他人的反感。所以在职场中需要明白的是，如果你取得的成就离不开同事或者团队的帮助，你应该说一句："多亏了×××的帮助。"当团队的同事犯了错误的时候，你应该冷静地劝慰他人，然后心平气和地和他分析整个事件，找出错误的原因。不要一味地去责怪别人。推卸责任的人会令人更反感，勇于承担的人才是最受欢迎的。

（三）与上级相处礼仪

与上级相处时，仅仅只是尊重是不够的。得体的举止与周到的礼仪细节才能让你脱颖而出。

1. 如何引起上级的注意

在职场中所有员工都想要得到上级的注意与青睐，可应该怎么做才是最恰当合理的呢？首先，要学会露脸，尽可能地出席公司的会议，让上级知道你的存在，并且敢于在众人面前表达自己的看法与见解。其次，要学会担当。当有其他员工不愿意做的工作时，要勇敢地站出来。这样不仅让你的上级看到了你，一旦成功还会让上司对你另眼相看。即便不成功，上级也不会责怪你，因为你勇于承担了。

2. 如何从言语上给上级留下干练的印象

作为职场人，如何从言语上给上级留下干练的印象？职业化的言辞需要避免几个词语，如好像、大概、可能、或者、说不定等一系列不确定的话术，尤其是在汇报工作的时候。此时说话应该多些确定性，少些模棱两可的沟通。当被上级询问的时候要给出准确的回复。比如，上级让你发一个文件的时候，你回复的是："好的，我等下就处理。"这时上级会觉得为什么是"等下"，而不是"现在"。上级对你产生了怀疑。一旦他对你的态度与能力产生了怀疑，又得不到解释，他就很难再信任你。因此，给上级一个恳切、明确的回复是在证明你的专业性。

3. 如何拒绝上级

在工作中，虽然大多数情况下我们都应该听从上级的指挥，但是在某些情况下，上级的要求也不一定都是对的。作为下属，需要适当地说“不”。那用怎样的方式说“不”会不触犯上级的权威呢？你可以参考以下几种解决方案。

如果最近大量的工作，已经使你超负荷了，你可以主动请求上级帮你定出先后顺序。当你的上级知道你最近手上的工作很多时就会把一些分给别人。或者你可以先答应，之后选择一个合适的时机和上级说明情况，当然同时给出你的解决办法会更好。上级都是爱面子的，千万不要和上级抬杠，不管上级提出什么要求都可以先肯定，用积极的回答来回应，然后向否定过渡，接着再安抚。

4. 汇报和听取的礼仪

在职场中上下级之间汇报工作是常有的事，在汇报工作中有些礼仪是需要注意的。

(1)遵守时间

应该树立严格的时间观念。不要过早抵达，使上级因来不及准备感到尴尬；也不要迟到，让上级等太久。

(2)轻松敲门

不可大大咧咧地穿堂而过，即使门开着也要询问上级是否可以进入。汇报时要注意自己的仪容仪表。

(3)汇报内容要实事求是

汇报时要吐字清晰，语言精练，条理清楚，不可歪曲事实。

(4)汇报结束后

汇报完后如果上司谈性犹在，不可以有不耐烦的体态语言产生，应等到上级表示结束时才可以离开。离开时要整理好自己的材料、座椅。

（四）职场通信礼仪

现在的通信工具日新月异，通信工具是人与人之间交流不可避免的。虽然见不到面，但是通信礼仪却体现了你的职业素养。

1. 接电话的礼仪

接电话时应该注意自己的姿势。虽然对方看不到人，但是人的声音会根据姿势的不同而改变。应该做到让对方清楚地听到你的声音。

面带微笑说话。面带微笑发出的声音被称为笑语，对于接电话非常重要。因为人在笑的时候说话的声调比平时偏高，这样不仅电话那边的人可以清楚地听到你说的什么，还能让对方感受到你在沟通时的愉悦心情。

接电话时的速度。接电话速度要合适，一般在电话铃响起 1 次以上 3 次以下接电话是最好的。如果在电话一响起就拿起听筒，会吓到对方。如果超过 3 秒，在接起时要说一句“久等了”。铃声响了 5 次以上的话要说“让你久等了”。

要学会正确的记录电话笔记，把事情传达给部门负责人。留言时有几点需要注意。留言中一定要包含是谁给谁的留言，事情描述要简洁，记录什么时候打来的电话，在最后写上自己的名字。

2. 手机使用的礼仪

在职场生活中，手机已经成为工作的必备工具，在不同的场合使用手机需要谨慎。可以参考以下几点。

在会议中或与别人洽谈的时候，最好将手机调至静音或震动模式。这样可以显示对别人的尊重，不会打断发言者的思路。

不要在别人注视你的时候查看手机，一边和别人说话一边查看手机是不尊重别人的行为。

在一切工作场合，手机在没有使用时，都应该放在合乎礼仪的常规位置。在工作时间不可用手机做一切与工作无关的事情。

3. 社交软件使用礼仪

在日常工作中，网络聊天工具也扮演着越来越重要的角色，微信、QQ 已经成了除电话外的必备沟通工具。但是微信、QQ 聊天缺少了肢体语言、表情等信息，很容易造成不必要的误会，所以在进行网络沟通时要注意以下几点。

(1)尽快回复别人消息

如果有人找你却没有得到及时回复，就会容易造成误会，所以应当做到及时回复别人消息。

(2)不要主动与别人闲聊

在与对方聊天前要先询问一下，是否可以占用对方一点时间，尤其是在上班时候。如果有很重要的事情，尽量做到言简意赅。

(3)不要滥用表情

在聊天软件中会有许多的表情包，很多人喜欢存一些搞笑的。这些表情包在工作场合是不可滥用的，尤其是在与客户进行谈判的时候。如果在谈判时发过去一个搞笑的表情，客户会觉得你对这次谈判不够重视，甚至产生误会。

4. 电子邮箱使用礼仪

现在电子邮件已经成为商务交流中无可替代的手段。电子邮件的特点是简单易懂。所以，在撰写电子邮件的时候要注意以下几点。

(1)写好主题

写电子邮件时要写好主题，因为人们是因为主题去判断邮件的重要性。所以一定要让对方通过主题对邮件一目了然。在长度方面，主题的字数不要超过 15 个字，要达到一目了然的作用。

(2)内容简洁

大多数人在看邮件的时候都没有太大的耐心，所以在表达内容上应该尽量做到简明扼要、条理分明、避免长篇大论。并且善用主旨，用将文章的主旨说明。

(3)适当的引言

在邮件的往来之间，增加适当的引言，有助于提醒收信人双方上一次谈话的内容。

(4)发送邮件方式

发送邮件时，如果是内容不多的文字性内容，应以正文形式发送，如果是图片、影像或者文字量较大的文档时，可以采用添加附件的形式。

（五）餐桌宴会礼仪

职场活动中宴会是工作的一部分，是增进与合作伙伴联络感情的重要途径。宴请并不是一件容易的事，整个过程都需要严谨、仔细、安排周全。我们将从以下几个方面对宴会礼仪进行讲解。

1. 宴会座次礼仪

主宾座次是非常重要的礼仪，在这件事上可以检验出一个人是否懂得社交礼仪。一般来讲在宴会上分为主客两方。主方至少应该有两个人，一人是主陪，另外一人是副陪。副陪一般是主陪的同事或部下。主陪应该坐在正对门的位置，以尽地主之谊。副陪坐在主陪的对面，也就是靠门的位置。副陪即起到一个招待的作用。主陪右边是主宾，左边是副宾。副陪的左边是来宾中的第三号人物，右边是第四号人物。其他人员可以随意坐。

2. 餐具礼仪

在餐具上也有很多需要注意的礼仪，下面从中餐和西餐两个方面进行讲解。

(1)中餐礼仪

首先是筷子。筷子是中餐中的主要餐具，在用筷子取餐时要注意，不论筷子上什么时候残留着食物都不要去舔，用舔过的筷子去夹食物，看上去总是有些让人不适。和人谈事要放下筷子，不能一边说话一边像指挥一样挥舞着筷子。不要把筷子竖插在食物上。在中国的文化里，把筷子插在食物上代表着祭奠死者。其次是勺子。在用勺子舀取食物的时候要注意不要溢出来，弄得到处都是。最后是盘子。盘子是用来盛放食物的。不吃的食物残渣、骨、刺等不要直接吐到地上，而应该轻轻地放在盘子的前端。放的时候不能直接从嘴里吐出，应该用筷子夹放到盘子的边缘。

(2)西餐礼仪

目前在外用西餐已经是一件再普通不过的事情了。面对这种商务场合，该如何使用刀叉、餐巾呢？在西餐礼仪当中，左叉右刀是基本的西方餐具使用礼仪。左手用叉子将食物压住、固定，右手用刀子顺着叉子的侧边用刀切下一小口大小的食物。另外需要注意的是，将刀来回拉动的时候不可用力，而是在往前压下的时候用力，这样才能将食物切开。关于餐巾的礼仪，不要用餐巾用力地去擦嘴巴，要轻轻地沾擦。餐巾应该放在大腿上，如果离开餐桌，应该将餐巾放在椅子上，并把椅子推进餐桌，注意动作要轻。用餐结束时，要将餐巾放在餐桌的左侧。

3. 敬酒礼仪

在当今时代，酒已经成为绝大多数宴会上不可缺少的饮品。人们在饮酒的时候应该遵循饮酒的礼仪。有关饮酒的礼仪可参考以下几点。

领导在时，要等领导互相喝完之后你再敬酒。

敬酒的时候，如果对方是长辈、领导，碰杯的时候你的酒杯要稍稍低于对方的酒杯。

可以多人敬一人，绝不可以一人敬多人，除非你是领导。

如果没有特殊人员在场，敬酒最好按照顺时针的顺序，不要厚此薄彼。

（六）会议礼仪

职场中，开会在企业内外部有着不可忽视的地位。会议是布置工作、洽谈商务、沟通交流的重要方式。职场中人都应该有从容面对工作会议的能力。在参加会议时需要注意以下几个方面。

(1)会议座次有规矩

在常见的商务会议当中，如果按会议桌的形状来排座次的话，有以下几种形式。会议通常使用长方形、椭圆形的会议桌。这就是所谓的方桌议会。方桌议会可以体现主次。如果只有一位领导，那么他一般坐在这个长方形的短边或是比较靠里的位置。如果是有主客双方来参会，一般分为两侧来坐，以会议室的门为基准点，在右侧的是主宾的位置。主人坐在会议室的左边，客人坐在会议室的右边。

(2)会上发言要得体

对于职场新人来说，开会可谓是一个展现自己的机会，那么如何在会议上展现自己，得到领导的注意呢？首先，要明确自己的岗位，在会上你代表的不是你自己，而是这个岗位。一切的发言都要基于你的职责。其次，是在会上发言时，切忌套话、空话，尽量提炼出在会议上你要表达的大纲，先讲主张再说理由，简洁明了地表达你的想法，以免耽误大家时间。

（七）商务活动中其他对外礼仪

商务礼仪除了之前讲过的职业形象、宴会礼仪、与同事相处的礼仪等之外，在面对合作伙伴时，还有一些细小的礼仪需要注意。代表性的有以下几个方面。

1. 接待拜访礼仪

客户接待与拜访是职场商务活动中最基础、最日常的工作。在接客户的时候应该注意，在客户来之前整理好房间、文件资料、茶具茶杯。接待人员的级别应该根据客户的级别而定，双方的职位应该相匹配。

无论是什么样的客户到来，接待方都应该礼貌待客。礼貌可以显示出接待方员工的道德素养，使客户对这家公司留下深刻印象；还可以显示出公司良好的企业文化与员工修养，有利于双方洽谈。

2. 交换名片礼仪

初次见面要将名片递给对方，一定不能说“我没有名片”。名片是对外洽谈时必备的东西。另外在交换名片的时候要“先下手为强”，这样可以体现出你的主动和重视。

3. 洽谈礼仪

很多年轻人在进入职场之后，没有接待客户的经验，觉得与客户沟通时说得越多越好，往往忘了听取客户的意见。在与客户沟通中，怎样才能把握客户的想法，使自己在沟通的过程中不会相形见绌呢?

首先，我们要对客户恰当地介绍自己公司的情况，重点介绍公司的产品特点，让客户知道公司能为他们做什么。

其次，在与客户的沟通当中切忌口若悬河，要针对客户提出的问题有重点地回答。

最后，要注意的是，你认真听客户讲。客户主要提出他们自己的理想化要求，他们并不了解公司的情况，所以这时候就需要我们结合公司的特色介绍公司的优势和合作的意愿。当自己发言的时候，要显示出为客户着想的态度，表达合作意愿，并且要抓住客户问题的核心，有时候客户有可能会提出一系列的问题。要分析客户提出问题的最终目的，然后针对性地做出回答。

总结案例

杨澜自述：作为女人你必须精致

2005年冬，我再一次被拒绝，原因竟然是面试官认为我形象与简历不符。我发誓我可以用我的能力让他收回对我的鄙视，但我没有得到表现的机会。

我的房东太太莎莉娜很刻薄。她规定我必须晚上12点之前熄灯睡觉，必须在10分钟之内从浴室走出来。规定我不穿戴整齐不可以进入她的客厅，不准用她的漂亮厨房做中餐，甚至规定在她的客人来访的时候必须涂上口红。

我刚洗完头发，坐在床上一边翻看报纸上的招聘信息一边吃我带回来的面包卷。她冲上来一把夺过我的报纸和面包卷，大吼："你这个毫无素质的中国女孩，滚出去！"于是我披散着头发，在睡衣外面裹上大衣冲了出去。

我以非常漂亮的成绩和能力一向所向披靡，从来没有人说我没有素质。以貌取人简直是对我25年来人生观的侮辱。

我又冷又饿地冲进一家咖啡店，侍者用一种奇怪的眼神将我引到了一个空座上。对面是一个英国老太太，看上去比莎莉娜更讲究，就像是伊丽莎白女王一样尊贵与精致。我不由得下意识收起了自己宽松睡裤下的运动鞋。我看着她裙子下面漂亮的丝袜和高跟鞋。她这个年纪竟然把丝袜穿得如此迷人。

老太太拿了一张便笺，写了一张字条递给我："洗手间在你左后方拐弯。"我抬头看她，她正在用非常优雅的方式喝咖啡，没看我半眼。

我的头发被风吹得非常凌乱，我的鼻子旁边甚至还粘了一点面包屑。虽然我的大衣质地很好，但是我的睡裤被它衬得很老旧。这样的打扮，多不尊重自己，以至于被人觉得我不尊重他们。我第一次有点看不起自己，心想下午的时候穿着便装去面试也是对高级经理的不尊重吧。

我走出咖啡店回到了家里，莎莉娜竟然坐在客厅等我，见面就说我晚上12：10才回来。我向她道歉。

我发现莎莉娜教了我很多东西：晚上12点之前睡觉能让我第二天精力充沛，穿戴整洁美观可以让别人尊重我。

之后我变得自信且有底气，我不希望等到别人看到我的简历的时候才能判断我是不是有能力。

最后一次面试，我的着装打扮为我加了分，那个精致干练的女上司对我说："你非常优秀，欢迎你的加入。"没想到我的上司居然就是我在咖啡店遇到的那位英国太太。

（本文摘自《世间最深的情，皆是久别后的重逢》，武汉，长江文艺出版社。有删改。）

分析： 虽然人们常说不要以貌取人，但要认识到一个人的形象就像是他的名片。衣着得体、外表端庄是对他人的尊重，也是自我成熟的表现。没有人想要透过连你自己都不在意的邋遢外表，去发现你优秀的内在素质。

活动与训练

职场形象模拟

目标： 理解、体会职场形象的实际应用。

活动形式： 实景模拟排练。

道具： 场景模拟(办公室、咖啡厅)。

过程：

1. 选择一个主题场景，例如办公室面试、公司或者咖啡厅会见客户。学生选择会面的不同角色，然后开始情景模拟。

2. 将班级学生分成三组，一组面试官、一组面试者、一组评审团。如果是会见客户，可以设定为邀约者、客户、评审团。

3. 每组情景模拟，评审团依据着装、礼仪、话术、行为等方面进行打分和评价。教师给评审团和表演者打分，评出最佳角色扮演者。

探索与思考

1. 如何根据自己的职业塑造一个合适的职业形象。

2. 在职场中如何运用对应的职场礼仪。

第二节　演讲与表达

学习目标

1. 掌握表达技巧。

2. 提升语言文字表达能力。

3. 掌握演讲基础知识以及演讲技巧。

导入案例

谈话切忌一人滔滔不绝

刘文长得好看，又爱说话，不论是在什么场合，他都会成为大家关注的焦点。朋友聚会时，不管别人愿不愿意听，他总是把聚会当成自己的脱口秀专场。好友曾经提醒过他，不要滔滔不绝地说话。刘文则认为这不是什么缺点，反而觉得自己能说会道。

一次，刘文去一家外企进行面试。因为他很想进入这家公司，便在面试前准备了很多资料。在面试过程中，面试官问他："你对我们公司了解吗?"话音刚落，刘文便把公司的基本情况、业务状况、产品等像背书一样一一介绍了一遍。

面试官听后，点点头说："请你简要说一下自己的优点和缺点。"

这下刘文可打开了话匣子，把自己从小时候到现在的经历几乎都说了一个遍。而面试官根本不愿意听这些，几次想打断他的话，都被刘文强势地挡了回去。最后，他总算说完了，面试官语重心长地说："你非常能说。"

刘文心里暗喜，以为面试官是表扬他。最后，面试官说："如果让你做销售，你能胜任吗?"

刘文自信地回答："没问题，说话是我的强项。"

面试官微笑着说："行，面试结束了，你回去等我们通知吧。"

刘文对自己的表现非常满意，想着一定能被录用，但结果恰恰相反。这让他感到非常疑惑。明明自己回答得很好，为什么没有被录用呢？于是，他主动给那家公司打电话，询问为什么没有通过。那边传来的结果是："你在说话方面存在一些问题，急于表达，不注重倾听，不能胜任我们公司的销售工作。"

分析：刘文之所以面试失败，就是因为他在回答面试官问题的时候，总是说个没完。有句话说的是"庸者健谈，智者沉默"，并不是所有场合都应该"侃侃而谈"，要根据不同的情境考虑说话的分寸，有时候沉默也是一种礼貌。

一、 表达能力

（一）什么是表达能力

1. 表达能力概念

表达能力又叫作表现能力或显示能力，它是指一个人把自己的思想、情感、想法和意图等，用语言、文字、图形、表情和动作等清晰明确地表达出来，让他人理解、体会和掌握。

表达能力包括语言表达能力、文字表达能力、数字表达能力、图示表达能力等形式。数字表达能力、图示表达能力属于专业范围内的基本技能。这里我们主要强调口头表达能力和文字表达能力。

在职场中，表达能力是一个人职业形象的重要标志。

2. 表达能力的分类

(1)口语表达能力

口语表达能力就是口才。一个人口才不佳，“壶里有饺子倒不出来”，那对自己是非常不利的。求职者在求职过程中首先需要展示的才能就是“说话”，因为用人单位向你提出的第一个问题可能就是“为什么要来我们单位应聘，说说你的想法和情况”。虽有才华但不善于口语表达，用人单位很可能会认为这是一个缺陷。

(2)书面表达能力

书面表达能力与口语表达能力一样，是人们交流思想、表达思想的工具，是学好专业、成就事业的利器。对大中专学生来说，如果缺乏文字表达能力，不会写或写不好读书笔记、工作总结、实验报告特别是毕业论文等，会影响自己的事业和今后的前途。书面表达能力是各类高级专门人才具备的基本素质之一。因为高级专门人才不同于一般的工作人员，他们不仅需要过硬的专业知识，而且需要良好的综合素质。书面表达能力更是其综合素质的重要内涵之一。我们无法想象一个书面表达能力差的人能在科学研究方面取得很大的成就。

（二）提升表达能力的路径

那么如何才能培养自己的表达能力呢？其实表达能力是有套路的。下面我们进行详细的讲解。

为什么说表达是有方法、路径的？我们可以回想一下自己听过的演讲。当你留意就会发现，80%优秀的演讲内容都是固定的。这部分内容一般是引用了大量的实践检验，这不仅可以保证整体的演讲效果，并且是观众喜欢听的。而另外的20%是灵活发挥的内容，这一部分可以增进演讲者与现场听众之间的对话感，提升最后的演讲效果和现场氛围。

那怎样才能将这种方法技巧运用在自己的表达当中呢？这时我们需要学习的是“表达能力的模型”。

1. 表达能力模型

表达能力模型主要包括5部分，包括收集材料、明确目的、构建思维、表达出来和获取反馈(如图5-6)。

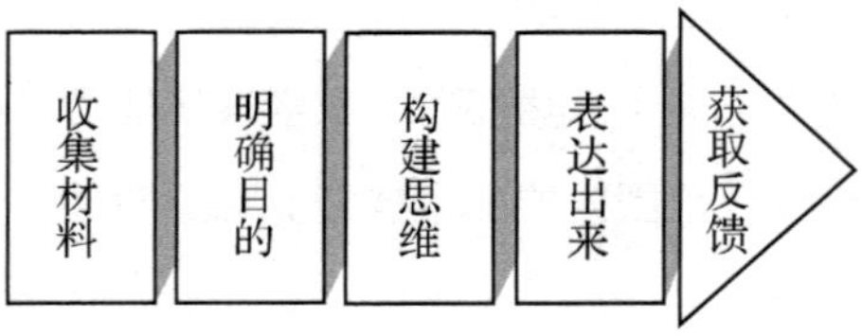

图 5-6　表达能力模型

这 5 点在逻辑上有关联性。有目的性地输入才能收集更多新鲜有趣的故事，从而形成体系化的思考，最后通过语言文字的形式表达出来，打动人心。而最后一点，我们要根据反馈来判断是否都达到了表达的目的。

(1)收集材料

你在系统性地表达之前，要先收集素材、了解受众的偏好等。

(2)明确目的

明确表达的目的就像是为抽水机提供动力一样，可以让整个表达的过程循环起来。

(3)构建思维

构建思维是指对于不同概念之间关联性的理解，把概念串联成一个有机体。

(4)表达出来

文字和口头语言，这两种输出形式分别对应写作和口头语言表达。

(5)获取反馈

通过了解表达的效果，更好的改进输出方式，达到我们的表达目的。

表达能力模型起着很关键的作用。表达能力模型在写作与演讲当中，可以检查你是否收集了足够的资料，同时还可以检查你是否明白你表达的目的是什么，是为了传递知识还是推销宣传。在内容逻辑上我们可以自查每一个论点之间是否有内在的逻辑联系，如是递进还是并列。输出方式上我们是都选择了最合适的方式。比如，书面的表达更正式，口头表达更容易让听众在情感方面产生共鸣。最后我们要通过反馈来判断我们的表达是否达到了预设的目的。

在日常的语言表达当中，也需要注意很多技巧与套路。很多中高层管理者认为有条理、有逻辑的表达更容易受到下属的爱戴。有良好的表达能力会比其他人更容易获得升迁的机会。接下来我们将通过口头表达、文字表达两个大方面进行详细的讲解，提升表达力。

二、 日常语言表达

（一）职场中的日常语言表达

当今时代经济发展迅猛，竞争激烈，人际交往频繁。不论是开幕致辞还是主持会议，商务谈判还是商务宴请，竞争合作还是接受采访都要具备口头表达能力。当你对一个人说话的时候，他总是云里雾里，别人对他说话的时候，他就茅塞顿开，这时很可能问题出在你身上。那么该如何规避这些问题呢？

（二）日常语言表达中应该规避的误区

1. 避免说话没逻辑

在沟通中有的人说话有理有据，条理清晰，会让人不自觉地顺着其思路往下走。有的人说话，别人听完置之不理，问题就在于说话没有逻辑。通常一个逻辑表达清晰的人能够清晰地把自己所思所想清楚地传递给别人。而逻辑表达力弱的人，即使心中有万千想法，也很难用语言表达清楚，这就十分可惜。提升逻辑表达力，必备的几大要素如下。

明确自己想要说什么。确定自己谈话的主旨，是让你的话语符合逻辑、彰显魅力的必备因素。

说话要言之有序。与别人沟通时，要按照事情的发展顺序来说。比如，可以根据时间、地点、人物、起因、经过、结果的顺序进行叙述。还可以按照主次序来说，遇到紧急事件时应该先说结果。目的是开门见山，让对方有一个心理准备。

使对方充分理解你的意思。逻辑表达的目的就是让对方理解你的意思，从而使沟通更加高效。假如你用词不当，或是意思表达不明确就会产生误会。

2. 避免表达不清晰

在任何场合，说话重复啰唆，含含糊糊，表达没重点不清晰都会引起对方的反感。那么如何避免这些问题？注意以下几点。

第一，避免啰唆重复。主题是一个人说话的基本核心，任何表达都是围绕这一个核心展开的。不能没有主题盲目谈话，这样就会变得啰唆。并且有的时候滔滔不绝不一定就是好事。相反，滔滔不绝、独霸时间会引起别人的反感。恰当的沉默会引起别人对你的好感。在嘴巴休息的时候正好可以察言观色。在表达中也要做到轻重有别。不要什么事情都一股脑地说出来，应该考虑到对方的情况，并且找到与主题相关的思路，阐述清楚即可。最后要改掉自己的口头禅，学会概括抽取主要内容、强调重点和突出主题。

第二，清楚表达，不说模棱两可的话。在表达之中我们要避免使用存在歧义的句子，即一句话有多种理解方式的句子。比如，“开刀的是他父亲”可以理解为他父亲是主刀医生，也可以理解为他父亲是病人，这样的话很容易令对方产生误解。当你的表述不清晰的时候，对方就会对你进行过滤式解读。只有完全清晰的表述，对方才能成功接受你的意思。也存在一些方法可以让对方更清楚地明白你的意思。例如，对比说明、肢体语言加持、利用数据，都可以加重对方对谈话的理解与记忆。

第三，做到有逻辑地回答。首先，不要答非所问。先明确真正的问题，在回答时要与问题相关。即使你正面回答了问题，也要判断理由是否与结论相关。其次，当别人问问题时要做到正确回答。例如，回答要简短有力，不要长篇大论，要真诚恳切、首尾贯通、具有说服力。最后，说话要因人而异，对待不同的人应该用不同的方式。例如，依据性格、身份。与性格慢热的人回话时考虑的时间适当加长，而不是对方一说完就马上回答，这样会给人以压迫感；对于严谨的人说话应该注意态度，不能巧舌如簧，应该做到话语虽然简单，但是言之有理，给人老实的印象。从身份的角度出发，在职场中面对自己的上级或者前辈要谦逊，面对下属要表现得稳重、亲和。

3. 避免内容片面、无说服力

(1)全面思考

避免片面的表达方式：不要将主观看法当作客观事实。表达时人们总是喜欢做出主观评价，将自己的内心想法当作是客观存在的事实，这样说出的话是不容易令对方信服的，你需要在做出评价时说出理由。

(2)论证充分

充分的论证更具说服力。从对方的角度思考，说出的话更具有说服力。当然，在谈话时要论证充分，没有明确的理由、经不起推敲的结论就没有说服力。

三、 书面表达

（一）职场中的书面表达

所谓书面表达就是写文章，书面表达是总结、反思、完善、提高的过程。对于年轻人来说，写文章是提高自己内在涵养以及职业素养的一种方式。前面我们说过表达力的套路，其实写文章这件事特别符合表达力套路。收集材料是指我们日常的生活经验、他人的生活经验和我们的阅读经历。我们收集的素材要根据我们表达的目的，经过我们的思维体系进行加工。在写作这种表达当中，我们既要考虑话题与读者的关系性，又要考虑写作角度是否新颖，还要考虑内容结构对读者来说是否容易理解。

（二）书面表达中应规避的误区

1. 无毅力却想一蹴而就

提高写作的技巧，这是不容易的，但它并非高不可攀。只要有决心、有毅力、勤读书，坚持不懈，不断努力，就会达到一定成效。

2. 无严谨调查就直接落笔

要写出高水平的文章，最重要的是通过实践，对研究的对象有清醒的认识。要做到这一点就要在实际的学习和工作中不断深入生活，深入社会实践，并且通过观察事物发展本身变化和其周围的环境问题联系。在调查研究、观察的基础上还必须进行创新思维，这样学生才能透过现象抓住本质，揭示各种不同事物的内在联系和客观规律，使思想有条理、有逻辑。

3. 无日积月累

一篇好文章，必须基于大量的物质基础。没有丰富的材料写作，如巧妇难为无米之炊。材料要靠平时的积累，包括各种会议记录、总结、发言、对话、读书笔记、计划等，要随时积累，记录，再归类，全面总结。

4. 无刻苦练习

要提高写作能力必须要加强基本功训练，掌握写作基本功。经理人常用的文体，如演讲、总结、计划、通知、论文等，其观点都是通过语言文字来表达的，因此，要加强文字的修养，学习写作、语法、修辞知识，要多写、多练。当积累了足够的材料之后，就应动手多写文章。

四、 演讲

（一）什么是演讲

演讲又叫讲演或演说，是指在公众场合，以有声语言为主要手段，以体态语言为辅助手段，针对某个具体问题，鲜明、完整地发表自己的见解和主张，阐明事理或抒发情感，进行宣传鼓动的一种语言交际活动。主要形式大体有如下四种：照读式演讲、背诵式演讲、提纲式演讲和即兴式演讲。

1. 照读式演讲

亦称读稿式演讲。演讲者拿着事先写好的演讲稿，走上讲台，逐字逐句地向听众宣读一遍。其内容经过慎重考虑，其语言经过反复推敲，其结构经过精心安排。

2. 背诵式演讲

亦称脱稿演讲。演讲者事先写好演讲稿，背熟后上讲台，脱稿向听众演讲。

3. 提纲式演讲

亦称提示式演讲。演讲者只把演讲的主要内容和层次结构按照提纲形式写出来，借助它进行演讲，而不必一字一句地写成演讲稿。

4. 即兴式演讲

演讲者预先没有充分准备而临场生情动意所发表的演讲，它是一种难度最大、要求最高、效果最佳的演讲方式。即兴式演讲可以根据实际情况，针对听众的心理和需要，灵活机动，迅速调动语言的一切积极因素，以悬河之口带给观众直接的感染力。

（二）演讲需具备的能力

人们总是称赞那些口若悬河、滔滔不绝的演讲者。这主要是因为他们有东西可讲，而这可讲的东西或来自“过目不忘”的记忆力，或来自平时的积累。在演讲前的积累阶段，演讲者博览群书，吸取丰富的知识，他们广泛阅读，储存了大量的材料，他们耳濡目染了社会生活的方方面面。虽然丰富、复杂，然而他们却能牢记于心。头脑里储存了大量的信息后，一旦需要写演讲稿，他们就会如囊中取物一样，迅速而准确地输出并组织到演讲稿中，使演讲的内容丰富，形式活泼。演讲者主要应该具备以下几种技能。

第一，较强的口语表达能力。第二，丰富的想象力和联想力。第三，敏锐的观察力。第四，较强的记忆力。

（三）演讲准备过程

1. 视觉资料和幻灯片

很多人都喜欢在演讲的时候搭配 PPT，但你演讲时要问自己，你是否真的需要。幻灯片会将听众对你的注意力分散到屏幕上。你要不要使用视觉资料要考虑 3 个关键因素：展示，解释，美观。

(1)展示

帮助演讲者展示一些很难用语言描述出的东西，如艺术家、工程师就需要通过展示给听众直观的感受。

(2)解释

如果你需要解释某种复杂的东西，最好的办法就是展示并讲述。但你需要在展示和讲述之间取得平衡。每张幻灯片只要一个核心思想就够了。幻灯片上不要有太多的文字。如果文字太多，听众在你讲解之前，已经把文字浏览完了，当你讲的时候，它已经没有新意了。幻灯片用一个词、一张图就够了。

(3)美观

视觉资料的另一个功能是提升观赏性。精美有趣的图片和视频本身就能赢得观众的好感。但是它只起到辅助作用，一张幻灯片表达一个核心思想，展示一个词语、一句话或一张图片就够了，主要还是听演讲。

2. 演讲稿，背还是不背

为什么人们更喜欢听讲而不是听背诵，明明知道都是事先准备好的。其间的道理可以从人际交往的角度来解释。当你讲的时候，你与听众在交流，如果你背诵，你的眼神就出卖了你，你是在使劲回想着什么。这就好比看比赛的直播和赛后录像，人们喜欢哪个不言自明。

无讲稿的演讲是理想的，看上去新鲜、生动、真实，如果能完美结合视频资料，那就再好不过了。无讲稿并不是无准备，而是已经将准备的有形内容内化于自己的语言之中。演讲者需要提前精心准备。在演讲时到底是背还是不背，取决于演讲者对演讲稿内容的熟悉程度。

3. 排练，直到烂熟于心

不管你采取哪种演讲模式，一次成功的演讲，演讲者一定要精心准备，反复演练，直到烂熟于心，内化到其潜意识中，如像吃饭、刷牙那么自然而然。

4. 开场和结尾，决定你留给听众的印象

(1)开场

无论你是以哪一种方式进行演讲，开场和结尾都非常重要。在演讲开始时，你大约有一分钟的时间让观众对你的演讲产生兴趣。而收尾的方式会直接影响你的演讲是否能被听众记住。下面介绍 4 种开场方式。

戏剧性开场：在设计开场白时，要让主线作为向导。引入的故事可以戏剧化一些，这样可以吸引他人的注意力。当然，这种方式也有可能因为过于戏剧性而失去听众。所以在用此方法之前，演讲者要与听众建立联系。

激发兴趣开场：好奇心是吸引听众聆听演讲的磁石。如果可以有效地激发听众的兴趣，可以让棘手的话题变得妙趣横生。

幻灯片、视频或实物开场：有时候，吸引人的开场可以只是一幅精美的图片，或者有趣的视频。因为人往往更容易被画面吸引。

留有悬念的开场：演讲者在开始的时候，不要泄露演讲中的点睛之处。而是想看什么样的语言会吸引听众，令他们和你踏上一场旅程。把最重要的启示留到中间或者末尾是相对恰当的做法。

(2)结尾

如果你在演讲过程中已经抓住了听众的注意力。不要用平淡无奇的结尾将它毁掉。对于人的记忆而言，最后的体验是非常重要的。如果结尾不令人难忘，那么演讲本身可能也不值得被记住。以下是几种合适的演讲结尾方式。

号召行动：如果你已经做了一场非常优秀的演讲，并且激起了听众的巨大热情，为你的思想而激动，这时激励大家做出行动可以得到最有利的效果。

个人承诺：不要说“我们大家一起努力，让这件看上去很难但非常有前景的事业变成现实！”，而是自己做出重要承诺，投入自己的时间和精力，去做自己认为有意义有价值的事情。

展望型结尾：我们可以尝试将演讲的主题转变成鼓舞人心或充满希望的未来愿景。

回顾自己的演讲：有时候，演讲者可以从另一个角度重新定义自己所讨论的主题。换一个角度，用完全不一样的问题来思考所讲主题的另外一个方面，这样可以给听众带来不同的洞见。

前后呼应：演讲者可以在开头埋下一个悬念，这样，在最后就可以用呼应开头的方式创造出一个令人满意的结尾。但这个悬念一定要与主线有关系，而不是为了留悬念而留悬念。

感性的激励：这种方式一般用在情感故事类的演讲中。当观众通过演讲已经打开了心扉，那么可以用诗意的语言收尾，深深触动人们的内心。这种方法不宜轻易尝试，除非你前面部分已经奠定了很好的前提；但当它奏效时效果会非常好。

不论你以怎样的方式结尾，都必须精心设计。准备异常精炼的结束语，然后简单地说一句谢谢，也是结束演讲的好方式。

（四）舞台呈现

想要呈现出好的舞台效果，台下的准备和练习当然是必不可少的。但是，如何在台上把更好地状态呈现给听众，还是需要知道一些技巧和细节，这样让你更好地掌控全场。

1. 声音：如何控制好语速

演讲中，我们的语言要有生命力，那就需要抑扬顿挫。配合着不同内容的情感，我们要灵活地调整好我们的语速。按照我们目前正常的情况，最好的语速一般在210～230字每分钟。太慢，就会让听众不耐烦；太快呢，又会让人产生压抑感。这需要我们平时大量练习，控制好语速，调整好自己的节奏，用最好的方式来呈现我们的内容。本书之前也讲过，有些地方要停顿，也就是留白，给听众消化和想象的时间，这会让你的演讲效果更好。找到自己的节奏后，你的演讲才能抓住听众的心，让他们的注意力时刻跟着你走。

2. 仪态：开放式的身体语言

演讲当中，身体语言也是很重要的一部分。你的面部表情不能太过僵硬，正常情况下应该保持微笑。演讲中间根据你的内容情感来进行调整表情，以达到共鸣。同时你的手势不能太封闭，不能把手抱在胸前，不要插裤兜等。双脚张开站立，大概与肩同宽，身体要直，不要拱背，也不要摇晃。而你应该尽量地打开，展现你的真诚，如果你一只手拿着话筒，那你的另一只手也要尽量地把动作做得舒展，在条件允许的情况，尽量解放你的双手。

下面有几个缓解紧张的方法。你可以选择深呼吸的方式缓解紧张感。上台前的 5 分钟喝小半瓶水。在演讲开始时选找几个和善的面孔。如果你能在听众席不同的位置找三四个这样的面孔，就对着他们讲，视线在他们之间轮流转移。准备备用方案，如果你害怕忘词就把笔记本或者将稿件放在眼前。

（五）如何提升演讲内容

我们都知道在一场演讲当中，内容绝对是至关重要的。怎样提高自己的内容的含金量的同时，又吸引听众呢？

众所周知的 TED(Technology，Entertainment，Design)演讲大会，演讲者在 18 分钟里怎样将想要传递的内容有效地传递出去，并且让听众易于接受？这取决于他的内容。

在我们的演讲中可以借鉴 TED 的一些技巧，如以下几点。

1. 素材选择

收集素材是非常重要的一个步骤，它是充实演讲主题、充分证明论点的有利条件。所以收集素材的时候不能盲目进行，要遵循实事求是、典型、充足、详略得当、针对性、新颖、直达听众内心的原则。

(1)实事求是

是指素材的客观性，即所选材料是客观世界确实存在的，并且符合历史实际。只有真实的材料才具备说服力，最有利于人们形成坚定的信念。

(2)典型

典型性由于其深刻揭示事物本质，因此具有代表性，有较强的说服力。演讲的目的在于说服别人，鼓动别人。因此，要认真地收集能说明主旨、具有代表性的事实材料。

(3)充足

材料要充分，演讲要求大量、详细地收集材料。既要纵向了解事物的发展经过，又要横向了解事物各个方面的联系，不仅要正面了解事物，还需要反面了解事物。这样才能多方位多角度进行分析比较，从而避免认识上的主观性、片面性。材料越充分，思想越开阔，论据就越充分，能更有力地阐明自己的观点。

(4)详略得当

有时候，材料虽然真实、新鲜、典型，但是由于详略处理不当，即便厘清了来龙去脉也不能达到演讲的效果。这可能就由于叙述太简略笼统。在演讲的时候有必要对重点的内容进行详细的阐述，做必要地渲染。这样才会显得具体，给人留下清晰的印象。

(5)针对性

收集材料要把握方向，防止盲目性和随机性。演讲的时间有限，所以我们必须做到，有计划、有针对性地收集材料。所谓把握好方向就是围绕论题进行，根据论题划定区域范围。选择论题时要大小适中，不要太窄，漏掉一些材料，也不要太宽，这样往往很难抓住重点。

(6)新颖

新鲜别致是对听众的感觉而言的，演讲材料新鲜会更好地激起听众的新奇感，引起注意。要产生新鲜感，一方面要留心搜集现实中最近发生的事情。另一方面要善于收集那些过去早已发生的但是并不被人所知的事情。所以还要善于观察，抓住现实中看似一般的材料，从中挖掘新意。

(7)直达听众内心

在演讲中，要注意选取能够提高听众兴趣和打动听众感情的材料。讲与听众切身利益相得益彰的故事往往更容易被接受。

2. 日积月累的素养

想要有一个好的演讲内容，除了搜集素材之外平时也要多注意提高自己的文化涵养。注意提高语言表达能力、文化修养、乐观高尚的信念、较强的观察力和想象力。要做到善于思考。

3. 好故事更动人

演讲其实就是讲故事。听众喜欢听故事，那些引人入胜的演讲中往往蕴含着大量的隐喻。那么怎样才能将一个故事巧妙地运用在自己的演讲当中呢？

(1)故事的选择

首先，要选择符合主题的故事。其次，好的故事必须要有创意。最后，如果仅仅讲述伟大人物的故事，且又是众所周知的故事，那么对于听众而言就非常没有吸引力。寻求生活化的故事，做到真实自然流畅，这样就会产生共鸣。

(2)故事的加工

当我们选择了合适的故事，就要考虑如何巧妙地引入这个故事。这一点很重要，如果随意插入，就会让读者认为你说话没有条理。在引用故事的时候可以进行适当的加工，或者是取其某个意义。找出这个故事论述内容的结合点，进行解释。

(3)故事的进展

在讲述故事的时候可以，如果把故事的精华藏得太靠后，就会容易让故事失去应有的作用。所以调整故事的顺序，利用“倒叙”的方式，根据表达的需要，将故事的结局或者某个重要的片段提到讲述的前面。然后再解释为什么会出现这样的状况。

总结案例

面对矛盾说软话

一次，张老板在当地一家有名的酒楼宴请从外地来的几位大客户。酒席非常丰盛，客户也很满意，尤其是对当地的特色菜很感兴趣，纷纷赞不绝口。张老板笑着说道：“大家慢慢吃，还有一道大菜‘锅包肉’。大家一定要尝尝，那可是这里的特色菜。”

一会儿“锅包肉”端了上来，客户们纷纷拿起筷子品尝，都竖起了大拇指：“嗯，不错，不愧是这里的特色。”张老板带着几分得意的口吻说：“是吧，我选的一定不错。”随后他夹起一块品尝。突然，张老板的脸色一变，他扔下筷子大喊服务员：“把你们经理叫过来。”服务员不知道出了什么事，吓得赶紧去请经理过来。经理见到张老板很生气，便轻言轻语地问：“张老板，请问您对我们酒楼的服务有什么不满意的地方吗?”

“不是服务的问题，是你们的菜有问题!”张老板恼怒地指着锅包肉说：“这道菜我吃了很多回了，从来没有这么难吃。你给我解释解释，到底是怎么回事?”

经理看了看这道菜，并没有发现哪里不妥，于是赔笑说：“张老板，您是行家，我们平时哪有这口福，吃得起这么名贵的菜，所以还请张老板赐教，是哪里不对。”

“这菜怎么样，我尝尝就知道，你们竟然这样糊弄我?”

“张老板，您是我们酒楼的常客，我们的贵宾，我们哪个不认识您呀，又怎么敢糊弄您呢?肯定是厨师没把这道菜做好，这样，我扣他奖金。”

张老板听后有些不好意思地说：“算了算了，厨师也不容易，你和他说一声下次注意。”经理对张老板竖起了大拇指：“还是张老板大人有大量，宰相肚里能撑船。我一定叮嘱他们，谢谢您的体谅。”接着，经理对张老板说：“今天这桌的全部菜品全部打八折，就当是给张老板和各位贵客赔不是了，您看行吗?”

张老板的脸上这才露出了满意的笑容，这场矛盾就这样化解了。

分析：经理面对满脸愤怒的张老板先是好言安抚，然后又抬高张老板的身份，给足了张老板面子。最后利用“以柔克刚”的软话策略成功地说服了对方。假如一开始经理为酒楼开脱，寻找其他的借口，那只会增加张老板的怒气，使矛盾升级。

活动与训练

演讲比赛

目标：掌握演讲的技巧和流程。

活动形式：演讲比赛。

道具：PPT。

过程：

1. 每个学生可以自选演讲主题，演讲内容围绕一个原则：如何将复杂的产品、科学原理、技术、道理给普通人讲明白。

2. 个人演讲时长5分钟，根据讲解内容的难度和现场表现打分。

探索与思考

1. 如何在职场中与同事更好地沟通。

2. 如何开展一场被人称赞的演讲。

第三节　职场面试技能

学习目标

1. 了解求职方式与线上平台。

2. 掌握求职前面试前需要做的准备。

3. 掌握面试的问答技巧与简历的制作。

导入案例

面对挫折，恐惧求职

小丽是某高校会计专业的本科学生，平时学习刻苦用功，成绩优异，其他方面的表现也不错。有一次她去应聘某外资公司，在面试后的第五天遗憾地收到一份拒聘的邮件。邮件里写着："尽管您的知识和学历给我们留下了深刻的印象，但是目前我们已经选中了一个与我们的需求更接近的应聘者。"邮件还没看完，小丽的泪水已经夺眶而出。因为这是她两周内第三次被拒绝。小丽心中一片迷茫，觉得不会再有人聘用她了。

而小丽怎么也没想到，她竞争的这个职位虽然只招2个人，但却收到了200份求职信。她的简历被招聘单位列为十佳之一。她更没有料到她击败了95%的人。那2个人最后得到了这份工作她却没有，但是她不知道的是，那2个被选中的人一个是研究生，另一个比她多了2年的工作经验。如果小丽知道她们有明显的工作优势，也许就不会这么伤心和自卑了。

由于接连的挫折，小丽对于求职已经失去了信心，整天把自己关在家里，不敢出去找工作。当年她没有顺利就业便一直待业在家。第二年的毕业生招聘会陆续开始后，她仍然没有走出自卑的阴影，总觉得没有单位可以看得上自己。她甚至害怕与应届毕业生同场竞争。后来在父母的一再催促下，她好不容易鼓起勇气参加了一次招聘会。可当用人单位问她："为什么过了一年，仍然没有一点工作经验呢?"她便落荒而逃。

从此，小丽一直不敢去找工作，她特别害怕面试官挑剔的眼光，一听到要与用人单位的人见面就恐慌不已。

分析：在大学生求职的过程中，影响成功率的主要三个方面是"恐惧失败""与他人竞争时感到自卑""缺乏面试经验"。小丽占据了两个。其实很多大学生在大学的时候，埋头苦读，与人接触少。要想解决这样的问题就要做到对择业有清楚的认知和足够的心理准备，不要抱着打几个电话、发几份简历就可以找到合适的工作的幻想。

一、 求职方式

对于刚刚步入社会的职场新人来说，想要找到自己的第一份工作，该如何迈出第一步呢?在当今时代，招聘的方式层出不穷，我们可以从线上招聘、现场招聘以及内部推荐三方面进行了解。

（一）线上招聘

1. 线上招聘的优点

在网络技术高度发达的今天，线上招聘是一种有效的招聘手段。越来越多的公司在利用各种线上招聘平台来发布自己公司的招聘信息。线上招聘之所以受到众多企业的青睐，是因为它具有较多的优点。

例如，招聘成本比较低；线上招聘比较方便也比较快捷；获得的简历量多、覆盖面广、互动性强、不受时间和空间因素的制约等。

2. 线上招聘平台简介

(1)BOSS 直聘

这是一款互联网“直聘”模式的在线招聘小程序(APP)，也是目前很火爆的线上招聘平台。它的核心是“直聊＋精准匹配”，通过将在线聊天功能引入招聘场景，让应聘者和用人方直接沟通，从而跳过传统的冗长应聘环节，提升沟通效率。

(2)智联招聘

智联招聘是一家为大型公司和快速发展的中小企业提供一站式人力资源服务的机构，包括网络招聘、报纸招聘、校园招聘、猎头服务、招聘外包、企业培训以及人才测评等。它创办了人力资源杂志《首席人才官》，是拥有政府颁发的人才服务许可证和劳务派遣许可证的专业服务机构。智联招聘做猎头起家，后转为线上招聘，所以高端人才比较适合用智联招聘。智联招聘主要集中于一线城市，忽视二、三线城市，并且很多职位投递后，很久都没有消息。

(3)前程无忧

前程无忧是国内一个集多种媒介资源优势的人力资源服务机构。它集合了传统媒体、网络媒体及先进的信息技术，加上一支经验丰富的专业顾问队伍，提供包括招聘猎头、培训测评和人事外包在内的全方位专业人力资源服务，现在全国 25 个城市设有服务机构。前程无忧虽然快速便捷，但是所得到的结果不够精准。主要面向大学生的求职，比如找实习、应届生找工作可以在前程无忧。因为这家公司起步早，所以长时间也积累了不少资料，但合不合适还是要看自己的判断。

(4)猎聘网

猎聘网是国内一个实现企业、猎头和职业经理人三方互动的职业发展平台。目前，有超过 25 万名猎头在猎聘网平台上寻找核心岗位的候选人。猎聘网的业务遍及中国北京、上海、广州、深圳、天津、大连、杭州、南京、武汉、厦门、成都、青岛、重庆、郑州等城市。猎聘网的中高端人才数据比传统的招聘网站略高，招聘岗位也比传统的招聘网站高，所以猎聘网更像是服务于中高端企业寻人的招聘网站。

(5)58 同城和赶集网

这两个网站定位于本地社区及免费分类信息服务，帮助人们解决生活和工作所遇到的难题。从它们的广告就可以了解，它们的招聘对象主要是家政人员、钟点工、临时工。学生可以在上面找的工作以家教、发传单这种类型的兼职工作为主，并不适合找全职的工作。

（二）现场招聘

现场招聘是一种企业和人才通过第三方提供的场地，进行直接面对面对话，现场完成招聘面试的一种方式。现场招聘一般包括招聘会、人才市场以及校园招聘几种方式。

1. 招聘会

招聘会一般由各种政府及人才介绍机构发起和组织，较为正规。同时，大部分招聘会具有特定的主题，比如“应届毕业生专场”“研究生学历人才专场”或“IT 类人才专场”等。通过毕业时间、学历层次、知识结构等条件的区分，企业可以很方便地选择适合的专场设置招聘摊位进行招聘。

2. 人才市场

人才市场与招聘会相似，但是招聘会一般为短期集中式，且举办地点一般为临时选定的体育馆或者大型的广场，而人才市场则是长期分布式，同时地点也相对固定。因此对于一些需要进行长期招聘的职位，企业可以选择人才市场这种招聘渠道。

3. 校园招聘

校园招聘是许多企业采用的一种招聘渠道。企业到学校张贴海报，进行宣讲会，吸引即将毕业的学生前来应聘。对于部分优秀的学生，可以由学校推荐，对于一些较为特殊的职位也可通过学校委托培养后，企业直接录用。

（三）内部推荐

企业可以通过员工推荐其亲戚朋友来应聘公司的职位。这种招聘方式最大的优点是企业和应聘者双方掌握的信息较为对称。推荐人会将应聘者真实的情况向企业介绍，节省了企业对应聘者进行真实性的考察，同时应聘者也可以通过推荐人了解企业各方面的内部情况，从而做出理性选择。

二、 求职准备

正所谓“宜未雨而绸缪，毋临渴而掘井”。在走出学校步入社会的时候，想要取得面试的成功，需要做好充足而全面的准备。毕业生应该结合自己的知识结构、能力特征、择业方向和社会的人才需要等因素确定自己的职业目标。根据择业目标去求职、制作简历、面试、笔试等。下面将详细讲解求职前的准备。

（一）如何选择业适合自己的工作

准备步入职场的同学，需要对自己的职业进行定位，这时需要把握一些原则。依靠这些原则可以正确快速地缩小自己的定位，从而使得对职业的定位变得清晰明了。

1. 自己喜欢

选择自己感兴趣的职业，工作才可以带给你满足感，你的职业生涯才会变得妙趣横生。研究表明，对自己的职业感兴趣的人，能发挥80％～90％的才能；对自己的职业不感兴趣的人，则只能发挥自己才能的20％～30％。

2. 自己擅长

在人才竞争当中，选择自己所擅长的职业方向，才能在竞争者中脱颖而出。选择自己擅长的，有利于你今后在工作中的发展。

3. 市场需要

任何职业的兴起、发展、衰落以及消亡都是由社会需要的变化引起的。所以，在职业的选择时，除了了解当前的社会职业需求情况，还应该考虑长久的职业发展情况，以便对自己的职业定位形成一定的远见，在日后有一个更好的发展。

（二）如何制作简历

很多用人单位在面试之前只需要提交个人简历。个人简历的目的是为了让用人单位更快速全面地了解自己，从而为自己创造面试的机会。最终达到就业的目的。很多网站上都有个人简历的制作模板，比如脚步网、千图网、乔布简历等。可以选择合适的模板，根据自己的信息进行修改。那么，个人简历在内容上主要包括什么？又有哪些技巧呢？

1. 简历必备要素

(1)个人基本情况

主要包括姓名、性别、年龄、籍贯、民族、政治面貌、通信地址以及联系方式。如果应聘的是外企，政治面貌可以不用写。

(2)照片

一般为一寸证件照(白底或蓝底)。

(3)教育背景

主要指大学的教育经历，包括毕业院校、学位、学历、主要学习科目等情况。

(4)求职意向

包括向往的职业、行业、岗位等方面意向。

(5)个人经历

个人经历主要是大学以来的简单经历，包括社会职务和活动、医务工作、社会性工作、社会实践以及在工作中用到的工作技能等。

(6)获奖经历

是指在学校期间凭借能力素质和成绩获得的奖项。

(7)技能证书

外语、计算机等各类资格证。

(8)自我评价

总结自己良好的个性品格，如学习能力、沟通能力、解决问题的能力、适应能力、好奇心或者创新能力、团队协作能力、积极主动的工作态度以及责任心等。

2. 简历制作的技巧与注意事项

(1)简明扼要

简历不要过长，一般 1 页即可，最多 2 页。不要出现大段落文字，避免咬文嚼字以及令人难以理解的措辞。简历的版面设计要简洁干净，一目了然，确保阅读者看一眼就能看到他们所需要的信息。

(2)用词准确

简历中错别字会很显眼，直接影响简历阅读者对你的印象。招聘者考察面试者的文字功底和细心程度，就是从简历开始的。表达清楚、准确、规范、精炼是简历的基本要求。

(3)保证真实

撰写简历的时候要做到不夸张也不消极地评价自己，更不能编造。无法自圆其说的事情不要出现在简历上。阅读简历者看过太多的简历。被人识破虚假信息将大大影响自己的形象。

(4)有针对性

在制作简历时，要针对不同的公司不同的岗位制定不同的简历。在简历中，重点列举和所求职公司与职位相关联的信息，弱化或删除对方并不重视的内容。

(5)简历投递

目前简历的投递主要是在线上平台。招聘者直接通过电子邮箱接收查看简历，并和符合要求的人选进行进一步的沟通。应聘者最好选择在面试官上班之前将自己的简历发送到用人单位的指定邮箱，部分职业需要将自己的作品和简历一同发送。在发送时要注意邮件名要包括你的名字，还要注明是在哪里看到招聘信息的，以及你所申请的职位是什么。

图 5-7 为在线制作简历的模板。

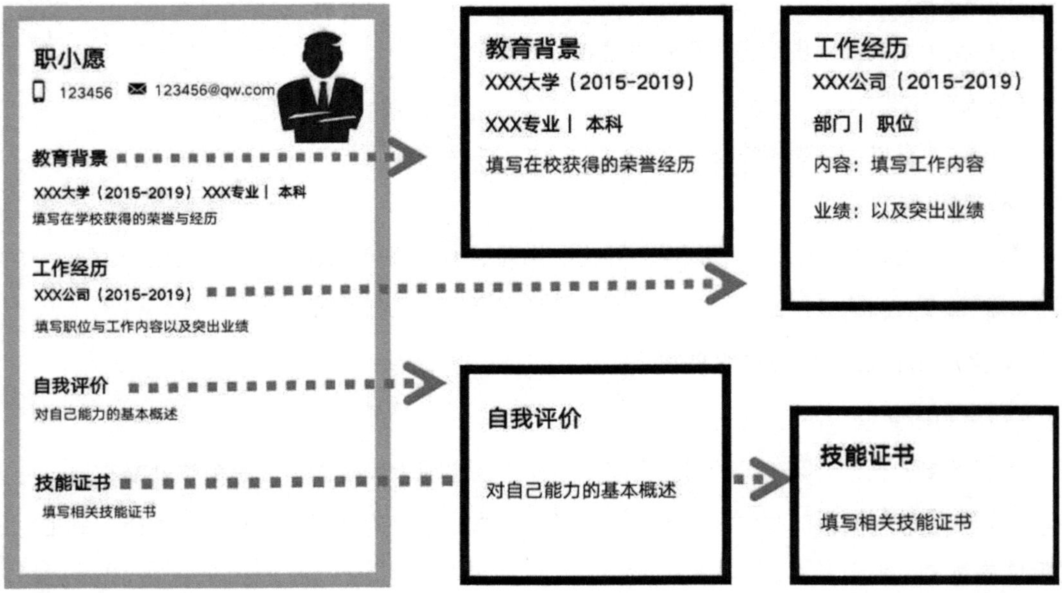

图 5-7　在线制作简历模板

（三）面试前准备

在接收到面试的通知后，我们就需要开始对这场面试进行准备，正所谓“凡事预则立，不预则废”。面试前的准备主要有以下几个方面。

1. 了解企业

俗话说：“知己知彼，百战不殆。”在面试前，了解企业的情况就显得尤为重要。一般来说，毕业生可以通过用人单位的网站、线上招聘平台的信息来了解企业的性质、规模、组织机构、业务情况以及发展前景。若事先了解了这些情况可以避免在面试时处于被动的境地，也避免给面试官造成不在乎企业的印象，从而影响面试成绩。

2. 准备材料

参加面试时要带好简历，最好多打印几份简历，以便向多个面试官展示。还要带好相关证书，包括学历证书，获奖证书，外语、计算机、职业技能证书等。

3. 心态调整

面对严峻的就业形势，许多学生充满了迷茫。其实每一个人开始都是没有经验的，在人生历程中要面对诸多的第一次和不如意，要想成长必须经过磨炼。其实用人单位在招聘的时候并不是招最优秀的人，而是招最适合的人。可塑性、薪酬低、谦虚好学、有活力等都是毕业生的优点。所以毕业生应该调整自己的求职心态，为尽早进入角色做好准备工作。那么毕业生应该如何调适自己的心理状态呢？

避免心理冲突：有些人面对多个职业的时候，常常不知所措，甚至不知道自己能够干什么，以至于犹豫不决。要解决这样的心理冲突，第一，要有正确的择业动机，不要患得患失。第二，要从实际出发，面对现实，分析自己的知识现状，身体素质等，这样就可以果断地选择。

消除紧张：当人们面对自己难以应对的事情的时候，精神上与身体上就会产生紧张感。适度的紧张感可以激起成功的欲望。但是过度的紧张感则会导致你难以发挥出正常的水平。很多时候面试失败的人并不是能力不够，而是过度紧张。可以试着把注意力转移到面试的内容以及技巧上。即便面试失败也没关系，也许有更好的工作在等着你。

增加自信：自信心与成功密切相关，增强自信心也是消除紧张的最有效方式。求职者总是把招聘者看得过高。其实尺有所短，寸有所长，每个人都有自己的优势。

避免羞涩：因为自身性格的关系，有的应聘者会有些内向。适当的害羞会显得谦卑礼貌，但是过度的害羞就会给人自卑、自我封闭、难以与人接触的印象。不能充分地表现自己就会丧失就业机会。其实完全不必过多地计较别人的评价，只要不断学习，争取锻炼机会，正面面对挫折，就没有什么可怕的。

三、 面试

面试也就是当面测试，是企业对应聘者进行选拔而采取的一种方式。应聘者在面试时所表现出来的职业形象是求职成功的关键，面试的目的是考虑求职者的动机与工作期望，综合考察求职者的仪表、性格、知识、能力、经验等，面试的是考核笔试中难以获得的信息。

（一）面试形象与礼仪

有时候，在拥有同等学力的前提下，能否在面试中脱颖而出，面试中的表现非常重要。而面试礼仪是面试官考察你的主要原则之一。在本模块的第一章节里我们讲了职场形象与礼仪。其实，面试形象礼仪与职场形象礼仪有很多相同的地方，这里对于相同的地方我们不再进行赘述，只对基本的礼仪以及面试当中几个比较特殊的礼仪进行讲解。

1. 面试仪表礼仪

(1)仪容整洁

首先要保持面部清洁，尤其是注意局部卫生，如眼角、耳后、脖子等容易被人忽略的地方。对于女生，最好适当地化些淡妆。将面部稍稍修饰，做到清新淡雅，使人显得精神干练即可。一定不能过于浓，过于夸张，以免给人留下招摇庸俗的印象。具体的化妆细节可以参考本模块的第一节“职业形象设计与礼仪”。男生则要注意不要胡子拉碴，会显得无精打采。另外要注意身体的异味问题，面试前不抽烟，不吃有强烈异味的东西。

(2)发型适宜

发型既要与个人特点相符合，也要与服饰相匹配。面试时很多人注意了着装，却忽视了发型的设计。发型的设计除了要符合个人脸型与个性特征之外，还要注意面试的特殊要求：自然、沉稳，避免过于前卫、另类。比如文秘、助理的发型需要端庄文雅，营销人员的发型要干练。一些长发披肩的女生，应该注意面试时头发不要遮挡住脸部。男生的发型以短发为主，做到前不覆额、侧不遮耳、后不及领。

(3)着装得体

得体的着装对于面试者来说是非常重要的，大学生在求职时可以保留清新自然风格。很多人误以为求职的时候服装要高档、华丽。其实保持学生纯真自然的本色也可以赢得面试官的青睐。但这并不是说面试就可以和平时穿的一样。首先，服装要整洁，整洁意味你重视这份工作。其次，服装要简约大方，避免过短、过露。最后，颜色要适宜，不要选择过于鲜亮的颜色。一般柔和的颜色更有亲和力，深色则显得比较稳重。

2. 面试举止礼仪

(1)准时守信

守时是一种美德，也是一个良好素养的体现。因此，面试的时候一定要准时守信。迟到是一个人马马虎虎、缺乏责任心的表现，同时也是对面试官的不尊重。提前到几分钟可以先熟悉一下周围的环境，也有时间调整自己的心态。

(2)注意面试礼仪

面试时，进门前应当先敲门，即使房门虚掩也要礼貌地敲击两三下，得到允许后再进入。进门后轻轻地将门关上，整个过程不要发出太大声音。进入面试室后，应该向面试官问好。

(3)注意表情礼仪

面试的时候大多数人都会比较紧张，这会使应聘者的表情不够自然。其实保持自信从容的微笑，才能让人产生好感。面试时的目光也很重要。应该大方地注视着对方，不可以左右打量，那是非常不礼貌的行为。

3. 面试言谈礼仪

(1)谈话内容

首先，应该注意使用礼貌用语，不应该用不文明用语。其次，在回答问题的时候要做到对方问什么答什么，切忌所答非所问。再次，要注意把握谈话的重点，不要离题啰唆。最后，回答任何问题的时候要做到准确客观，不可编造谎言，夸夸其谈，吹嘘自己。

(2)谈话形式

首先，谈话的时候要用普通话与面试官进行交谈，要求说话清晰语速适中，声音不要过大或者过小。要使面试官能够清晰明了地听清你说的话。其次，说话态度要诚恳、谦逊，不要咄咄逼人。再次，要注意聆听面试官的所说的话，不要只顾着自己滔滔不绝。最后，在面试官说话的时候切忌打断面试官的话，不要喧宾夺主。

（二）常见的面试问答

求职肯定要过面试这一关，面试的主要环节就是提问，主要了解求职者解决实际问题的能力、应变能力以及逻辑思维以及语言表达能力。面试官通常会问道“请你做一个自我介绍”“说说你的优缺点”“在团队项目中遇到冲突你是如何处理的”“你对未来有什么规划”等一系列问题。这些问题看似很简单，但其实每个问题背后都有特定的目的。通过你的回答，面试官将对你的去留做出判断。

1. 自我介绍

在面试官没有规定时间的情况下，要学会合理分配时间，通常安排在1～3分钟为宜。一次好的自我介绍能大大增加你的入职成功率。自我介绍说什么？不是介绍性别、年龄等个人信息，而是要与应聘的岗位进行关联介绍。主要突出三点。

第一，个人工作经验，也就是自己的背景介绍。

第二，公司为什么要选择你，证明过往经历适合该岗位。

第三，为什么要选择这家公司。

2. 说优缺点

回答个人优点时，建议提取与应聘职位所需的工作能力的契合点。比如，应聘新媒体运营，那么可以突出有文字功底、追热点能力、思维活跃等，给到面试官一个直观感受。

在回答个人缺点的时候千万不要太过“诚实”，有不少人因此丢失即将到手的工作。建议从个人应聘岗位入手，说一些不影响工作的小缺点。比如，应聘技术岗，那么可以说自己不太喜欢热闹，平时比较宅等。

3. 如何处理冲突

面试官通过这个问题主要考察求职者处理冲突的能力以及处理人际关系的能力。因为不管做什么工作，免不了要和不同类型的人来往。面试者在回答时可以简要描述冲突发生的背景，同时谈谈自己是如何采取行动的，然后突出你的行动取得的积极成果。

4. 未来规划

作为职场新人，被问到这个问题时，首先需要回答的，那就是自己对自己的认知。当然你也要对未来有一个大概的规划和想法，哪怕是这种比较理想的状态，但是你一定要回答。这也是人力资源面试官在考验面试者的临场反应。

很多人对自己的职业规划不是特别明确，也不知道自己具体该做什么。我们在进入职场时就应该有一个明确的目标，希望自己在一年之内做到什么样，两年之内做到什么样，这是一个大方向的规划。

（三）面试技巧

任何问题都有解决办法。对于求职者的面试而言，即使困难重重，只要掌握了基本的技巧，难题就迎刃而解了。

1. 学会倾听

倾听对于面试官来说是交流的基础，没有专心致志地听，就很难把握问题的关键。倾听是对别人的尊重。在倾听面试官说话的时候要认真，谦虚，和面试官有呼应。

2. 善于表达

面试的表达与平时的交谈有很大的区别，面试中需要更严谨。对于面试者来说，流利自如是关键，但是更要做到表达明确。面试当中的表达关键点在于：首先要口齿清晰，语言流利，音量适中；其次要做到语言文雅得体；最后要注意关注面试官，注重交流。

3. 巧妙提问

面试官经常会问一句话："你还有其他问题要问吗？"这是测评面试者的依据。对于面试者来说，企业不喜欢说"没有问题"的人，因此他们想通过这个问题来对你做出判断。同时，在企业还没有表明会给你发录用通知或暗示邀请你入职，不要问薪资、福利、加班等问题，这些等企业明确提出让你入职后可以问清楚。那么如何问恰当的问题呢？

可以问，作为新员工，公司是否会先进行相关培训？公司的晋升机制是怎么样的？等等。企业都喜欢有上进心和有学习热情的求职者。

（四）在群面中如何脱颖而出

1. 什么是群面

群面又称作无领导小组讨论(Leaderless Group Discussion)。由一组应试者组成一个临时工作小组，讨论给定的问题，并做出决策。由于这个小组是临时拼凑的，并不指定谁是负责人。面试官不发言，只在一旁考察应试者的表现，尤其是看谁会从中脱颖而出。

2. 群面的技巧

(1)集中精力

在面试官发布题目的时候精神一定要集中，如果担心有遗忘，那么可以边听边记。

(2)努力表现自己

不可太沉默，也不能太张扬。一旦发现自己说得太多，就要懂得适时闭嘴，把发言的机会留给别人。这个时候可以加上一句：“××，对于这个问题你是怎么看的?”

(3)突出自己优势

要在一些细节上突出自己的一些优秀特质，比如坚毅、认真、勤奋、细心、宽容等，这些都是用人公司非常看重的方面。

(4)切忌标新立异

虽然主考官在介绍群面的题目时会说观点并没有对错之分，但你不要为了标新立异而提出一些有激进观点的内容。记住，生活在这个社会里，你就必须遵守社会主流价值观。

(5)展现你的职业素养

不要做很多不自然的或者潜意识的小动作，说话要注意语气、音量。另外要注意自己的眼神，不可东张西望，闪闪烁烁。像打呵欠、用手指指人这些毛病一定要杜绝。

(6)让面试官一眼记住你

群面中，一般每个面试者会有几分钟的发言时间。求职者一定要把握好这个机会，争做发言人，这是让面试官印象深刻的关键技巧。但在发言前要有独到、深刻的观点。

总结案例

凭借小细节进大企业

在一次招聘会上，某外企人事经理说，他们本来想招一个经验丰富的资深会计人员，结果破例找了一位刚刚毕业的大学生。让他们改变主意的起因是一个小小的细节：这个学生当场拿出了一块钱。

当时，女大学生因为没有工作经验，在面试第一关便遭到了淘汰。但她并没有气馁，一再坚持。她对主考官说：“请再给我一次机会，让我参加完笔试。”主管拗不过他，就答应了下来，结果她通过了笔试，由人事经理亲自复试。

人事经理对她颇有好感，因为她笔试成绩非常好。不过女孩的话让经理非常失望。她说自己没有工作过，唯一的经验是在学校的时候掌管过学生会财务。找一个没有经验的人做财务会计不是他们的预期。经理决定收兵："今天就到这里吧，如有消息我会打电话通知你。"女孩儿从位置上站起来，向经理点点头。从口袋里掏出了一块钱双手递给经理："不管是否录用，都请您给我打个电话。"

经理从未遇到过这种情况，问："你怎么知道我不会给没有录用的人打电话？""您刚刚说有消息就打，那言下之意就是没有录用就不打了。"

经理对这个女孩产生了兴趣，问："如果你没有被录用，我打电话，你想知道些什么呢？""请告诉我，在什么地方我不能达到你们的要求，在哪方面不够好，以便我今后改进。""那一块钱……"女孩微笑道："给没有被录用的人打电话不属于公司的正常开支，所以应该由我付电话费，请您一定要打。"经理也笑了："请把你的一块钱收回去，我不会打电话的。我现在通知你，你被录用了。"

记者问："仅凭一块钱就招一个没有经验的人，是不是太感情用事了？"

经理说："不是，这些方面的面试细节反映了她作为财务人员具有良好的素质与品行。人品和素质有时候比资历和经验更为重要。第一，她一开始便被拒绝，但却一再争取。说明她有坚毅的品格。财务是十分繁杂的工作。没有足够的耐心和毅力是没有办法做好的。第二，她能坦言自己没有工作经验是一种诚信，这对财务尤为重要。第三，即使不被录用，也希望能得到别人的评价，说明她有直面不足的勇气和敢于承担责任的上进心。员工不可能把每项工作都做得非常完美，我们接受失误，却不能接受员工自满不前。第四，女孩自掏电话费，反映出她公私分明的良好品德，这更是财务工作不可缺少的。"

分析：女孩的面试细节充分反映出她的品行与专业能力。她是一个有很强大的心理承受能力的人，这种人在职场中不会那么容易打退堂鼓，抗压能力比较强，并且是一个公私分明又细心的人。这正是财务这个职业需要的。

活动与训练

模拟面试

目标：体会面试的过程和技巧。

活动形式：实景模拟排练。

道具： 场景模拟办公室。

过程：

1. 将班级学生分成三组，一组面试官、一组面试者、一组评审团。各组人员分别准备，不能知道彼此的准备情况。然后开始情景模拟。

2. 每组情景模拟。评审团依据面试者和被面试者简历、问答、着装、礼仪、行为等方面给予打分和评价。教师给评审团和表演者打分，评出最佳角色扮演者。

探索与思考

1. 如何在面试之前做好充足的准备？

2. 面试开展过程中如何赢得面试官的青睐？

模块总结

“不学礼，无以立”，可见礼仪对人们立身处世有着非常重要的影响，那么什么是礼仪呢？简单来说礼仪包括两方面：严于律己，尊重别人。

严于律己是指严格地管理自己的形象，从仪容仪表到言谈举止，都体现了一个人的形象。尊重别人是指在生活中要尊敬别人，做事情谦虚有礼。

在职场中，礼仪更是起着至关重要的作用。懂礼仪的人不仅能得到他人的喜爱，散发出自信的魅力，还会让交际变得更加轻松，更容易获得好人缘，获得事业上的成功。而不懂礼仪的人，则容易遭遇失败，失去事业发展的机会。对于职场新人来说，礼仪课就是入职的必修课。

礼仪是人们的一种社会行为标准。人们能够通过在诸多场合中的外在表现和行为细节，反映出一个人的文化程度和精神内涵。

我们每个人的生活目的都是追求更好地自我发展，而学习礼仪就是塑造良好的职业形象的重要途径。在职场中我们应该通过有意识地提升自己形象和行为，树立自己在职场的“人设”。这个独特的形象会跟随你很久。一个良好的形象会在你未来的发展道路上起着重大的影响。

职业形象和礼仪存在着很多潜规则。这里的潜规则是指大家都知道、都在默默地遵守，但是谁也不会说出来或是教给你的规则。在本模块当中，我们通过职业形象与职业礼仪两个方面帮助你塑造适合自己的职业形象，并且从男生形象、女生形象两个方面有针对性教你如何打造自己的职场形象。

MODULE 6

扫码进入微课堂

模块六
职场通用技能

标准引领

知识 1. 了解日常办公软件的分类和基本功能。

2. 了解什么是执行力。

3. 自学的重要性。

能力 1. 掌握软件学习的方法。

2. 掌握终身学习的方法和途径。

素养 1. 能够意识到终身学习的意义。

2. 树立终身学习的积极心态。

学习导航

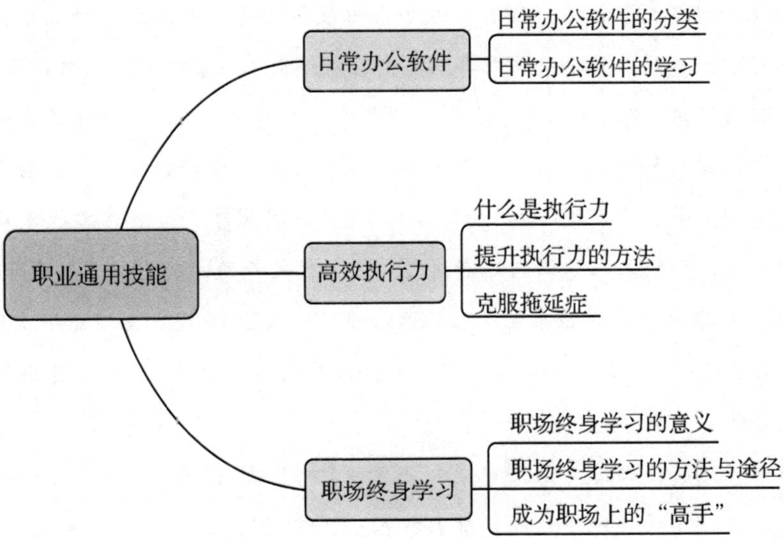

第一节 日常办公软件

学习目标

1. 了解日常办公软件的分类和基本功能。
2. 掌握办公软件学习的方法。
3. 了解所学专业类的软件。

导入案例

工厂的数字化时代

2019年7月，小林从东莞一家日资电子企业的管理岗位上辞职，报了个培训班，学习自动化编程。小林计划学完后找一份智能制造方面的工作。2009年，小林从重庆一所高职学院毕业，到东莞来打工。彼时，这个刚出校门的年轻人还没有什么职业规划。10年后，小林对于企业用人需求变化的真切感受，最终促成他此次职业发展的调整。

小林这样感慨道："最近几年，企业开始大量使用工业机器人，未来工厂里可能只有两种'人'，即机器人和技术工人。"显然他只能成为后者。他的抉择，也折射出东莞这座城市企业用工的变革。这座被称为"世界工厂"的珠三角城市，过去依靠大量劳动力驱动制造业高速发展。但随着人口红利逐渐消逝，这一模式开始向智能制造转型升级。

2015年，广东开始大规模推动工业机器人应用。仅2016年，全省新增应用机器人达2.2万台，总量超6万台，约占全国1/5。目前，广东已有2.13万家工业企业实施机器换人、自动化设备更新。

东莞市瑞必达科技股份有限公司是较早开展"机器换人"的企业，2012年就已开始。该企业总经理曾建军说，同样产能，机器换人后用工量可从8000多人减至1800人，部分岗位效率提升10倍左右。不仅如此，近年来大数据、工业互联网甚至人工智能等新技术融合应用加速，还在进一步推动制造业迈向数字化、信息化和智能化，"数据代人"也开始有效降低企业对大量劳动力的简单依赖。

制造业企业迈向智能制造后，虽然节约了大量的普通工人，却需要大量的技术工人，在日常生产中操作、维护、检修这些机器人，甚至针对生产需要进行相应功能开发。这部分劳动力尽管在需求量上比普通工人少很多，但却更关键，也更为缺乏，严重供不应求。这两年，在广东一些大型招聘会上，技术工人往往是全场最抢手的。众多企业为争得人才，纷纷开出高薪。月薪万元以上早已不鲜见，这仍难以保证能招到人。

东莞市高技能公共实训中心是当地政府成立的公共服务平台，旨在培训并输出技术工人。该中心副主任吴光明几乎每天都会接到企业打来的“求人”“要人”电话，但很多时候他爱莫能助。“现在越来越多的制造企业都在找技工，我们这点人对市场来说就像杯水车薪。”

（节选自《21世纪经济报道》）

分析：伴随科技和经济的高速发展，无论是传统的制造业企业，还是现代的互联网企业，对于人才的专业技能提出了更高的、多维度的要求，对于智能化设备的操作已经成为趋势。同时，终身学习也成为职场人面对未来日新月异变化，保持与时代同步、与技术同步的必修课。

日常办公软件作为现代职场工作中基础性的工具被各行各业的从业者所广泛地应用，有些工具还是我们学习和使用其他专业工具的基础。所以我们不仅要学好这些软件，还要了解最实用的使用技巧。

一、 日常办公软件的分类

（一）Office 办公类

这类办公软件主要以 Microsoft Office 系列为典型代表，其中最常用的分别是文字处理软件 Word、电子数据表格处理软件 Excel 以及演示文稿软件 PowerPoint(PPT)。目前市场上也有其他公司的类似产品，比如金山软件开发的 WPS 系列软件，以及苹果公司的 iWork 系列办公套件都有一定的用户市场份额。下面简要介绍这几款软件。

1. Microsoft Word

Microsoft Word 简称 Word，是 Office 办公软件的主要程序。它在文字处理软件市场上拥有统治份额，它私有的 .doc 格式被尊为行业的标准。目前软件的版本为 Office 365，是可以通过在线的方式持续升级软件的版本，同时也具备云存储、云协作等高效的新功能。

在我们日常的办公中，文字性的编辑和交互都是通过 Word 这款软件完成的，它主要的功能有以下几个方面。

写文章、公文、合同、协议或报告。

制作表格、简历等图文方案。

整理排版较长文档。

批注、标注文字。

2. Microsoft Excel

Microsoft Excel 简称 Excel，是 Office 办公软件最早的组件。它是电子数据表格处理软件(进行数字运算和运算的软件程序)。Excel 内置了多种函数，可以对大量数据进行分类、排序甚至绘制图表等。财务人员、行政人员、项目管理、库房管理等相关人员经常会用到这款工具，和 Office 其他软件一样，Excel 现在也支持移动端的操作和同步功能。

在我们的日常办公中，表格类的文件多是以 Excel 文件进行编辑和交付，它的文件格式是“. xls”，它和 Word 文件可以进行交叉编辑，互相嵌入。同时，一些智能化的软件，也支持Excel表格数据的导入和导出。它是我们制作数据报表最常用的工具。

3. Microsoft PowerPoint

Microsoft PowerPoint 的缩写为 PPT，也称作幻灯片软件。利用 PowerPoint 不仅可以创建演示文稿，还可以在互联网上召开面对面会议、远程会议或在网上给观众展示演示文稿。PowerPoint 做出来的东西叫演示文稿，它是一个文件，其格式后缀名为 . pptx，或者也可以保存为 pdf 或者图片格式等。演示文稿中的每一页就叫幻灯片，每张幻灯片都是演示文稿中既相互独立又相互联系的内容。

在我们的日常办公中，用于给客户展示、讲演的时候主要通过 PowerPoint 进行编辑和交互，同时相比较 Word 和 Excel，这款软件在图片和音视频上，处理能力要强一些，很多精致的海报和图文也是通过它来编辑实现的。

4. WPS Office

WPS Office 是国内金山办公软件公司开发的一款办公软件套装，可以实现办公软件最常用的文字、表格、演示等多种功能，全面兼容微软 Microsoft Office 格式的文件(. doc/. docx/. xls/. xlsx/. ppt/. pptx 等)，同时在功能和软件界面上也和 Microsoft Office 的软件比较类似，所以一定程度上可以作为替代产品。

这款软件兼容了 Microsoft Office 中主要的功能，其中最吸引国内用户的是内置的一些模版，大大方便了国内用户的使用需求。软件免费版本提供的功能已经基本满足日常办公的需求。

5. Mac iWork

Mac iWork 是苹果公司开发的一款办公软件套装，只限于在苹果硬件产品中使用，套装包含 Keynote、Pages 和 Numbers。在功能上和 Microsoft Office 系列软件一一对应的关系是：Keynote——Word、Pages——PPT、Numbers——Excel。在使用习惯和操作界面上二者之间有很大的区别，而且也存在很多兼容性的问题。我们在工作中会接触到这类文件，需要能应对这些不同文件之间的转化和读取。

（二）数字化办公类

数字化是伴随计算机技术的发展逐步在我们的工作和生活中得以应用的。数字化是数字计算机的基础。若没有数字化技术，就没有当今的计算机，因为数字计算机的一切运算和功能都是用数字来完成的。

数字化是多媒体技术的基础。数字、文字、图像、语音，包括虚拟现实及可视世界的各种信息等，实际上通过采样定理都可以用 0 和 1 来表示。这样数字化以后的 0 和 1 就是各种信息最基本、最简单的表示。因此计算机不仅可以计算，还可以发出声音、打电话、发传真、放视频、看电影。这就是因为 0 和 1 可以表示这种多媒体的形象。

数字化还是软件技术的基础，是智能技术的基础。软件中的系统软件、工具软件、应用软件等，信号处理技术中的数字滤波、编码、加密、解压缩等，都是基于数字化实现的。

数字化是信息社会的技术基础。我们把信息社会的经济说成是数字经济，这足以证明数字化对社会的影响有多么重大。数字化办公也是近些年逐渐流行起来的概念和未来发展的趋势，很多传统的企业也在进行数字化转型。数字化办公即在日常办公中信息的输入、处理、输出三大步的处理手段数字化。

数字化办公的软件很多都云端化、移动化、个性化，很多都不需要单独在电脑上下载独立的软件，只需要用电脑的网页浏览器打开就可以了。以下几类软件是我们常用到的数字化软件。

1. OA 系统

办公自动化(OA)，是英文 Office Automation 的缩写。它可以通过特定流程或特定环节与日常事务联系在一起，使公文在流转、审批、发布等方面提高效率，实现办公管理规范化和信息规范化，降低企业运行成本。

办公自动化(OA)是一个企业除了生产控制之外的一切信息处理与管理的集合。不同的使用对象具有不同的功能。对企业高层领导来说，办公自动化(OA)是决策支持系统(DSS)。它运用科学的数学模型，结合企业内外部的信息，为企业领导的决策提供参考和依据。对于企业中层管理者来说，办公自动化(OA)是信息管理系统(IMS)，它利用业务各环节提供的基础“数据”，提炼出有用的管理“信息”，把握业务进程，降低经营风险，提高经营效率。对于企业普通员工来说，办公自动化(OA)是事务或业务处理系统。办公自动化(OA)为办公室人员提供良好的办公手段和环境，使之准确、高效，愉快地工作。

目前国内比较有代表性质的OA系统供应商有阿里巴巴的钉钉、腾讯的企业微信、今日头条的飞书等。很多企业尤其是国际型企业，都开发和拥有自己企业专属的OA系统，是企业员工每天使用频次最高的软件。

企业的OA软件几乎涵盖了员工日常办公的各个方面，包括员工的签到、报销、客户管理、物品领用、电子邮件、视频会议等功能。各个企业OA系统都存在一定的差异化，但是在使用上还是大同小异的。智能化的系统在提高了工作效率的同时，也为企业和员工提供更便捷的服务。

2. 人才招聘管理软件

招聘和应聘是职场中每个人都会遇到的或者经历的事情，企业利用数字化的招聘系统筛选简历、选择面试者，以及完成面试报告。这个不仅是人力资源管理从业人员的工作，也会是一些部门经理或者管理岗位都需要经历的事情。求职者也应该对于互联网的招聘网站、APP工具有所了解，毕竟，通过这样的数字化工具，我们可以得到更多的就业机会。如果你碰巧是学习人力资源管理专业或者是未来计划从事行政、人力资源岗位，必须对这类软件有所了解。有人说招聘平台和系统是每个职场人一生至少会用到一次的软件系统。

近几年比较知名的招聘平台和系统主要有BOSS直聘、拉勾网、智联招聘、58同城、前程无忧等平台。各个平台都有不同行业人群的特性，比如，BOSS直聘和拉勾网就以互联网相关专业公司居多，招聘企业和应聘者也相对集中；而58同城和智联招聘行业更多样化一些，蓝领岗位和大规模用工企业多会在这些平台长期招聘。选择不同的平台投放招聘需求和寻找就业机会，都是职场中需要有所了解和认知的。

3. 客户关系管理系统

对于在企业从事销售、客服、市场相关岗位的人员，企业的客户关系管理系统几乎是他们每天都需要登录或者操作的。很多企业将这些功能集成到了企业的OA管理系统。对于一些销售型的公司，不管规模大小，也都会有类似的系统，我们也称之为CRM系统。

客户关系管理系统(Customer Relationship Management System，CRM系统)，是指利用软件、硬件和网络技术，为企业建立一个客户信息收集、管理、分析和利用的信息系统。以客户数据的管理为核心，记录企业在市场营销和销售过程中和客户发生的各种交互行为，以及各类有关活动的状态，提供各类数据模型，为后期的分析和决策提供支持，如图 6-1 所示。

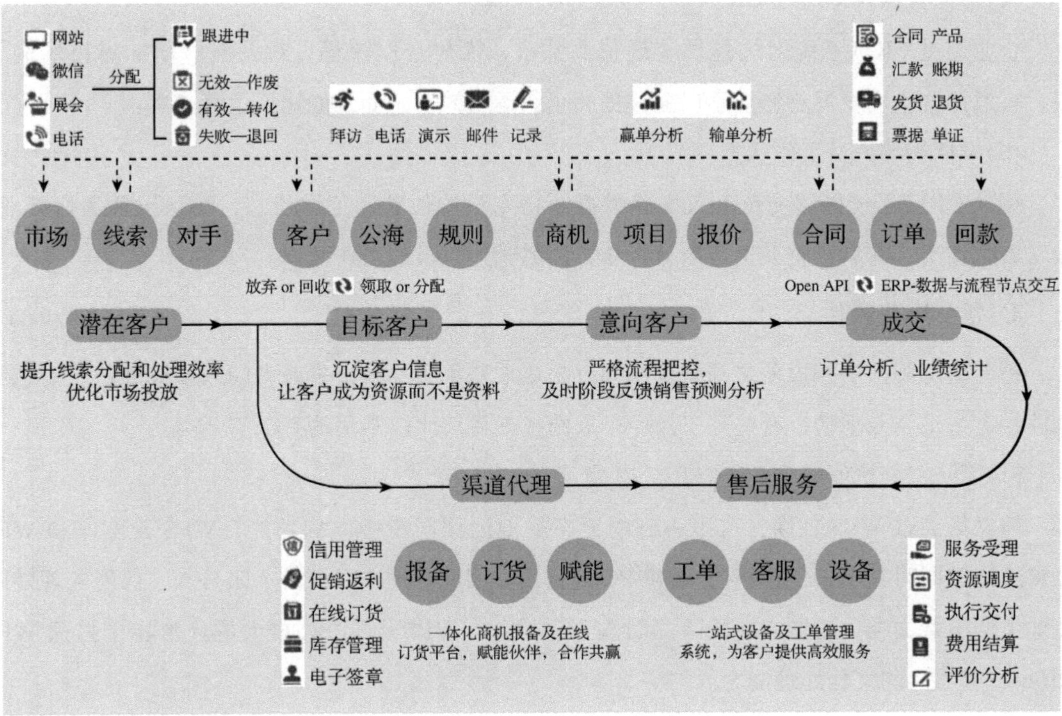

图 6-1 CRM 厂商分享销客产品逻辑图

(1)维护老客户，寻找新客户

研究表明，开发一个新客户付出的成本是维护一个老客户的 5 倍。企业通过建立 CRM 系统能够对客户信息进行收集、整理和分析，并实现内部资源共享，能有效提高服务水平，保持与老客户的关系。并且，CRM 系统依托于先进的信息平台和数据分析平台，能够帮助企业分析潜在客户群和预测市场发展需求，有助于企业寻找目标客户，及时把握商机和占领更多的市场份额，是企业不断开拓新客户和新市场的重要帮手。

(2)避免客户资源过于分散引起客户流失

很多企业的客户资源是分散积累的，这直接导致客户信息记录得不完整，价值不高。同时由于销售人员的流动，客户资源会不断流失。而 CRM 系统能够帮助决策人准确得知客户整体推进状况和存在的问题，从而及时开展业务指导和策略调整，避免客户无故流失。

(3)提高客户忠诚度和满意度

CRM 系统可以帮助企业详细地了解客户的资料，促进企业与客户的交流，协调客户服务资源，给客户最及时和最优质的服务。同时能够帮助建立起与客户长久且稳固的合作关系，对提高客户忠诚度和满意度作用明显。

(4)降低营销成本

企业通过 CRM 系统对内能够实现资源共享，优化合作流程，对外能够增加对市场的了解，有效预测市场发展趋势。不仅能够提高企业运营效率，而且能降低运营成本。

(5)掌握销售人员工作状态

移动 CRM 系统能够使负责人准确掌握销售人员的位置、工作状态，防止出现偷奸耍滑、做私事的情况，有利于企业进行绩效考核，提高销售人员的工作效率。

4. 办公协同软件

不同部门的同事和设备之间同步协同办公是近些年企业办公中最大的效率突破。关于这类软件，有些是企业采购，有些是工作中个人选择。目前比较常用的有以下几类。

(1)团队文档协作平台：WPS＋云办公

前文提到过 WPS 软件，这里讲到的更多是他远程同步协作的功能，WPS 云协作和 WPS 云管理能够同时在 Web 端、手机端和 PC 端登录。因此，用户只需一个账号，不仅能实现随时随地上传下载文档，还能实现团队即时沟通和协作。WPS＋云办公最大的优势在于打通 WPS Office，有强大的文档处理能力。

在 WPS＋云办公最亮眼的功能 WPS 云协作中，团队成员可共同完成一份文档的撰写和编辑。每位成员的编辑不仅清晰可见，而且所有版本都会实时自动保存。此外，WPS 云协作还能根据企业组织架构为每个部门自动创建聊天群组。团队成员除了可在群组里直接发起群聊外，还能发起一对一私聊。企业用户还可在 WPS 云协作上对每一层级的文件夹进行操作权限设置，确保了公司级文档的安全可控。

(2)在线协作文档工具：石墨文档

石墨文档是一款支持云端实时协作的企业办公服务软件，它支持多人在线对文档和表格进行编辑和实时讨论，能够同时在网页端、手机和电脑端登录。作为一款支持云端实时协作的软件，石墨文档有着自身的“独特性”：与手机端深度结合，将微信公众号打造成了“便携式”的文档使用工具。在微信上，即可实现文档创建和编辑，所有生成的文档都会在网页版、微信公众号以及单一的文档页面进行实时同步。

用户可用微信扫描二维码后，直接在微信上编辑文档，并通过微信发送给其他人，实现多人协作。但美中不足的是，石墨文档在即时沟通方面略显薄弱，或许跟钉钉的深度合作能够拓展石墨文档的沟通方式。

(3)团队协作知识库：印象笔记企业版

作为一款信息管理工具，印象笔记企业版以团队知识管理为核心，旨在让团队成员间共享资料，并围绕共享内容展开协作，优化团队资源配置，提高工作效率。印象笔记企业版有网页版、电脑版和移动版。

与其他协作工具相比，印象笔记企业版的最大特色是强劲的搜索功能，不但能识别图片中手写和印刷体文字，还能搜索笔记附件里的各类文档内容，帮团队成员轻松找到最相关的企业笔记和该领域中最专业的同事。此外，印象笔记企业版能够让成员创建任务清单，并追踪任务完成情况。

(4)项目协作类：Teambition

Teambition是一款基于云计算的协作化项目管理平台，它是以项目为核心的团队协作工具，能够帮助企业内部团队轻松共享和讨论工作中的任务、文件、分享、日程等，提高团队协作的效率和创造力。

Teambition有网页版、电脑版和移动版。用户可随时随地创建项目并和成员沟通。在移动端，Teambition更加注重贴近用户感受，会根据用户的实际场景和需求来设计产品，通过任务板、分享墙、文件库和日程表等来实现项目知识的分享沟通，项目任务的安排及进度监督，相关项目的文档存储和分享。此外，每个任务之下的成员都可相互沟通，方便快捷。整体而言，Teambition在文档处理方面的功能略微薄弱。

5. 视频会议系统

视频会议系统正在从过去的硬件化向软件化转变。由于视频直播技术的发展，视频会议也越来越大众化和移动化，也不再依赖于摄像机、视频电视、固定会议室等硬件的安装。视频面试也成为近期一种比较火爆的面试形式。

很多企业内部的OA系统就集成了视频会议系统，也有一些独立的视频会议供应商。目前比较主流的视频会议软件主要有：Zoom(外企、大型国际化企业使用的比较多)；腾讯会议(腾讯公司出品，和企业微信有比较好的互通)；飞书(字节跳动出品，新一代的协同办公软件，视频会议是其中一项功能)；钉钉视频会议(阿里巴巴出品，该功能集成在钉钉软件中)。

(三)专业技能类

1. 设计类

设计类的软件是目前市场上比较成熟和工具属性最强的软件。不仅设计从业者需要具备相关技能，就是非设计专业也常会用到，如简单的修图、视频剪辑、图片排版等，这些也是职场技能的加分项。

设计类的软件主要分为两大类，也由世界上比较著名的两大公司研发、收购整合而成。在平面设计领域，最著名的是 Adobe 公司旗下的产品了，他们的产品几乎涵盖了所有平面视觉类的工具。

有图像处理软件 Adobe Photoshop，矢量图形编辑软件 Adobe Illustrator，音频编辑软件 Adobe Audition，文档创作软件 Adobe Acrobat，网页编辑软件 Adobe Dreamweaver，二维矢量动画创作软件 Adobe Animate，视频特效编辑软件 Adobe After Effects，视频剪辑软件 Adobe Premiere Pro，Web 环境 Adobe AIR，摄影图片处理 LightRoom，等等。

这里面有很多软件都在行业领域里占有统治性地位，比如 Photoshop，也就是我们经常提到的 PS，一般的行政办公中也会需要用到这款软件。当然还包括制作宣传海报、名片、打印喷绘经常用的 Adobe Illustrator，它的文件格式也被俗称为 AI 文件。如果你的工作中还涉及一些视频的剪辑工作，那就肯定会用到 Premiere。这个软件几乎涵盖了设计和视觉相关工作的一切日常。

除了二维领域的软件，就要提到三维领域的软件了。这类软件同样也存在一个霸主地位的企业，就是 Autodesk 公司旗下的产品。旗下最著名的几款软件分别就是 AutoCAD、3ds Max、Alias、Maya、Inventor 这几款软件，分别用于工程机械和工业设计、动画设计、建筑设计等领域。这类软件的操作难度相对较高，非专业领域不需要学习和深入研究。

2. 工程机械类

工程机械类的软件是伴随工业生产涉猎最广的工具技术手段。根据全球工程机械制造商 50 强排行榜(Yellow Table)报告显示，目前比较常用的软件主要有以下几类(见图 6-2、图 6-3)。

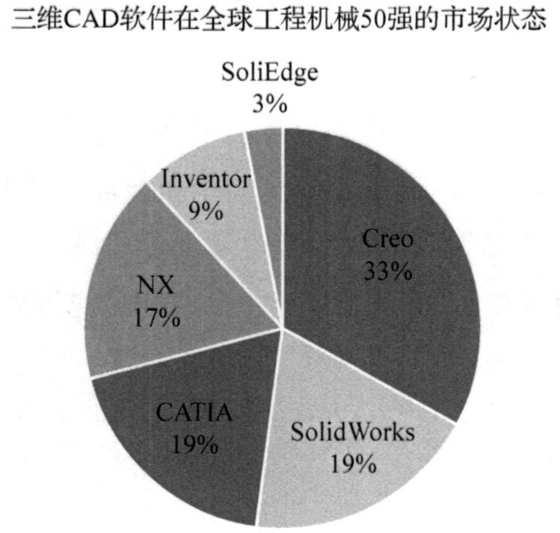

图 6-2　三维 CAD 软件在全球工程机械 50 强的市场状态

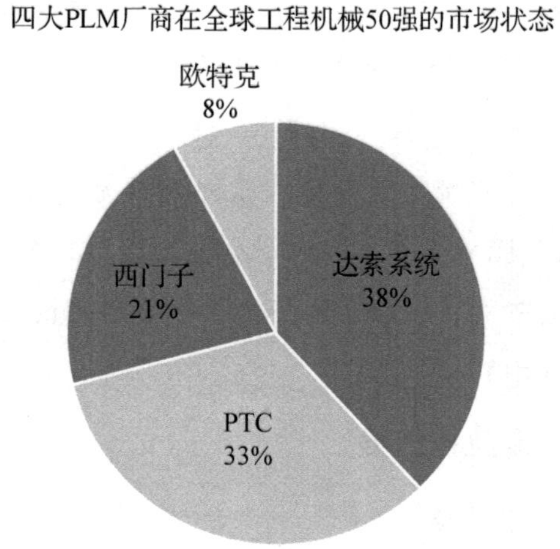

图 6-3　四大 PLM 厂商在全球工程机械 50 强的市场状态

从统计结果来看，在机械工程设计领域，Creo、SolidWorks、CATIA、NX、Inventor、SolidEdge，六款CAD品牌更受青睐。而作为第一个运用“参数化设计”思想的三维设计软件——PTC公司的Creo，其使用率超过了30%。其后分别是CATIA、SolidWorks、NX，使用率都超过了10%。

Creo、SolidWorks、CATIA、NX、Inventor、SolidEdge，六款CAD品牌都来源于四家公司，分别是PTC、西门子、达索系统、欧特克。从图6-3和图6-4中可以看出，拥有SolidWorks、CATIA两条产品线的达索系统，在全球工程机械50强公司的覆盖率最高，其后分别是PTC、西门子，最后是欧特克。

3. IT编程类

伴随互联网公司在全球经济中的崛起，作为互联网企业中重要的岗位资源，与之相关的岗位和用工人数也出现大幅增长和人才短缺的现象。对于IT相关专业岗位，学习软件和编程语言就成了职场必备的专业技能。同时，在工作中，不断地积累产品开发的思路和技术思维，也成了与技能同等重要的能力。

首先，需要熟悉计算机的语言和表达方式，这样才能通过计算机的代码去实现想实现的计算机程序。目前比较主流的计算机语言有以下几类：C语言(打底技能)、Java、Go、Nodejs(web后端开发)、Python(人工智能)、Html、CSS、Javascript(前端开发)。在掌握了计算机语言的同时，还要熟悉不同的开发环境，如Linux和Windows开发环境。不同的技术开发人员或者是公司都会有不同的开发环境使用习惯。这之间有区别，也有共同性。在学习过程中都需要有所涉猎的。

IT开发人员日常使用的软件也称为集成开发环境(Integrated Development Environment, IDE)是用于提供程序开发环境的应用程序，一般包括代码编辑器、编译器、调试器和图形用户界面等工具。目前比较主流的IDE有Jetbrains(捷克的软件开发公司，旗下系列产品)、VScode、Xcode、android studio、Unity3D等。

二、 日常办公软件的学习

(一)学习途径

通过自身主动的学习，提高自己的职业技能，已经是职场中非常普遍的情况。目前软件和技能的学习途径已经不局限在校园的课堂上，网络学习平台为大家提供了丰富的、免费的课程资源。在明确了自己需要学习的技能之后，就尽快地开始自学之旅吧。

在线学习平台里，课程资源多元化的平台主要是腾讯课堂和网易云课堂。可以在这两个平台里去寻找在线课程学习通用的技能。相对专业的课程也会有专业的课程学习平台，例如，IT技术开发类的慕课网、起点学院，艺术设计类的站酷高高手、新片场学院。很多工具型的软件平台在官网也会有非常详细的使用说明。如果同学希望对企业的 OA 管理系统提前有所了解，可以直接在手机上下载钉钉等软件，了解、熟悉这类软件的一般使用逻辑。

除了通过在线的学习平台，我们还可以通过专业的书籍和在线自媒体平台学习。这种图文对照的形式，是最传统的学习方式，也是比较高效的解决问题的方式。当我们在使用软件或者自学技能的过程中，可以随时通过书籍查找、网络搜索等方式去寻找问题的答案。当然，你身边的老师和同学也是平时学习中时刻可以请教和帮助答疑解惑的。

（二）学习方法

对于技术类的相关学习，无论是软件还是动手操作的技能，有一个非常好用和必要的学习方法，就是学习的过程中，认真做好笔记，学完之后整理笔记，遗忘之后查找笔记。我们的笔记很多时候是我们未来查找相关知识点的工具。著名的学者钱锺书先生一生积累了几百本笔记。那我们来看看钱老先生是如何看待做笔记这件事情的。

钱锺书是这样做读书笔记的

许多人说，钱锺书记忆力特强，过目不忘。他本人却并不以为自己有那么“神”。他只是好读书，肯下功夫，不仅读，还做笔记；不仅读一遍两遍，还会读三遍四遍，笔记上不断地添补。所以他读的书虽然很多，也不易遗忘。

他做笔记的习惯是在牛津大学图书馆（Bodleian——他译为“饱蠹楼”）读书时养成的。因为饱蠹楼的图书向例不外借。到那里去读书，只准携带笔记本和铅笔，书上不准留下任何痕迹，只能边读边记。做笔记很费时间。锺书做一遍笔记的时间，约莫是读这本书的一倍。他说，一本书，第二遍再读，总会发现读第一遍时会有很多疏忽。最精彩的句子，要读几遍之后才发现。

锺书读书做笔记成了习惯。但养成这习惯，也因为我们多年来没个安顿的居处，没地方藏书。他爱买书，新书的来源也很多，不过多数的书是从各图书馆借的。他读完并做完笔记，就把借来的书还掉，自己的书往往随手送人了。锺书深谙“书非借不能读也”的道理，有书就赶紧读，读完总做笔记。无数的书在我家流进流出，存留的只是笔记，所以我家没有大量藏书。锺书去世后，我找出大量笔记，经反复整理，分出三类。

第一类是外文笔记(外文包括英、法、德、意、西班牙、拉丁文)。除了极小部分是锺书用两个指头在打字机上打的，其余全是手抄。笔记上还记有书目和重要的版本以及原文的页数。他读书也不忽略学术刊物。他的笔记，常前后互相引证参考，所以这些笔记本很难编排。而且我又不懂德文、意大利文和拉丁文。恰逢翻译《围城》的德国汉学家莫宜佳博士(Professor Dr. Monika Motsch)来北京。我就请她帮我编排。她看到目录和片段内容，“馋”得下一年暑假借机会又到北京来，帮我编排了全部外文笔记。笔记本共一百七十八册，还有打字稿若干页，全部外文笔记共三万四千多页。

第二类是中文笔记。他开始把中文的读书笔记和日记混在一起。他这些笔记，都附带自己的议论，亦常常前后参考、互相引证。以后的笔记他都亲自记下书目，也偶有少许批语。中文笔记和外文笔记的数量，大致不相上下。

第三类是“日札”——锺书的读书心得。日札共二十三册、二千多页，分八百零二则。每一则只有数目，没有篇目。日札基本上是用中文写的，杂有大量外文，有时连着几则都是外文。

这大量的中、外文笔记和读书心得，锺书都“没用了”。但是他一生孜孜矻矻积聚的知识，对于研究他学问和研究中外文化的人，总该是一份有用的遗产。我应当尽我所能，为有志读书求知者，把锺书留下的笔记和日札妥为保存。

感谢商务印书馆愿将钱锺书的全部手稿扫描印行，保留着手稿原貌，公之于众。我相信公之于众是最妥善的保存。但愿我这办法，“死者如生，生者无愧”。

杨绛敬序 二零零一年五月四日

(本文摘自《钱锺书手稿集》的序，杨绛著，北京，商务印书馆出版。有删改。)

学习过程中通过不同的媒体去制作学习笔记，已经成为一种新的趋势。通过手机软件，我们可以实现文字、语音、图片、视频的多媒体笔记的制作，相比较于过去大师手写的方式，我们已经方便了太多。这样的工具包含前文提到的印象笔记、WPS、Office 等软件，都是我们学习过程中非常实用的帮手。

在职场中，日常办公软件的使用是我们一进入职场就需要迅速开始应用于工作中的技能。所谓有备而无患，在学生时代，是我们系统地学习这些软件的最佳时机。如果抱有侥幸心理，希望进入职场后边工作边学习，那将给我们的职场生活带来巨大的挑战。尽早开始这类工具的学习，只要肯努力，方法得当，就会迅速地有所收获。

总结案例

职场新人应具备的基本能力

小董最近刚刚找了毕业后的第一份工作。但是他遇到了很多问题，就连简单的打印机与电脑软件怎么用都不会。于是他找到了在学校时的学长请教。学长告诉了它不少技巧。

首先，在工作开始时，先把自己的电脑整理好。把电脑里没用的、不必要的软件一律卸载，那些必要的软件也设置成禁止开机启动。最基本的Office里的Word、Excel、PPT等都要自己能够安装/卸载。办公软件的版本不是越高越好。办公软件一定要买正版的，这样会在今后的工作当中减少很多麻烦。

其次，打印机。在使用打印机的时候最常见的问题就是，打印机没有反应。这一般分为几种情况，如网络不流畅、驱动不对。具体可以问自己公司的技术同事。打印机也可能出现卡纸、没墨等情况。更换是很简单的，只要在网络上搜索一下就可以找到。

最后，开会时一般都会使用投屏。如果临时发现自己的电脑或手机不能投在显示器上，会很棘手。要看你用的是什么设备。如果是传统的形式，你需要找到合适的接头的线(一般不是VGA就是HDMI)。VGA接头上有很多针，HDMI一个呈现凸字形，一般设备接口都有着明显标识。如果你使用的是无线网络或者是蓝牙，要保证两个设备连接在同一个网络中，之后按照显示器中的具体操作规则就可以连接。

看过学长的建议，小董解决了自己在职场中遇到的很多问题。再也没有人觉得他是一个什么都不懂的职场“小白”了。

分析：作为一个职场新人，有意识地学习职场中发现的一些知识，尤其是那些通识性的知识，提高自己的技术水平，可以解决职场当中的很多问题。要尽快摆脱职场“小白”人设。

活动与训练

简历制作

目标：运用Office软件制作一份图文简历。

活动形式：软件操作。

道具：个人文字、图片、视频介绍信息。

过程：

1. 运用所学的 Office 软件制作一份新媒体简历(图文、视频相结合)。
2. 结合自己做的简历做一个 3 分钟自我介绍。
3. 依据排版、形式的创新，内容的逻辑结构，现场讲解与展示的配合度等因素打分评比。

探索与思考

1. 如何结合实际应用学习日常办公软件的使用?
2. 如何通过自学、做好学习笔记，让笔记成为随时可查的技术资料?

第二节　高效执行力

学习目标

1. 了解执行力的内涵。
2. 提升执行力的方法。
3. 克服拖延症。

导入案例

阿甘的故事

《阿甘正传》是美国一部励志电影。主人公阿甘出生于第二次世界大战结束后的美国南方亚拉巴马州一个闭塞的小镇。他先天智力不佳，腿有残疾，智商只有 75。在阿甘儿时，身边的人并不能看到阿甘以后会成为什么人，在他们眼里，阿甘不过是个智力低又残疾、一辈子也没出息的孩子罢了。

阿甘从小受到小伙伴的欺负，他只有珍妮一个朋友。小伙伴欺负阿甘，珍妮对阿甘大声喊："跑，阿甘(福尔斯特)，快跑"(Run，Forrest ! Run away ! Hurry!)。于是阿甘就什么也不想地跑下去了，最后挣脱了腿上辅助行走的辅助器，将跑步锻炼成了自己一生的技能。

在军队里，教官让他好好练习装卸枪支，尽量地快、完整。阿甘就心无旁骛、专心致志地练习。最后他做得就是又快又好。从战场上全身而退的阿甘成为英雄，并返美接受林登·约翰逊总统亲手颁赠的荣誉勋章。他的战友布巴与阿甘约好服役结束后开捕虾船。阿甘坚守了约定，并且成了一个百万富翁。

阿甘凭借自己的真诚、努力、认真，风驰电掣般地不停奔跑，最终赢得了好运气、好结果。

分析：有时候认真执着就能将事情的发展推向成功的一面。但是怎么才算认真执着呢？其实就是坚定不移的执行力。执行力是一个良性的循环过程，执行力越强，做事情的成功率也就越高，结果也就离预期越近。

一、 什么是执行力

执行力，指的是贯彻组织或个人意图，完成预定目标的操作能力，是把企业战略、规划转化成为效益、成果的关键。执行力包含完成任务的意愿，完成任务的能力和完成任务的程度。

对个人而言，执行力就是办事能力、办事效率；对团队而言，执行力就是战斗力、创造力；对企业而言，执行力就是经营能力、生产能力。而衡量执行力的标准，对个人而言，是按时按质按量完成自己的工作任务；对企业而言，就是在预定的时间内完成企业的战略目标。

执行力是不是一个恒定量。不同的执行者执行同一件事情，可能会得到不同的结果。执行力不但因人而异，而且还会因时而变。如果想解决执行力不足的问题，就必须先深刻理解影响执行力的主要因素，然后运用有效的方法去逐个解决，提升执行力。

执行力既反映了组织(包括政府、企业、事业单位、协会等)的整体素质，也反映出管理者的角色定位。管理者的角色不仅仅是制定策略和下达命令，更重要的是具备执行力。执行力的关键在于透过制度、体系、企业文化等规范及引导员工的行为。管理者如何培养下属的执行力，是企业总体执行力提升的关键。

（一）执行力的分类

执行力分为个人执行力和团队执行力。

个人执行力是指个人将团队或上级的意愿、想法，按时、按质、按量付诸实践，通过行动转化为目标结果的能力。不同的个人，会有不同的执行力表现，例如，企业管理者的个人执行力主要是战略决策力、组织管理能力，而企业员工的执行力主要是完成具体任务指标的行动力。

团队执行力是指一个团队把组织的战略决策持续转化为结果的满意度、精确度和速度。它是一项系统工程，表现出来的就是整个团队的战斗力、竞争力和凝聚力。

与团队执行力相比，个人执行力取决于个人的工作方式与习惯，以及是否熟练掌握管人与管事的能力，是否有正确的工作思路与方法等特质。许多成功的企业家也对团队执行力做出过自己的定义。通用公司前任总裁韦尔奇先生认为所谓团队执行力就是“企业奖惩制度的严格实施”。而中国著名企业家柳传志先生认为，团队执行力就是“用合适的人，做合适的事”。

（二）执行力的原则

执行力的前提是需要一个目标和计划的，也就是要执行的客体。而作为执行的主体，可以是个人，也可以是组织，不同的角色需要的执行力和标准也不一样，但是执行力的体现和评估，先决条件就是目标的设定。这个目标的设定，非常符合“SMART”原则的特点(如图 6-5)：

——目标必须是具体的(Specific)；

——目标必须是可以衡量的(Measurable)；

——目标必须是可以达到的(Attainable)；

——目标必须和其他目标具有相关性(Relevant)；

——目标必须具有明确的截止期限(Time-based)。

有了这样的原则设定，执行力就变得可衡量、可实现，团队和个人之间也可以有明确的分工，从而保证整体执行力的结果。

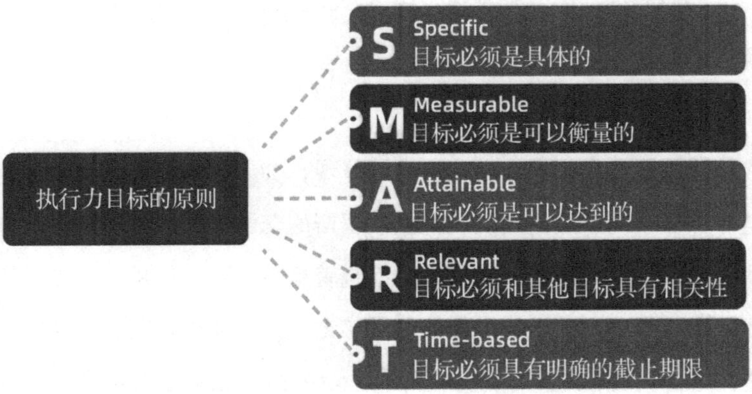

图 6-5 执行力目标原则

（三）执行力的三要素

个人执行力的三要素分别是意愿、能力、环境(如图 6-6)。意愿就是要有执行的意愿，主动积极尽全力把事情做好，如果不想做，肯定做不好。执行的意愿来自目标、利益、危机。有目标才有愿望，有利益才有动力，有危机才有压力。能力就是完成任务的方法、技能、知识，也是执行意愿的保障。环境的影响就是指团队文化、人文环境这些对个人执行过程中的影响。好的环境会是催化剂，坏的环境也会严重地影响执行力的效果。

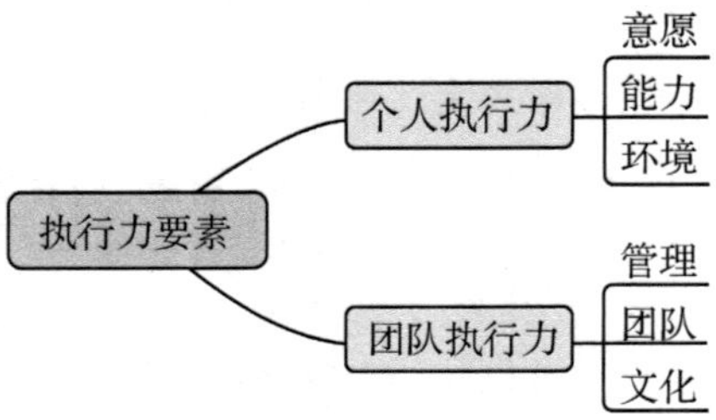

图 6-6 执行力要素

团队执行力的三要素分别是管理、团队、文化。管理是指团队有认同的领导和管理层，管理者具备足够的领导力去制定团队战略。团队则是指团队成员之间的匹配度、协同能力、凝聚力，可以最大化地执行管理层的意志。文化指的是企业文化或团队文化，也是保证执行力长久持续的根基。

二、 提升执行力的方法

执行力的提高关键在于影响执行力的关键因素。这些因素包括团队文化、个人价值、客户价值、结果导向、沟通表达、运行机制等。接下来我们逐个了解在这些关键因素的提升上，组织和个人都能做什么。

（一）团队文化

团队与组成团队的成员之间都存在执行力的体现，个人的执行力也会影响到整个团队的执行力。企业中会有许多不同层级的团队，就像俄罗斯的套娃一样，一层一层地彼此包含、彼此影响，所以团队文化对于是每个单元的执行力都起着至关重要的作用。首先是团队氛围，团队的氛围是通过团队中每个成员展示给大众的一种感觉，或是风格。我们也经常听到“狼性团队”这样团结、奋进的感觉的团队名称，也会听到别人说这个团队价值观很正、很务实、很有活力，那个团队很浮夸等。团队的氛围就像是基因一样，会影响团队中每个人的工作风格和行事原则。所以这也是为什么越大的企业越重视企业文化的建设。

从组织管理者角度，应该努力为团队去营造积极向上的文化氛围，增加团队间的合作、分享，同时也保持彼此之间的竞争。管理者拥有言出必行、信守承诺、永不言败等能给予团队力量的品格是建立团队信任的关键。

从团队中的个人角度，应理解和认同企业的文化和价值，不遗余力地执行和践行这个承诺。在工作中，个人的办事风格有时候也会对团队的文化形成影响，甚至优化和升级组织的文化。只要是积极的、得到团队认可的，再小的贡献和价值，也会成为组织价值。这就要求每个个人肩负起文化塑造的责任。

总之，在提升执行力方面，团队文化先行，个人认同是保障。

（二）个人价值

个人的价值包含了多个方面，包括个人能力、品格、习惯三个方面。只有提升了这三个方面的具体能力才能提升个人的执行力。

1. 个人能力

个人能力是指完成任务的业务能力、专注力、规划力。这几个能力是保证完成任务的效果、保证完成任务时间的关键能力。做事情逻辑能力强，将事情安排地井井有条，最基本的一点就是尽职的完成岗位工作所要达到的能力。例如，你是一个平面设计师，那你就能运用相关的软件、专业的设计方法去完成图片的设计、美化。接到任务的时候，对自己的工作流程是清晰的，是有计划的，这样才能保证最后设计的作品是有价值的。

2. 个人品格

个人品格包括价值观、团队精神、韧性。价值观的积极正向其实是保证执行力提升的关键。一个喜欢投机取巧的人，他的执行力一定是不稳定的，也是没有保障的，很可能中途就让项目夭折。正确的价值观也包括个人责任感。工作中对个人负责、对企业负责、对客户负责、对社会负责，这样的价值观再加上团队精神，也将事半功倍。因为我们完成一项任务，总需要和他人配合合作，甚至是和机器合作。保证这样合作的高效，就是团队精神中的分享、包容，彼此承担责任，遇到困难也会保持专注去解决问题而不是选择逃避。这样的业务能力总结起来就是一句话——“我是来解决问题的”，为了解决问题会想办法，而不是把问题推给别人。

3. 个人习惯

个人习惯包括时间观念、工作流程。执行力有个很重要的考核标准就是按时完成。很多人都喜欢压着最后一刻去完成和提交任务。这样的风险其实是非常大的，也是时间观念或时间管理的问题，更是工作流程安排的问题。如何提高时间管理的能力？我们后面会专门地讲，如何帮助我们避免“拖延症”，提升个人工作效率，优化工作流程，掌控我们可以控制的，让自己有一个良好的工作习惯，体现个人的工作价值，得到团队的认可。

（三）客户价值

客户价值其实是我们在工作中的一种换位思考。这个客户可以是公司的客户，也可以是认可你工作的领导。客户价值就是员工要时刻站在对方的角度考虑：我这么做，客户会满意吗？他会买单吗？这就是我们在企业里经常说的客户视角。我们追寻客户价值最大化的过程中就会对自己有很多要求。当这些要求和标准都实现了，也做到了让客户满意，那我们的执行力效果也就实现了。

（四）结果导向

执行力的本质其实就是以结果为导向，目标为导向。如果执行者不以结果为导向，只是单纯地完成任务，就会出现例行公事、应付了事的情况，既不对过程负责，也不对结果负责。

如果在执行的过程中以结果为导向，则会出现成功或失败两种结果。结果的衡量标准包括：完成的时间、完成的质量、完成需要的成本等。在执行任务的过程中，执行者都应该以结果为导向，保证每个环节的效率，对结果负责。这样，才会使得自己的执行力提高。

（五）沟通表达

沟通表达在执行环节中还是起到承接、激励作用的。正向的沟通和对外表达，会让我们的工作成果得到团队或者领导的认可。这样的认可或者是互动还是非常有激励作用的。人的大脑保持兴奋的状态就需要短期的实时的奖励，这就是为什么游戏总是很吸引我们，因为在游戏里我们实时和系统有互动，系统也会通过金币、经验值实时的奖励我们。在工作中，不能一味地闷头干，需要在过程中关键的时间节点和你的同事、领导进行必要的反馈和互动，这样才能及时地纠错调整。当然，也要避免另外一个极端，就是事无巨细地汇报和请示，这样是缺乏自信和独立思考能力的体现，所以关键的时间节点或者任务节点的把握，以及沟通的方式就非常的重要，具体沟通相关的技巧我们后面也会详细地讲解。

（六）运行机制

运行的机制更新是描述一部机器的运转，就是不同的零部件之间配合、运转、互相支持的结果。个人有个人做事的运行机制。这个机制是否高效，就会影响整个执行的效率和效果，而团队的配合机制是否合理，也会影响到团队的执行力。那么什么是个人的运行机制和团队的机制呢？

首先，个人做事的机制就是前文提到的个人习惯。个人风格很强，差异也会很大。我们在工作中应该经常反思我们自己的习惯和风格是不是足够高效，是不是很合理。同时，也要和身边的人学习好的习惯，就像校准机器一样，通过不断地实践去调整个人做事的习惯，形成一个更高效的机制。

其次，关于团队的运行机制，一方面是流程上的机制是否设计合理，分工是否明确，团队成员是否能胜任分工，一环出了问题，其他环节有没有补救方案和机制。另一方面就是团队激励机制。这样的机制是对成员的实时激励，也是驱动组织高效的法宝。当团队的运行机制构建完善了，与个人的机制紧密配合，协调统一，就是团队高效执行力了。

三、 克服拖延症

其实每个人多多少少都有拖延症的症状，拖延症普遍存在。如何克服拖延症，其实与执行力“按时按质按量”都会产生关系，而且也是个人提高执行力的焦点所在。

关于克服拖延症的方法有很多，大多是将大目标化为小目标、加强时间管理这一类，但是在实际的执行过程中，效果并不是很明显。我们仔细观察生活中的一些拖延症的情况，就会发现一个规律，就是越需要创造力的任务，拖延症越明显，越是机械性的工作，反而越不容易拖延。例如，工地盖楼搬砖，工长布置的任务是 20 分钟将这一摞砖搬到工地的 3 层，20 分钟后回来看，即使没搬完，也能清晰地看到成果。相反，如果是创造性的工作，它的产出和时间不是线性的关系，就是完成的质和量不随着你参与的时间多少而有明显变化，我们的大脑很容易在一开始就逃避这样的任务，因为缺乏了这样的实时反馈和实时的奖励，从而就造成了拖延。

所以避免拖延症最好的办法，也是一个组合的办法。先将任务细分，因为与一个大的任务相比，小任务还是相对容易完成的。拆分之后，就是在每个任务完成的节点设置必要的奖励。这种奖励也是多样的，也包括和团队或者领导的阶段性汇报，他的认可和否定其实都会让你的大脑继续保持兴奋，压力也是动力。当然，在完成小任务的过程中，我们还有一些策略，例如，在整个任务开始前，把主要的创意性的工作完成，至少完成大的框架的设计，然后在执行过程中，让小的任务在既定的框架下机械化的去完成。例如，写一篇文章，写作和艺术创作都是创造性的工作，开始动笔前，会花精力去设计文章的结构，每个结构的关键知识点。一般是通过思维导图的方式，这样思考过程也需要不停地查阅、比较、思考之后，就会休息一会儿，算是阶段性奖励吧。等再次回到写作中的时候，只需要在之前的文章结构里填充具体的内容。这个过程就不需要很高的创造性，就像在讲述、在说话一样，最终保证了产出的结果“按时、按质、按量”。

以上克服拖延症的方法其实和高效执行力的方法是一脉相承的，所以我们努力提高自己执行力的过程。就是克服拖延症的过程。无论在职场还是生活中，都是提升我们个人素养、个人魅力、个人能力的过程。言必出行必果，才能活成我们想成为的样子。

总结案例

程序教学法

斯金纳设计的程序教学法，在美国教育界影响深远，作为一名实验心理学家，斯金纳的理论发现是从动物学习的实验开始的。他设计了一种被称为“斯金纳箱”的实验装置，里面装着一只饥饿的老鼠，一根控制杆联系着食物箱。老鼠在箱子里活动，每压一次控制杆就能得到一颗食物。这样，老鼠不断地压控制杆，不断地得到食物，不久就“学会”了这种取食方法。在这里，取到食物就是对老鼠操作控制杆的一种强化。随后，斯金纳重复对鸽子、猫等动物进行类似的实验都证明，及时地给予奖励、强化，是促进动物学习的主要因素。

由动物而推断人，斯金纳认为，人类的学习也是一种操作反应的强化过程(“强化”在他的教学理论中占有核心的地位)。通过操作性强化，一个比较完整的新的行为单位可以被学会，或者一个现存的行为单位可以被精炼。而要使教学或者训练获得成功的关键，就是要很精确地分析强化效果，并设计操纵这个过程的技术，建立一个特定的强化系列。也就是说，根据学习的目标，在促进学习者学习时，要不断地给予强化，促使学习者向着学习目标迈进。

程序教学法有以下四个原则。

积极反应原则。一个程序教学过程，必须使学生始终处于一种积极学习的状态。也就是说，在教学中使学生产生一个反映，然后给予强化或奖励，以巩固这个反应，并促使学习者做进一步反应。

小步子原则。程序教学所呈示的教材是被分解成一步一步的。前一步的学习为后一步的学习作铺垫，后一步学习在前一步学习后进行。由于两个步子之间的难度相差很小，所以学习者的学习很容易得到成功，并建立起自信。

即时反馈原则。程序教学特别强调即时反馈，即让学生立即知道自己的答案正确，这是树立信心、保持行为的有效措施。一个学生对第一步(学习的前一个问题)能做出正确的反应(回答)，便可立即呈示第二步(第二个问题)。这种呈示本身便是一种反馈：告诉学生，你已经掌握了第一步，可以展开第二步的学习了。

自定步调原则。程序教学允许学习者按各人自己的情况来确定掌握材料的速度。这与传统教学在课堂传授中一般以“中等”水平的学习者为参照点的教学法不同，传统教学法使掌握快的学生被拖住，而学习慢的学生又跟不上，致使班级学生之间学习水平差距越来越大。程序教学法相对显得比较“合理”，每个学生可以按自己最适宜的速度进行学习。由于有自己的思考时机，学习较容易成功。程序教学的设计当然要按照教材内部的逻辑程序，既要保证学习者在学习中把错误率减少到最低限度，又要合理地设计教材，使每一个问题(每一小步)都能体现教材的逻辑价值。

分析：学习是学生时代的主要工作任务。当我们进入职场后，工作就是职场的主要任务了，完成任务的方式方法都是近似的。提高执行力的方法，不仅可以用于工作中，更是我们提高学习成绩的帮手。

活动与训练

团队任务实战

目标：体会团队执行力和个人执行力之间的边界，提升对执行力的理解。

活动形式：团队合作执行任务。

道具：班级任务。

过程：

1. 运用总结案例中的程序教学法，将自己的一项计划或者班级的一项团队工作进行规划和执行。

2. 完成计划后，形成一个项目总结，以分享的方式，展示计划的执行情况、分工、团队的配合等。

探索与思考

1. 克服拖延症与提高执行力有因果关系吗？

2. 执行力是一项综合能力还是单项能力？

第三节 职场终身学习

学习目标

1. 了解终身学习的意义。

2. 掌握终身学习的方法和途径。

3. 成为职场“高手”。

导入案例

改变世界的程序员

杰克·多西(Jack Dorsey)先后是推特(Twitter)和Square的创始人兼CEO。前者改变了全世界实时信息的流通，后者将使得全世界商业交易数据化、可视化。他是一个非常成功的创业者和产品经理，拥有强烈的好奇心和强大的付诸实践的能力。

在14岁的时候，杰克·多西就已经开始为出租车公司开发车辆调度的开源软件，至今仍有部分出租车公司在使用这些软件。这都源自他对城市中的公交车、救护车、警车、火车的线路调度的兴趣，然后开始了他的实践。

在一次演讲之后的访谈中，他说："最好的程序员大多数都是自学成才的。"听到这样的话其实一点也不奇怪。一次参加国内的技术开发者大会，很多业界的企业家和技术专家在场，我问大家有多少人还是从事着自己大学本专业的领域，在场举手的人寥寥无几，为什么呢？

其实杰克·多西本人就是一个自学成才的例子。与乔布斯、扎克伯格一样，多西也没有读完大学。他解释说："我在校外学得更多而且更有效率。"学校的教育打开了这些事业成功者的世界，当他们进入新的世界，发现学习之路才真正地开始。他们在自己的职业生涯中，从没有停下学习的脚步。也是在这样的不断学习中，找到了自己事业的方向。

分析：很多人以为进入学校是学习的开始，其实离开学校才是学习的开始。学校为我们走入职场打开、铺平了一条道路，未来能否在这条道路上走好，全依赖在这条道路上的人如何去不断提高自己的能力和技能。学习是一辈子的事情。

一、 职场终身学习的意义

（一）时代发展的趋势

当今社会，日新月异的新知识新技能让我们轻易地可以接触到很多对我们有益的知识，但是相应也会产生更多的挑战。技术更新换代的速度让人目不暇接，数字化的革新也正在改变着世界。它不仅为人类提供了新的生产手段，带来生产力的大发展和组织管理模式的变化，还引起了产业结构和经济结构的变化。21世纪，"产业型工人"的概念也逐步改变着传统企业的人才能力模型。要想跟上时代发展的脚步，就要不断地学习。不学习将面临职业危机，影响个人职业发展，甚至影响企业与国家的发展。

随着国家制造经济向服务经济地转变，知识技能的价值将大大地取代物质的价值，体力劳动者(生产型工人)逐渐转变为脑力劳动者(知识型产业型工人)。因此，社会对知识型、技术型人才的需求量也会继续上升，并要求他们掌握更多的知识、技术，以及较高的职业素养，成为多元复合型人才。

“终身教育”这一术语出自 1965 年在联合国教科文组织召开的成人教育促进国际会议。会议期间，由联合国教科文组织成人教育局局长法国的保罗·朗格朗(Paul Lengrand)正式提出以来，短短数年，已经在世界各国广泛传播。这一概念当初仅被理解为对成年人进行职业培训以适应生产的变革。发展到最近几年，“终身教育”的理念已经发展成为“终身学习”，由教育变成学习，更多的是主观意愿的迁移转变，更强调自主性，学习也更加具有社会化的特点。

终身职业技能培训。随着新技术的迅速发展和技能人才需求的不断增加，2018 年，国务院发文强调实施终身职业技能培训、突出了“技能”的终身学习。应当引起人们重视。

未来 10 年会是一个职业和职业需求都迅速变化的时代，过去那种把学历读到很高，然后一辈子靠学历混的策略已经过时了。未来的职业发展会以 3～5 年为一个阶段，每个阶段之间都需要系统地重新学习新领域的知识技能。在职培训、证书与学历教育将会成为常态，通过自学的方式提升技能会成为潮流。企业也会逐渐通过员工培训，甚至是企业大学去培养自己的员工。终身学习的时代到来了。

（二）职业生存的需要

在职场，没有学习能力和意识的人，就没有未来。听起来似乎很残酷，但事实确实如此。这个世界发展、进步得太快了，那些二三十岁就早早停止进步的人很多。也许他们不愿承认，他们已经被时代甩在了身后，也早因此而茫然。这类人也有一个共同的特征，就是不知道怎么自学，也过早地停止了学习。给自己的职业生涯可塑性和前途提前按上了暂停键。

谈到生存，似乎是人类或动物的一个本能，职场生存其实也有很多选择是本能。当人面对高压的情况下，这样的本能也会越来越强烈。职场的竞争是残酷的，要求每个职场人不断地挑战自己的能力。当你无暇应对这些挑战的时候，只有一个方法是可以改变现状和可能改变未来的，那就是不断地自学，学习在职场中最实用、最解决问题的技能，在职场中学习提高个人意识和眼界的知识，在职场中学习成为自己想成为的样子。

据有关部门的研究表明：25%的公司雇员 1 年之内被解雇，半数以上 5 年内被解雇。2020 年最热门的 10 个工作中有一半是最近两三年才出现的或者火爆起来的。职业更新的速度代表着职业技能的变迁和企业需求的变迁，也是为即将进入职场的年轻人提供了更多的可能性。只要不停止学习，就一定可以找到自己的职业发展之路。

（三）赢得尊重的需要

我们经常听到这样一句话“大家都是靠本事吃饭”。想要在职场赢得同事、领导、客户的尊重，要有过人之处，甚至是超高的职业素养。我们每个人都希望得到别人的认可，期待自己的努力可以得到领导的认可，更期待自己的努力为企业创造价值。一个人想要赢得这些，首先得是一个不断学习进步的人。运用个人不断学习的成果去为企业创造远超他们预期的结果，必然就会得到大家的尊重。

相反，那些早早停止成长的人，甚至可能听不明白大家说话的内容和主题，常常会让同事觉得跟不上节奏，慢慢地也就会成为大家不愿意合作的对象；从领导的角度，会觉得这样的员工完成的工作任务总是打折扣的，就别提超预期了。最终的结果也可想而知，同事和领导都不认可，离开就是迟早的事情了。

一个人的魅力一方面源自他的专业能力，另一方面也是他内在的修养足够吸引别人，这样的人大家都喜欢。这样的人也会得到更多的人帮助，这样的帮助更加助力你的职业成长，自然就会是一个良性的循环。因此，职场的终身学习能力是一种个人职场魅力，是赢得大家尊重的必然因素。只有自己提高了，你外在的环境也会自然地提高，你也会让自己变得更加的强大和值得尊重。

（四）提升幸福感的需要

幸福感是一种心理体验，是我们基于自身的满足感与安全感而主观产生的一系列欣喜与愉悦的情绪。职场本来就很残酷了，如何能在职业中找到属于自己的幸福感和成就感，其实也是不断学习之后的附加价值。

35 岁的小王在一家世界 500 强企业工作，在旁人看来，她是同龄人中的佼佼者：工作稳定、收入丰厚，在北京靠自己的打拼有了房、买了车。但是她经常愁眉不展，感觉自己不知道为什么忙碌：“原来在学校门口吃个麻辣烫，和朋友路边吃个烤串就感到幸福感爆棚，现在越来越少有这种感觉了”。

生活中，像小王这样的人其实不在少数。国内也曾经有过很多关于幸福感的调查，大量的数据显示人们对自己的职业不满意。越是大城市，幸福感越低。当然，提高幸福感的方式有很多，也涉及多个方面，如就业状况、收入水平、职业成就、社会价值等。而这些因素的改变和提升，都需要通过终身的学习，最终提高整体人生的幸福感。我们对知识技能的不满足会驱使我们不断提高自己，同时也会弱化物质上的欲望。这样一正一负，最终也会带来幸福感的提升。

二、职场终身学习的方法与途径

（一）终身学习的方法

1. 养成终身学习的习惯

习惯，就是积久养成的生活方式。我们会有很多好的习惯和坏的习惯，大多数习惯需要我们长时间的重复性地锻炼才可以养成，终身学习也是这样的一种习惯。如何才能养成这样的习惯呢，这里也给出了一些建议。

(1)随时做笔记

做笔记的方式已经不再局限于过去的纸笔，我们随手可用的手机已经为我们提供了各种做笔记的工具，或是语音，或是视频、图片。做笔记更重要的是对笔记的整理和总结，让笔记成为我们随时可查的工具才是最关键的。很多人做笔记或者拍照记录后就再也不看了，也不去分类总结，这样的笔记是没有意义的，只是一种自我安慰，对于自身能力的提升没有任何帮助。所以这里讲的随时记录笔记的习惯更多的是指总结后的笔记。

(2)有计划地学习

试着列一个计划表，把你想学的和需要学习的技能和知识列出来，做一个优先级的排序。然后，把这个表格里排在最前面的那一个，努力地去学会、掌握。当我们每学习一个技能，就重新审视我们这个计划表，你会发现会有一些新的计划出现，而优先级也会随之变化，但是每次我们都立刻开始排在最前面的那个技能的学习。久而久之，你会发现很多我们原本以为很重要的东西，其实并不重要，因为我们每次的进步就是在进化，这也是有计划地学习的优势所在。

(3)多思考、多联想

思考和联想都是我们不断获取新知识的起点和导火索，也是学习中的趣味所在。你会发现越思考，新奇的知识就会越多。这也是和上面提到的计划有些关联的，正是我们在工作中的思考，才启发了我们去学习和掌握新的技能，也是思考让我们在工作中有了创新的能力。所谓“举一反三”就是思考和联想的结果。

(4)多结识“高手”

生活中、职场里都有很多“高手”，就像武侠小说里的大侠，他们都有自己的独门绝技，他们也是真正的专家。与这样的高手过招(交流)是我们学习中最便捷快速的途径。随着互联网文化的发展，我们也可以更容易地与这些高手学习，即使他们远在天边。

(5)分享所学

最好的学习方式就是“教”。自己学会了，还能给别人讲明白就代表你真的学会了。这是诺贝尔奖得主、著名的教育家费曼提出的“费曼学习法”。这种方法不仅高效，而且还可以在给别人讲的过程中发现一些我们原来模糊的知识细节。同时，因为你的分享，你也会结识更多的朋友。

(6)多尝试挑战性任务

无论工作中还是生活上，多尝试一些自己从没做过的、有挑战性的事情。这样的事情一方面提升了我们的能力，另一方面也会让我们有勇气迎接未来不确定的新的挑战和机遇。我们常说机遇是留给有准备的人的，就是指平时我们多训练，才在关键时刻考验我们的抗压能力和完成任务的能力。

(7)善用工具

学习过程中，我们可以用到的工具和手段越来越多样化。工具会大大地提高我们学习的效率。在养成学习习惯的过程中，善用工具，形成自己的习惯和方法论，对于学习的效率和效果还是有很大保障的。

(8)多实践

纸上谈兵的故事我们都听过，说得再多不如练出来。实践出真知，即学即用是个不断循环的过程。对于知识和技能的掌握，实践的过程当然很重要，更重要的是对于实践结果的总结和思考，然后再开始新的实践。

2. 掌握学习的方法——刻意练习

以下是一本畅销书《刻意练习》的作者序言，其实它很好地阐述了一种学习的方法和理念，就是有意识地去练习，而不是盲目地、无意识地、不断机械地重复。这是一个全新的理念，很多读者也通过这样的刻意练习，真正掌握了一些他们从前认为不可能学会的技能。

《刻意练习》序言(节选)

无论是学习的技能，如打球、开车、弹琴、烹饪，还是提升关键的工作能力，如写作、销售、编程、设计，都离不开大量的练习。但是，我们通常对练习有很多误解——练习就是不断重复吗？不是。不断重复只是“天真的练习”，无法带来进步。“正确的练习”需要好导师、有目标、有反馈……我现在已经成年了，练习什么都已经晚了吧？不是。无论你是孩子还是成年人，无论你是否有“天赋”，只要掌握正确的方法，你的梦想都可以实现。如果你相信“21 天学会 C 语言”“3 天学会弹钢琴”，那么本书不适合你。如果你不满足于自己的能力只是“足够好”，一直在追求“非常好”，那么本书就是为你而写的。放弃一切错误方法，从今天开始“刻意练习”，因为这是最强大的，也是唯一正确的学习方法。

——安德斯·艾利克森

在我们的日常工作中，有很多我们一开始害怕或者担心学不会的技能或者操作。如果我们只是机械性地重复。随着时间的增加也许会学会这项技能，但是不如一开始，我们就找到学会这项技能的一些方法或者规律，然后再去有意识地不断练习。边练习边完善我们掌握的一些规律，最终完成整个学习的过程。

（二）终身学习的途径

学习的途径在这个科技和信息大爆炸的时代，似乎不再是一个难题。我们可以从书本里学习，也可以从各个在线的学习平台去学习，也可以去参加各种各样的培训班去学习。只要我们想学习，就总能找到途径。也许在未来还会有新的学习途径产生，我们更多需要做的是对学习途径进行筛选，选择适合自己的学习。

对于信息的检索和筛选是我们在职场学习中很重要的一个能力。同样一个搜集资料和信息的工作，不同的人搜集到的内容是不一样的。这样的不一样有两个方面，一方面是信息量的大小不一样，另一方面是信息的质量不一样，最终导致学习的结果也是不一样的。比如，有些专业领域的知识只存在于专业的网站，通过百度搜索不能直接找到；有些高质量的图片也存在于专业的网站，甚至是需要用多语种去检索才能找到符合我们需求的内容。过去的你是不是还只会凡事问“度娘”呢？如果是这样，那你的检索信息的能力就相当的有限了。我们应该学会的是多渠道、多方法的去寻找我们需要的信息。之前我们也提到过自己做笔记和整理笔记的重要性，其实自己的笔记就是每次你检索信息的第一站，因为平时自己的收集是最有效、最重要的。

对信息进行收集和筛选之后，我们就会得到有价值的信息。选择一些学习平台或者软件也是同样的方法，这样我们会发现生活中处处都有我们学习的途径。曾经有一位设计师说他最怕陪女朋友逛街了，后来他说他把他逛街的注意力转移到了店面的装修设计、衣服、首饰设计，甚至是产品包装的设计上，他发现他一下爱上了逛街，因为他发现每次逛街他都能发现好的设计作品，也能找到很多设计的灵感。这是一个典型的学习高手的学习方式，变相地增加了自己学习的途径。所以，只要我们多观察和多思考，生活中处处是学习的机会。

三、 成为职场上的“高手”

之前我们知道了很多学习的方法和途径，也提到了刻意练习，最终的目标就是成为某一领域的“高手”。这样的高手对于技能的学习似乎是一个终极目标，那么有没有这样的方法呢？答案是肯定的，成为职场的高手不是某一项技能的习得，也不是一场真正意义上的技能比拼，它更多的是一个人综合能力的体现，是职业素养加上你的专项技能，所给大家展现出来的综合形象。这样的高手才是真正的高手。

社会是一个复杂的综合体。在这个综合体里，我们也许在专项的技能上表现得很出众，但是很多时候，也需要一些软实力的提升。这些软实力体现在方方面面，包括你的沟通能力、表达能力、抗压能力、思维方式等。我们经常看到平时训练成绩非常优秀的运动员，在大赛里发挥失常的例子。是他的专业能力不行吗？肯定不是，一定是心理因素导致的。这种心理因素其实是可以通过平时的训练克服的，可以通过训练将这样的因素的影响降到最低。所谓高手，就一定是内外兼修。能力越强的人，内在的职业素养起到的作用越大。

成为职场高手的很重要一个思维就是技能迁移，就是如何把我们之前学到的技能，最大化地转移到新技能的学习上，或者是如何将我们之前的岗位工作经验，最大化地转移到新的工作或挑战中。事实上，所有行业的第一批先驱都是跨界转行过来的，也是最早的技能迁移者。他们把原来学到的能力和经验很好的迁移到了新的领域，成为这个行业新的竞争者和创新者。所以终身学习才如此的重要，也是我们修炼成一个职场高手的唯一途径。

总结案例

克拉克现象

克拉克现象(亦称“克拉克魔咒”)是指优秀运动员在重大比赛中不能正常表现出所具有的竞技能力，比赛失利的现象。罗·克拉克是20世纪60年代世界著名的澳大利亚长跑选手，他曾19次打破5000米和10000米的世界纪录。然而，正是这位出类拔萃的优秀运动员，在他参加的两届奥运会上(1964年、1968年)均未登上冠军的宝座，仅获得过一枚铜牌。并且，在两届奥运会当年他的最高成绩都大大超过了奥运会冠军的成绩。因此，克拉克被人们称为“伟大的失败者”，研究者也借用“克拉克现象”来研究最优秀选手的大赛失利问题。

1964年，在日本东京的奥运会跑道上，一个不知名的美国人比利·米尔斯(Billy Mills)在临近终点时忽然加速，超过了之前一直保持领先的克拉克，在最后一刻粉碎了克拉克夺冠的梦想；1968 年墨西哥城奥运会上，墨西哥高原 2259 米的海拔击败了他。因为严重的高原反应，克拉克在 10000 米的比赛中忽然摔倒在地，被救护人员抬出赛场，差点丧命，心脏因此受到永久性损伤。

分析： 克拉克这样优秀的运动员，取得过很多优秀的成绩，但是在奥运会这样的关键场合却总是遗憾落败，这样的现象其实在职场中也经常出现。如何做到关键时刻“不掉链子”，就是需要我们通过终身学习的方式不断地提高自己的职业素养。

活动与训练

自学一项技能

目标： 掌握自学的方法。

活动形式： 技能成果展示。

道具： 技能成果（可以是一张图、一个物件、一篇文章）。

过程：

1. 让学生列出自己认为最重要的、想学习的知识和技能，并对技能做一个优先级的排序，然后写出排在第一项技能的学习计划和学习方法、途径。

2. 执行完成计划，做一个成果展示比赛，同时分享自己的学习心得。

探索与思考

1. 你所学的专业领域好的学习平台和工具有哪些？

2. 终身学习是一种习惯还是一种心理观念？

模块总结

俗语说“一技之长好防身，安身立命少彷徨”。面对职场生存的残酷，每一个职场人如果只有一技傍身，可能还是不够的，还需要掌握很多通用的、必备的工具和软技能。在过去，一个工厂的普通工人在日常的工作中，可能只需要操作一些专业的工具设备或是填写一些纸质的档案就可以了。随着时代与科技的发展，我们的生活越来越智能化，工厂的设备和工具也智能化起来，传统的工人已经升级成为产业工人。他们每天操作着智能化的生产设备，工厂里大量依赖体力的工作都被工业机器人所替代，对新时代产业工人技能的要求就更高，所需要掌握的技能也和以往不太一样。当然，在众多的技能里还有一些技能是不分行业不分专业的，是通用技能。这部分技能成了职场人的必备技能，甚至是最低标准，所以在学生阶段，就应该提早学习和掌握这些通用技能。单纯依靠体力劳动的时代已经成为过去。

职场的技能从操作层面可以分成两类，一类是通用类的技能，另一类是专业类技能。从另外一个维度，又可以分为硬技能和软技能两类。而这个模块也从不同的维度使大家了解职场常用的操作类技能的基本功能以及学习方法，同时也包含了一些团队合作和个人成长中必要的软技能。

扫码进入微课堂

MODULE7

模块七
职场关键能力提升

标准引领

知识 1. 了解解决问题的步骤。

2. 了解归组分类的方法。

3. 认识四种引起负面情绪和行为的错误思维方式。

4. 了解金字塔结构。

能力 1. 掌握驳斥错误思维方式的方法。

2. 掌握建立正确思维方式的方法。

3. 学会发现问题。

素养 1. 能够意识到正确处理压力与情绪的重要性。

2. 具备对待压力与情绪的正确方式。

学习导航

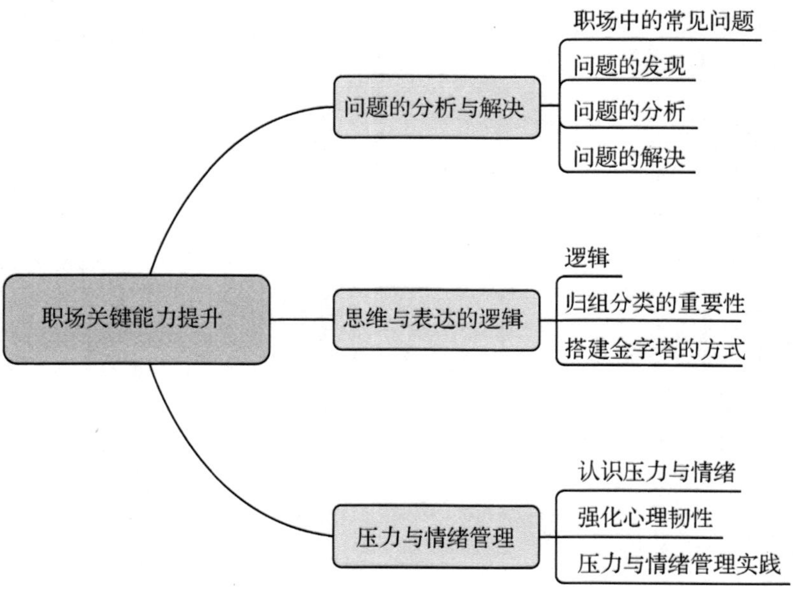

第一节 问题的分析与解决

学习目标

1. 了解问题的本质和问题的分类。
2. 学会发现问题。
3. 了解常用的分析框架与解决问题的五个步骤。

导入案例

工作中推卸责任

一个公司招聘了一名员工，但是不到半个月就把她辞退了。那位员工是一位刚毕业的女大学生，学识不错，形象也很好，但有一个明显的毛病：做事不认真，遇到问题总是找借口搪塞。

刚开始上班时大家对她印象还不错，但没过几天，她就开始迟到。办公室领导几次向她询问，她总是找这样或那样的借口来解释。

一天，领导安排她到某大学送材料，要跑三个地方，结果她仅仅跑了一个就回来了。领导问她怎么回事，她解释说："这所大学好大啊。我都在传达室问了几次，才问到一个地方。"

领导生气说："这三个单位都是这所大学著名的单位，你跑了一下午，怎么会只找到这一个单位呢?"

她急着辩解："我真的去找了，不信你去问传达室的人!"

领导心里更有气了：我去问传达室干什么？你自己没有找到单位，还叫领导去核实，这是什么话?

其他员工也好心地帮她出主意："你可以找学校的总机问问三个单位的电话，然后分别联系，问好具体怎么走再去。""你不是找到了其中的一个单位吗？你可以向他们询问其他两家怎么走。""你还可以在进去之后，问老师和学生……"

谁知她一点也不理会同事的好心，反而气鼓鼓地说："反正我已经尽力了……"

就在这一瞬间，领导下定了辞退她的决心：既然这已经是你尽力之后达到的水平，想必你也不会有更高的水平了。那么只好请你离开公司了！

分析：虽然女孩的举动让很多人难以理解，但像这种遇到问题不是想办法解决而是找借口推诿的人，在职场中并不少见。而他们的命运也显而易见。凡事找借口的员工，在单位绝对不会有任何市场。找借口的人，是不会主动想办法解决问题的，哪怕有现成的办法摆在他面前，他也难以接受。这就是一流员工与末流员工的根本区别。

一、 职场中的常见问题

（一）问题的本质

问题的本质就是期望与现实的落差。举例来说，当一家公司希望一年营收为 2 亿元的时候，如果当年营收只达到了 5000 万元，这意味着公司期望的营收和实际营收之间有落差。

问题具有两面性。对于问题来说，除了期望与现实之间的落差之外，还有落差所延伸出来的课题。也是因为这样，解决问题的基本思路应该是分两步走。第一步，先发现期望与现实之间的落差。第二步，对落差进行提问，并找到解决方案作为问题的答案。接着上面的例子来说，第一步，先发现期望营收与现实营收之间差了 1.5 亿元。第二步，选择提问“如何提升收入以消除这 1.5 亿的营收差距”，换言之，问题就是“如何提高 1.5 亿的收入”，再为这个问题思考解决方案。

（二）问题的分类

总的来说，问题可以分为恢复原状型、防范潜在型和追求理想型问题。

1. 恢复原状型问题

恢复原状型问题(如图 7-1)是指恢复成原本的状态。遇到这类问题，要把原本的状态设为预期。思考方式为，注意现状与过去的状况之间出现落差，要从落差中找到问题。例如，管理费用比去年多了 1 倍，销售额比去年少了 5000 万等。在这些问题里，人们把过去的状况设定为期待的状况，因此解决问题的办法就是恢复成以前的水平，所以叫恢复原状型问题。

图 7-1 恢复原状型问题

2. 防范潜在型问题

潜在型问题(如图 7-2)是指还未发生损害，但未来可能显在化的问题。这类问题以及这类问题带来的损害不容易被直接观察到，但是如果不及时采取措施就会转化为显性问题。例如，一位同学下周一要做演讲，但是到本周日下午还没有准备排练演讲的内容。在这个案例里，这位同学下周一可能会出现对演讲内容不熟悉、不能很好地回答观众的问题的情况，这些都是潜在的问题。如果本周日晚上还不进行排练，则上述情况就会发生。

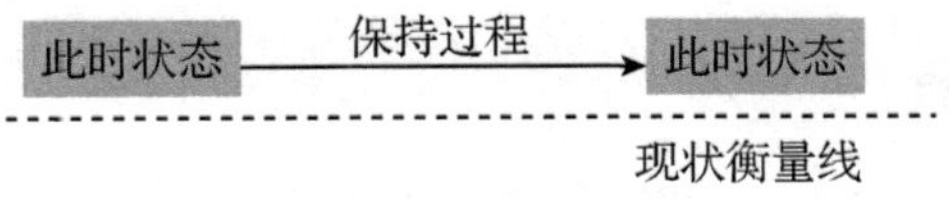

图 7-2 防范潜在型问题

3. 追求理想型问题

追求理想型问题(如图 7-3)是指现状还不能满足期待。追求理想型的问题的思考方式是，因为现状与理想之间有差别，所以将现状视为问题。这个类型的问题的困难之处在于如何设定理想状况的位置。有的人把理想状况设定得太高，努力几次达不到后就放弃了。而有的人理想设定得太低，不能激发挑战的激情。

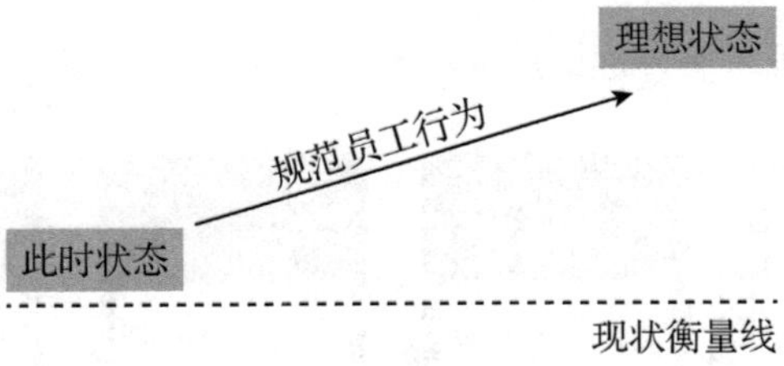

图 7-3 追求理想型问题

二、 问题的发现

（一）发现问题的重要性

在问题没有被发现前，当事者就不会采取行动，因此解决问题的重点就是发现问题。在问题的初期阶段，问题还不明显，不容易被观测到，而当问题明显到任何人都能看到的时候，往往很难收拾。所以，最好在问题的初期发现问题。

（二）发现问题的方法

1. 问自己六个问题，识别问题类型

——“现状与期待的状况之间有无落差?”

——“现状有没有发生什么变化?”

——“是否觉得哪个部分进行得不顺利?”

——“是否有些事情未达标准?”

——“有没有哪些事情不是你原先期待的状态?”

——“若置之不理，将来是否会发生重大的不良状态?”

结合之前的内容，回答这六个问题可以帮你识别问题的类型属于恢复原状型、防范潜在型还是追求理想型。

2. SCQA 分析设定课题

SCQA 分析是指“状况—障碍—问题—答案”的分析方法(如图 7-4)，是麦肯锡顾问公司常用的一套方法。人们通过这个方法可以有效地持续掌握问题与设定课题的过程。

SCQA 分析的第一步是描述当事人过去的经验、目前稳定的状态和未来的目标。这一步属于 SCQA 分析中的 S，也就是状况。第二步，就是假设一个颠覆目前稳定状态的事件，也就是 SCQA 分析中的 C——障碍。障碍也可以被理解为问题，但它不一定是不良状态，只要是颠覆了目前稳定状态的事件都可以算作障碍。第三步，就是用自问自答的形式来假设各种课题，这是 SCQA 分析中的 Q，也就是问题，也可以理解为疑问。问问反映出对当事人来说的重要课题。第四步，也是最后一步，就是思考出问题的答案。这一步是 SCQA 分析中的 A，也就是答案。这里的答案，指的是思考假设性的解决方案。

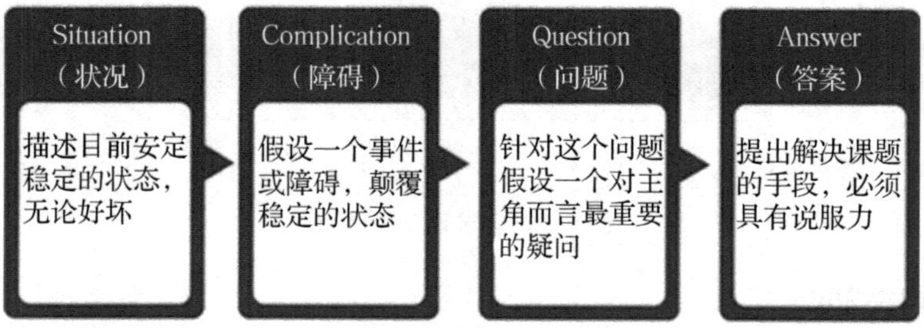

图 7-4　SCQA 分析法

3. 接近问题的本质

课题的设定，决定了解答的范围，这也是为什么设定具体课题的步骤非常重要。例如，快要下雨了，小朱思考自己是否要带伞外出。其实“是否该带伞外出”并非这个问题的实质，因为这个问题一提出来，解决方案就聚焦在雨伞上，替代方案就成了“去商店买伞”“找人借伞”“搭乘出租车”。

对这个情景，更加接近本质的问题是“怎么做才能避免被淋湿”。“被雨淋湿”这个事件与小朱的预期不符，而雨伞本身并不是应该关注的焦点。因此，对小朱来说，最重要的是防止被雨淋湿的手段。

三、 问题的分析

（一）分析的本质

分析的本质是拆解。分析的基本概念是：将事物拆解，思考各个组成成分之间的相互关系。最能体现分析本质的思考方式是 MECE。MECE 是“Mutually Exclusive，Collectively Exhaustive”的缩写，意思是相互独立，完全穷尽，也就是拆解后的各个组成部分不重复也不遗漏。MECE 中体现了从结构中理解全体的思考方式。MECE 主要有两条原则，第一条是完整性，说的是分解问题的过程中不要漏掉某项，要保证完整性；第二条是独立性，强调了每个项之间要独立，每项之间不要有交叉重叠。

（二）用 MECE 架构进行分析

符合 MECE 的架构分为三种。第一种是将分析对象区分成符合 MECE 的项目，有助于当事者理解分析对象的结构。第二种是用“流程”的概念掌握 MECE 的项目，有助于理解分析的过程。第三种则是使用纵轴和横轴所构建的矩阵来整理事物。这个矩阵将 MECE 分类过的两个独立变量作为主轴，可帮助分析达成结构性的理解。

用 MECE 构架通常的做法分两种。

一是在确立问题的时候，通过类似鱼骨图的方法，在确立主要问题的基础上，再逐个往下层层分解，直至找到所有的疑问。通过问题的层层分解，可以分析出关键问题和初步的解决问题的思路。

二是结合头脑风暴法找到主要问题，然后在不考虑现有资源的限制基础上，考虑解决该问题的所有可能方法。在这个过程中，要特别注意多种方法结合后有可能是个新的解决方法。然后再往下分析，每种解决方法所需要的各种资源，并通过分析比较，从上述多种方案中找到目前状况下最现实最令人满意的答案。

（三）常用的 MECE 架构

1. 用于事业战略的“3C”分析

“3C”分析(如图 7-5)指的是自家公司分析(Company Analysis)、对手分析(Competitor Analysis)和顾客分析(Customer Analysis)。其中，自家公司分析，可以从市场占有率、技术力、销售力、成本竞争力、品牌力几个方面分析；对手分析可以从市场占有率、优劣势和战略几个方面分析；顾客分析可以从顾客规模、市场屏障、需求、结构等方面分析。

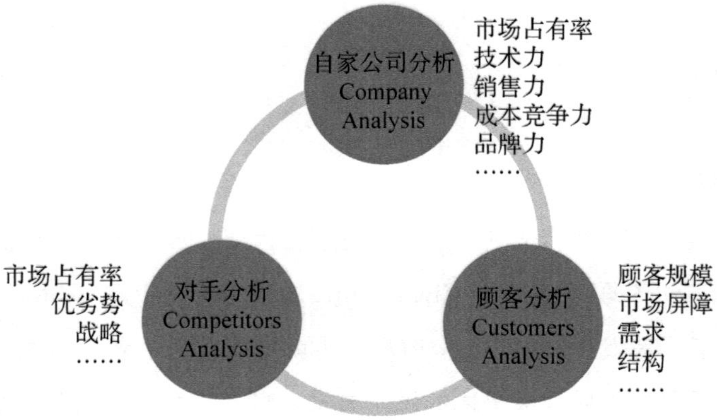

图 7-5　用于事业战略的"3C"分析

2. 拟定营销策略的"4P"

"4P"指的是产品(product)、价格(price)、促销(promotion)、渠道(place)，是一个非常有名的分析架构(如图 7-6)。产品策略是关于公司售卖何种产品给顾客，这是营销的原点。价格策略是设定符合产品价值的价格，设定价格必须从购买者的角度来思考。促销策略是将商品的价值传达给用户的策略，促销策略的关键是融合宣传、公关、人员销售、营业推广等方面。渠道策略是指包含店铺在内的物流策略，能否将产品送到顾客手中也是影响销售的关键要素。

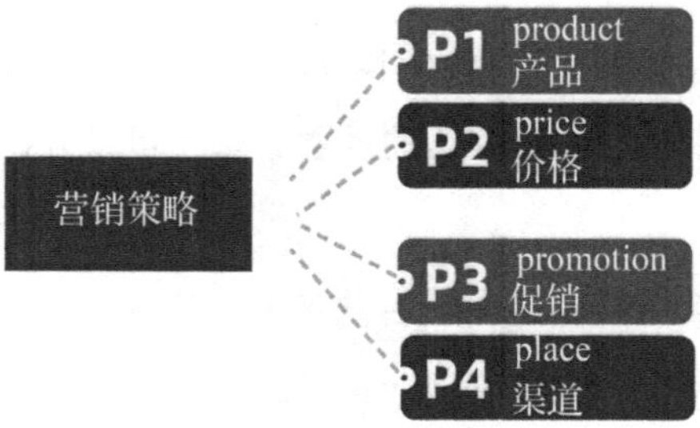

图 7-6　拟定营销策略的"4P"

3. 分析推广策略的"促销组合"

"促销组合"是将上面的"4P"策略中的促销策略更深入一步的分析。"促销组合"是指将宣传活动、公关活动、人员销售、营业推广这四种活动加以组合运用，为消费者提供适当、确切的产品信息，唤醒消费者的需求，促使他们购买。其中，营销广告主要通过电视、收音机、报纸、杂志等大众媒体促使消费者购买产品或服务。这种促销策略也被称为拉式策略。公关活动是利用新闻或报道，将制定的产品或服务信息传达给消费者，俗称"做公关"。有些公关活动会与企业可能接触的各种团体形成并维持良好的关系。但是，这项活动并非为了兜售产品或服务。营业推广是指通过优惠券、奖品和赠品促使人们在短时间内消费的促销策略。推广活动一般用来弥补销售与人员销售的不足。人员销售是指销售员与顾客面对面接触，通过说明等交流来销售产品，也被称为推式销售。

四、 问题的解决

（一）解决问题的五个步骤

1. 问题分类

上面提到过，问题基本可以分为恢复原状型、防范潜在型和追求理想型。如果遇到问题，首先要确定问题属于哪一类。此外还可以按事情的重要性和紧急程度，将问题分为 4 种优先级。

重要性大、紧急性高的为最优先处理的问题。

重要性小、紧急性高指会占用时间但不重要的问题，很多是由未解决的防范潜在型问题转化来的。

重要性大、紧急性低指目前不紧急，但如果不及时处理，会转化为重要性大、紧急性高的问题。这个类型的问题最容易被忽略。

重要性小、紧急性低的问题可延后处理。不过，为防范潜在型问题，必须注意。

2. 将问题转化为具体课题

第二步是上一节里提到过的 SCQA 分析法。用 SCQA 分析法将问题转化为课题。这里再回顾一下，SCQA 分析是指“状况—障碍—问题—答案”的分析方法。

3. 找出解决课题的替代方案

在解决问题的过程中，会有“思考解决策略”这个程序。草率地认为“只有这个方法了”是很危险的。因此，当我们想解决某个问题时，要思考多种替代方案，从多种解决方法中选出最合适的。

4. 理性评估各种替代方案

评估各种方案的第一标准是“能否解决问题”。如果花时间和精力选择的方案不能解决问题，那就毫无意义。第二，解决方案必须遵守伦理和遵守法律，我们需要时时自省，提出的解决方案是否违反伦理。第三，考虑现实的制约条件。比如，当你考虑买一台洗衣机时，你的预算是 2000 元，那么 2000 元以上的洗衣机即使解决了你的问题，也符合你的期望，但是由于预算的制约，也不会进入你的选择范围。

5. 选出合适的策略并采取行动

选择了正确的解决策略，就要制订行动计划。行动计划必须涉及具体金额、日期、人员。

例如，本公司计划派总经理下周一与A公司签订1000万元的合作协议。拟定了计划以后，必须有足够的执行力去执行。如果执行力不足以支撑计划，可考虑缩减行动。

（二）解决恢复原状型问题

解决恢复原状型问题分为两步：第一步，分析原因；第二步，采取应对策略。

分析恢复原状型的问题也就是分析为什么现状和原状会产生落差。解决恢复原状型问题时，最重要的事情就是分析原因，因为只有确定了不良状态的原因，才能量身定做出解决方案并且防止复发。分析恢复原状型问题的原因要求做到基于事实、掌握情况。问题分析者必须缜密而冷静地掌握问题状况，因为确切掌握问题的现状有利于提高查出准确原因的概率。掌握现在的基础建立在对事实的掌握程度上。掌握问题的现状的过程包含了问题发生在何时、何地以及为什么等。在大多数情况下，如果找不出发生不良状态的原因，那么任何应对策略都只是一种应急处理，真正的问题得不到彻底解决。

“6W3H”是解决此类问题的基础框架。

——What：什么会产生不良状态？不良状态导致了什么？

——Where：不良状态发生在何处？发生对象在何处？

——Which：不良状态发生在哪个对象？

——When：何时发生不良状态？

——Who：不良状态和谁有关？

——Why：为什么会发生损害？

——How：不良状态是怎样损害对象的？

——How much：损害的程度是什么？

——How many：损害的数量有多少？

根据问题的不同，恢复原状型问题的应对策略又分为紧急处理、根本解决、防止复发等领域。例如，某条生产线的产品出现瑕疵，应急处理是立刻暂停这条生产线的运作，同时为了维持产量，提高其他生产线的运转率。接着，深入分析产生瑕疵的原因，是因为机器故障还是工人情绪低落。从根本上解决了问题后再重开生产线。之后，还要防止复发，如果是工人情绪低落，要思考怎么样调动他们的积极性，怎么样适时地进行心理疏导。就恢复原状型问题而言，最重要的是先找出正确的原因，再恢复显在的不良状态，这时候要用到紧急处理和根本解决策略。接下来要做适当的处理，以防止同样的不良状态再次发生，这就是防止复发策略。

（三）解决防范潜在型问题

解决防范潜在型问题也分为两步，第一步拟定防患于未然的预防策略，第二步应对不良状态发生时的应对策略。

解决防范潜在型问题有两种基本思路，一种是自下而上法。从个别的状况和现象思考可能发生的不良状态。另一种是自上而下法，先假设最后会发生某个不良状态，再思考可能引发这个状态的个别诱因。

1. 自下而上法

自下而上法从目前能观察到的一些特定的状况或现象开始着手，分为四步。

第一，从现状中确定必须注意的特定因素。

第二，假设不希望发生的不良状态。

第三，拟定预防策略，排除可能的诱因。

第四，预先拟妥发生不良状态时的应对策略。

2. 自上而下法

自下而上法先假设不希望发生的结果，再查明诱因。也分为四步。

第一，假设不希望发生的不良状态。

第二，确定引发不良状态的诱因。

第三，拟定预防策略，排除可能的诱因。

第四，预先拟妥发生不良状态时的应对策略。

（四）解决追求理想型问题

追求理想型问题也分为两步：第一步，定位理想；第二步，实践理想。其中，最重要的是定位理想。如果理想定得太高，或许还没努力就放弃了；如果理想定得太低也难激发挑战的激情。所以，一旦下定决心追求理想，最好设定一些具体且可能达成的阶段性目标。

追求理想型问题的出发点必须基于一种价值观，那就是追求理想是较佳的选择。如果在过程中被迫中止，也不一定要完全放弃，也可能借由调整理想的标准来减少成本。例如，原本希望成为工程师，当不上工程师，也可以改为工程师助理。

实践理想有四要素，分别是期限、必要条件、技术和知识、实施计划。具体来说，设定实现理想的期限，设定合理的期限，最好是充裕又带一点紧迫感。

1. 列出实现理想的必要条件

实现理想有许多必要条件，如经费、机会成本、推荐信等。在这个阶段要把它们列出来。

2. 学习实现理想必备的技术和知识

在了解了实现理想的必要条件后，下一步就是学习技术以完成这些条件。不一定要在事前做好所有的准备，可以向身边的人请教，也可以利用公开的信息资源。

3. 制订实现理想的实施计划

制订留意细节的实施计划，安排具体的顺序。一般运用甘特图。甘特图的纵轴表示计划的必要实施项目，横轴显示日程，带状横线表示各个实施项目的进度。

总结案例

职场就是一场“填坑”竞赛

小杨在这家公司已经干了很久了，一直以来也非常受领导的器重，但是最近却要离职了。原来，小杨所在的公司最近有一个老员工离职了，大家的职场生涯就变得异常辛苦。以前开会，都是这位老员工传达领导指示，他安排工作细致周到，指挥团队井井有条。可这位老员工这一走，公司很快就乱成一锅粥。小杨临危受命，填补老员工空缺。小杨本以为从此可以升职加薪。可谁曾想，半个月不到，他就离职了。

据说，小杨的老板不是灵光一现开始乱指挥，就是酒桌上多喝两杯开始忽悠客户。结果，第二天客户来公司找小杨兑现承诺，让无辜的小杨一脸懵。

小杨很生气。可老板对小杨说，要么忍耐，要么离职。所以，填不动坑的小杨离开了。

原来在职场当中，不是所有的人都具备“填坑”的能力。

分析：有些老板的思维是天马行空的。能不能让老板的思维落地就是看员工的实力。“填坑”的能力其实就是解决问题的能力。在职场中，塑造不可替代的能力正是关键时刻可以体现个人价值的“杀手锏”。

活动与训练

你该怎么解决这个问题

目标：提升分析问题和解决问题的能力。

活动形式：报告。

道具：职场棘手的问题。

过程：

1. 教师设置几个与学生专业相关的职场开放性的问题，可以是一些职场可能发生的突发事件，然后试着让学生回答“你该怎么解决这个问题”？

2. 学生针对问题，写出自己的分析过程和解决办法，做成一个文字版报告。

（参考问题：老板交给你一份纸质版手稿，让你20分钟内给他一份电子版的文件。按照你打字的速度，时间只够把内容输入完，你怎么办?）

探索与思考

1. 如何训练发现问题、分析问题的能力?

2. 遇到问题是直接问他人还是通过自己的努力去解决?

第二节　思维与表达的逻辑

学习目标

1. 了解逻辑的定义以及两种逻辑关系。

2. 了解归组分类的方法。

3. 了解金字塔结构。

导入案例

表达的差别

A对B说："上个星期，我去了一趟苏黎世。你知道，苏黎世是一个比较保守的城市。我们到一家露天餐厅吃饭，你知道吗？在15分钟的时间里，我至少见到了15个留长胡子的人。而且，如果你在纽约的任何一座写字楼周围转一圈，你就会发现几乎没有不留长胡子或长头发的人。同样，在伦敦，留长胡子在多年以前，就已经是伦敦街头的一景了。"

这段话想表达什么意思?

苏黎世比较保守？留长胡子的人比起其他国家少?

你很难理解这句话想表达什么意思，因为这句话的逻辑不是很清晰。

那正确的表达应该怎样呢?

"上个星期，我去了一趟苏黎世。没想到，现在男人留长胡子或者长头发已经慢慢变得这么普遍了。苏黎世这么保守的城市，我们在一家露天餐厅吃饭的那15分钟里，我至少见到了15个留长胡子的人。更不用说你在纽约的任何一座写字楼周围转一圈，你都会发现几乎没有不留长胡子或长头发的人。而在伦敦，留长胡子在多年以前就已经是街头的一景了。”

这样表达是不是清晰明了，别人一听就知道你在说什么呢？

为什么会有这样的差别？

因为修改后的那段话，是按照某个“逻辑顺序”在进行表达的。而这个顺序就是先“表明观点”，再“举例说明”。

这就是表达的逻辑了。

分析：说了一大堆话，却还是觉得表达得不够清楚；在脑海里想了很多话，最后说出来的却是另一回事；文字的表述很正常，一旦即兴跟别人说话就凌乱了；就连听别人说话，也很难捕捉到对方的表达重点……这些问题，通常都会归结于一个原因，那就是你还没有掌握逻辑表达能力。

一、 逻辑

（一）逻辑的定义

狭义上逻辑既指思维的规律，也指研究思维规律的学科即逻辑学。广义上逻辑泛指规律，包括思维规律和客观规律。逻辑包括形式逻辑与辩证逻辑，形式逻辑包括归纳逻辑与演绎逻辑，辩证逻辑包括矛盾逻辑与对称逻辑。对称逻辑是人的整体思维(包括抽象思维与具象思维)的逻辑。

逻辑学的基本原理有四个。

1. 同一律

同一律的表述是事物只能是其本身。含义是每个个体都是独一无二的，一个事物只能是其本身，而不能是其他什么事物。苹果就是苹果，不会是香蕉。

2. 排中律

排中律的表述是对于任何事物在一定条件下的判断都要有明确的“是”或“非”，不存在中间状态。一个事物，要么存在，要么不存在，没有中间状态。

3. 充足理由定律

充足理由定律的表述是任何事物都有充足的理由。这个原理也可以被称为因果原理。它所体现的内容是宇宙万物的存在都有其充足根据。

4. 矛盾律

矛盾律的表述是在同一时刻，某个事物不可能在同一时刻既是这样又不是这样。

（二）两种逻辑关系

在组织思想时，只有两种可能的逻辑关系，即演绎与归纳。演绎是由几个承前启后的论述组成的。第一个论述是对世界上某种现象的表述；第二个论述是对该句子的主语或者谓语的表述；第三个论述则说明以上两个表述同时在世界上存在时所具有的隐含意义。举例来说：

- 第一个论述：所有的葡萄都是水果。
- 第二个论述：紫色葡萄是一种葡萄。
- 第三个论述：紫色葡萄是水果。

演绎逻辑与归纳逻辑的主要区别在于，演绎法通常是三段式的论述。其中，第二个论述是对第一个论述的主语或谓语做出的表述，第三个论述从第一、第二个论述中得出推论。演绎逻辑就是以最后一个论述为主题，概括整个推理过程。归纳法的各个论述中在逻辑上有共同点，并且可以用同一个名词表示。归纳逻辑就是把有相似性的思想分类归组，根据各要点的共同性得出结论。

二、 归组分类的重要性

读者的大脑只能逐句理解表达者表达的思想。他们会假定一同出现的思想在逻辑上存在某种联系。如果表达者不预先告诉这种逻辑关系，只是一句一句地表达思想，读者就会自动从中寻找共同点，将你所表达的思想归类组合，以便了解各个组合的意义。由于读者的知识背景和理解力千差万别，他们很难对你所表达的思想做出与你一样的解读。如果不预先告知某一组思想中的逻辑关系，他们有可能会认为某一组的思想中没有任何关系。即使读者的智商很高，他们可利用的思维能力也是有限的。一部分思维能力用于识别和解读到的词语，另一部分用于找出各种思想之间的关系，剩下的思维能力则用于理解所表述思想的含义。因此，通过有效的方法表达思想，可以减少读者用在解读词语和找出思想之间的关系上的精力，从而能用最少的脑力理解你表达的思想。

（一）自上而下和自下而上的归组分类方式

最有效的表达方式是先提出总的概念，再列出具体项目，即自上而下地表达思想。自上而下法将所有的信息进行归类分组、抽象概括，并以自上而下的方式表达出来，表达结构会如图7-7所示。

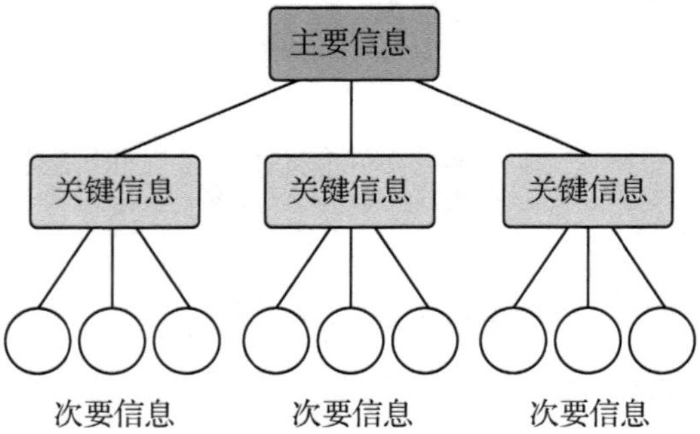

图 7-7　信息的归组分类方式

自下而上法的思维从最底部的层次开始，将句子按照某种逻辑顺序组成段落，然后将段落组成章节，最后将章节组成完整的文章，而代表整篇文章的则是金字塔最顶端的一个中心思想或核心观点。文章中的思想必须符合以下规则。

1. 纵向：文章中任一层次的思想必须是下一层次思想的概括

在思维和写作中的主要活动，就是将较具体的思想概括抽象为新的思想。段落的主题就是对段落中各个句子的概括，章节的主题也是对章节中各个段落的概括。

2. 横向：每组中的思想必须属于同一逻辑范畴

如果要把某一组思想的抽象程度提高一个层次，那么这一组的思想必须在逻辑上具有共同点。例如，苹果和梨可以归类概括为水果，桌子和椅子归类概括为家具。

3. 横向：每组中的思想必须按逻辑顺序组织

逻辑顺序可以分为时间顺序、结构顺序和程度顺序三种。

第一，时间(步骤)顺序，如第一、第二、第三。

第二，结构(空间)顺序，如波士顿、纽约、华盛顿。

第三，程度(重要性)顺序，如最重要、次重要等。

三、 构建金字塔的方式

（一）构建金字塔的步骤

金字塔可以自上而下构建，也可以自下而上构建。自上而下的方法通常比自上而下的方法容易，所以对初学者，更推荐使用自下而上的方法。

1. 自上而下构建金字塔的步骤

第一步，提出主题思想。提出准备讨论的主题。这是自上而下构建金字塔的最顶层建筑。

第二步，设想受众的主要疑问。确定文章的读者。设想读者会提出关于这个主题的哪些疑问，并准备好初步的答案。

第三步，写序言，背景—冲突—疑问—回答。序言以叙述的形式讲清楚问题的起源和发展。序言的开头要向读者说清楚背景的时间和地点。在这一背景中发生的某件事情就是冲突。冲突会引发读者的疑问，表达考要表达的答案就是对读者提出问题的回答，回答这个疑问就是表达者表达的动机。

第四步，与读者进行疑问/回答。想象已经开始与读者进行疑问/回答的对话。想象读者表示同意或者疑问，考虑背景中的哪些冲突可能引起疑问。

第五步，对读者的新疑问，重复进行疑问。对背景中的冲突的介绍应导致读者产生新的疑问。如果不能，就需要重新构思背景中的冲突，让读者能够直接就此提出主要疑问。

2. 自下而上构建金字塔的步骤

第一步，列出你想表达的所有思想要点。列出所有的要点，使隐含的逻辑关系显现出来。

第二步，找出各要点之间的逻辑关系。找出要点中的逻辑关系，如因果关系。

第三步，得出结论。结合“背景—冲突—疑问—回答”的需要，考虑读者已经了解什么，不了解什么，还需要了解什么，从而得出结论。

（二）金字塔的原则与结构

金字塔原理遵循 4 个基本原则：结论先行、以上统下、归类分组和逻辑递进。结论先行指的是每篇文章或每个演讲只有一个中心思想，被放在文章的最前面。以上统下是指每一层次上的思想都是对下一层次思想的总结。归类分组指的是每一组中的思想必须是对下一层次思想的总结。逻辑递进是指每一组中的思想必须按照逻辑顺序排列。

金字塔内部的结构如下：

——主题与子主题之间的纵向关系。

——各子主题之间的横向关系。

——序言的叙述方式。

纵向关系指的是存在逻辑关系的关系包含时间轴的关系，纵向关系不在同一个层次结构上，如因果关系和上下级关系。

横向关系指的是在同一层次结构上没有逻辑关系且不包含时间序列的关系。比如同事关系，公司里的部门之间的关系。

序言包括背景、冲突、疑问和回答。背景引出冲突，冲突引起读者的疑问，表达者负责回答读者的疑问。

总结案例

逻辑推理影响的一生

曾有一名初中生，由于从小家境贫寒，凑不出膳费，也拿不出学费，从而中途退学帮家父料理杂货店。顾客来了，他就帮忙做点生意，打打算盘，记记账等。顾客走了，他又埋头看书或做算术题。后因一场伤寒成了一个瘸子。然而在疾病和贫困面前，他并没有放弃自己，而是开始自学数学。

由于他出生的县城没有像样的图书馆，他到处找数学书自修。他从之前的老师那里借来了三本数学书：代数，几何和微积分。他反复解题，深入领会每条定理的意义，不彻底搞明白决不轻易放下。对于书中的问题，他都想尽办法用各种辩证逻辑，试图来探索一个问题多种解决方法的可能，以此来训练自己的数学逻辑思维能力。

后因发表了一篇作品，惊动了当时清华大学的教授熊庆来。熊教授原以为他是某国留学回来的高才生或是哪所学校的老师，在得知他只念过初中后，惊讶不已，力排众议，把他请到清华。从此清华向他敞开了大门。两年后他就成了助教，很快又当了研究员。后来，他留学英国和访问美国，剑桥大学和普林斯顿大学主动希望他来读博士，都被他一一婉拒。他说，他只是想求学问，而不是求学位。直到 1979 年，法国南锡大学授予他荣誉博士学位，69 岁的他才有了比“初中毕业”更高的文凭。

国际上以他命名的数学科研成果有“华氏定理”和“华氏不等式”等。他是中国解析数论、矩阵几何学、自守函数论和多元复变函数论等研究的开拓者。因着他伟大而杰出的研究成果，最终成了中国科学院院士，同时被誉为“中国现代数学之父”。他便是一个只有初中文凭，却享誉世界的数学家——华罗庚。

华罗庚曾说过：“天才在于积累，聪明在于勤奋。自学，不怕起点低，就怕不到底。自学，就是一种独立学习，独立思考的能力。”他之所以能有如此成就，不单单是靠勤奋，而是善于透过书面知识，挖掘数学背后深刻的逻辑。通过这些逻辑把各项事物串联起来，加上长期培养的独立思考能力，创造出了一个个伟大的定理和研究。一切的勤奋，只有在强逻辑思维的前提下，才能产生巨大的效果。

分析：逻辑思维能力是一种对事物进行观察、比较、分析、判断、和推理的能力，也是准确而有条理地表达自己思维的能力。华罗庚通过学习数学不断训练自己逻辑思维的能力，最终赢得了精彩伟大的一生。

活动与训练

复述的重要性

目标：通过复述的方式提升思维与表达的逻辑。

活动形式：现场问答。

道具：一段电影片段(5 分钟左右)。

过程：

1. 老师播放一段名人的演讲或者电视中老板布置工作任务的对话场景。
2. 学生依据听到的内容，做总结性的复述。可做笔记，学生之间可以互相打分评比。

探索与思考

1. 逻辑思维的训练是需要对外表达实现的，所以在工作中，要运用多种表达方式去训练，尤其是采用复述的方式。

2. 演讲表达的能力是口才好还是思维好？

第三节　压力与情绪管理

学习目标

1. 了解情绪与压力的定义与影响。
2. 认识 4 种引起负面情绪和行为的错误思维方式。
3. 掌握驳斥错误思维方式的方法，建立正确思维方式。

导入案例

林肯的压力管理

1832 年，林肯失业了，这显然使他很伤心，但他下定决心要当政治家、当州议员。糟糕的是，他竞选失败了。在一年里遭受两次打击，这对他来说无疑是痛苦的。接着，林肯着手自己开办企业，可一年不到，这家企业又倒闭了。在以后的 17 年间，他不得不为偿还企业倒闭时所欠的债务而到处奔波，历经磨难。随后，林肯再一次决定参加竞选州议员，这次他成功了。他内心萌发了一丝希望，认为自己的生活有了转机："可能我要成功了！"

1835 年，他订婚了。但离结婚的日子还差几个月的时候，未婚妻不幸去世。这对他精神上的打击实在太大了，他心力交瘁，数月卧床不起。1836 年，他得了精神衰弱症。1838 年，林肯觉得身体良好，于是决定竞选州议会议长，可他失败了。1843 年，他又参加竞选美国国会议员，但这次仍然没有成功。

林肯虽然一次次地尝试，但却一次次地遭受失败：企业倒闭、爱人去世，竞选败北。要是你碰到这一切，你会不会放弃？放弃这些对你来说是重要的事情？林肯没有放弃，他也没有说："要是失败会怎样？"1846 年，他又一次参加竞选国会议员，最后终于当选了。两年任期很快过去了，他决定要争取连任。他认为自己作为国会议员表现是出色的，相信选民会继续选举他。但结果很遗憾，他落选了。因为这次竞选他赔了一大笔钱，林肯申请当本州的土地官员。但州政府把他的申请退了回来，上面指出："做本州的土地官员要求有卓越的才能和超常的智力，你的申请未能满足这些要求。"

接连又是两次失败。在这种情况下你会坚持继续努力吗？你会不会说"我失败了"？然而，林肯没有服输。1854 年，他竞选参议员，但失败了；两年后他竞选美国副总统提名，结果被对手击败；又过了两年，他再一次竞选参议员，还是失败了。

林肯一直没有放弃自己的追求，他一直在做自己生活的主宰。

1860 年，他当选为美国总统。

分析：我们在生活中和工作中都会遇到很多挫折和逆境。面对各种各样的困难以及负面情绪，如何运用自我调节和管理的方法从逆境中走出来、走向成功？美国总统林肯的故事揭示的不仅仅是不放弃的精神，也是如何管理情绪与压力的最好例证。

一、 认识压力与情绪

（一）压力与情绪的定义

心理学意义上的压力，是心理压力源超过自我处理能力时带来的心理压力反应，并引起生理变化，进而影响人的行为的一种感觉和行为过程。压力源是引起压力的反应的根源，分为内在压力源和外在压力源。内在的压力源是指性格压力、选择压力、情绪压力和改变压力。外在的压力源是指环境压力、社会压力、工作压力、生活压力、经济压力、情感压力、健康压力。

情绪，是对一系列主观认知经验的通称，是人对客观事物的态度体验以及相应的行为反应，是以个体愿望和需要为中介的一种心理活动。情绪是一种内部的主观体验，很难确定产生情绪体验的客观刺激是什么，而且不同人对同一刺激也可能产生不同的情绪。但在情绪发生时，又总是伴随着某种外部表现。这种外部表现也就是可以观察到的某些行为特征，如面部表情、姿态表情、语调表情和感觉反馈。

（二）压力与情绪的影响

压力的影响分为积极影响和消极影响。压力的积极影响有：

——增加人生的驱动力。

——增加平衡生活的技巧。

——增加抗压能力。

而压力的消极影响有：

——身心健康受损。

——工作、学习效率下降。

——人际关系退步。

——适应力下降。

——免疫系统减弱。

情绪的影响主要体现的身心健康和工作效率上，人的情绪对人的社会生活有着直接的影响。乐观积极的情绪、情感，赋予人崭新的精神面貌和愉快的生活情趣；消极悲观的情绪、情感，则损害着人们健康积极的生活情趣，妨碍人们在发展过程中机会的获得、事业的成功和生活的幸福。情绪也构成一个基本动机系统。愉快、平稳而持久的积极情绪能使人的大脑及整个神经系统处于良好的活动状态，它可以驱动人从事学习和活动，并放大和增强其作用，从而更有力地激发有机体的行动，发挥潜能，提高人的活动的效率。同时，也有利于保持身体各器官系统功能正常，使人的身心和谐，增进身心健康。

二、 强化心理韧性

有压力的时候，人会受到愤怒、不安、低落等负面情绪的影响，这个时候就需要提高心理韧性。心理韧性就是在压力下提升抗打击能力，能胜任工作所需的科学思维和良好情绪。心理韧性是可以学习和掌握的技能。现代职场人士最需要的业务技能就是心理韧性(如图 7-8)。

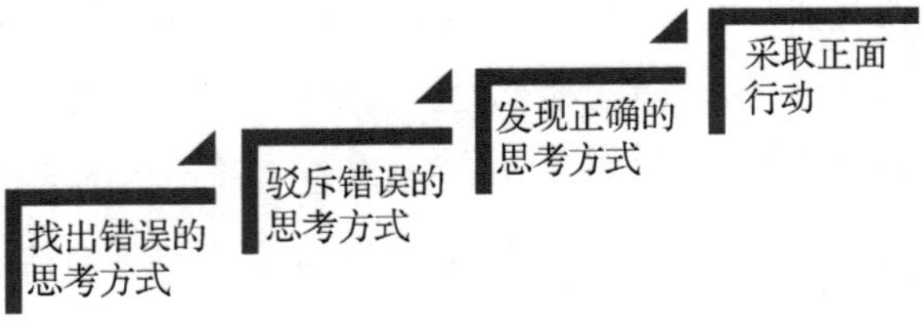

图 7-8 强化心理韧性过程

（一）找出错误的思考方式

1.“必须”型思维方式

“必须”型思维方式是一种绝对化的思维方式。例如，我必须在班上考第一名、我必须每门课都是 90 分以上、我必须拿到优秀员工奖。

这种思维方式的负面影响在于，一旦绝对要求达不到，就等于必须做的事没做到，不应该发生的事发生了。这样巨大的矛盾会产生压力，让人产生巨大的心理纠葛。这是让当事人感觉糟糕的主要原因。如果拿驾驶汽车来比喻，使用“必须”型思维就像同时将油门和刹车踩到底的自我毁灭型思维方式。

“必须”型思维方式的另一个负面影响是，它可能造成心理衰竭。“必须”型思维方式是抱着饱尝辛酸的方式去追求结果，所以会伴随着巨大的精神压力和痛苦，一边对达到目标感到压力，一边对可能的失败感到不安。这样，当事人就无法体会到实现目标的过程的快感。

即使“必须”型思维方式的人实现了目标，也很难获得快感。因为“必须”型思维方式将实现目标视为理所当然。因此，实现了理所当然的目标不会给当事人带来满足感。

2.“无所谓”型思维方式

“无所谓”型思维方式是将事情描述成无所谓的思维方式。“无所谓”型思维方式是一种虚无主义的思维方式，这种思维方式也来自“必须”型思维方式。“无所谓”型思维方式是在不该发生的事情发生后，无法承受巨大的压力，于是将目标与一起否定。

“无所谓”型思维方式带来的负面影响是对积极性的打击。因为积极性下降，不愿付出努力，所以将不努力合理化。“无所谓”型思维方式和“必须”型思维方式同样属于自我毁灭的思维方式。

3.“糟糕透了”“受不了了”和“无法原谅”型思维方式

“糟糕透了”型思维方式是对一切事物持有悲观绝望态度的错误思考方式。有这种思维方式的人常常会认为情况很糟，即使采取措施也于事无补。这种思考方式让人陷入巨大情绪失落中，让当事人放弃努力。陷入“糟糕透了”思考方式后，当事人走入恶性循环，因为觉得糟糕透了，所以放弃努力，因为放弃努力，所以事情更加糟糕了。

“受不了了”型思维方式是一种缺乏耐性的思维方式。出现“受不了了”型思维方式时，当事人往往一边说“受不了了”，一边继续承受。这是当事人单方面认为事情已经让自己“受不了了”，然而事实上并非如此，因为如果真的无法忍受，早就被压力压垮了。

“无法原谅”型思维方式是一种自卑的、指责型的思考方式。这种方式是对不应该发生状况的人和事情进行谴责的错误思考方式。持有这种思维方式的人，无法原谅自己的过错，或者将过错归咎于别人。

总之，上述错误的思考方式会诱发愤怒、情绪低落、罪恶感等坏的负面情绪。进一步地说，错误的思考方式诱发的负面情绪会诱发错误的行动。比如，愤怒会引发攻击；情绪低落会导致自我封闭；罪恶感会让人否定自己。

（二）驳斥错误的思考方式

认识到错误的思考方式后，驳斥错误的思考方式很有必要。驳斥是在彻底进行反驳的同时加以否定。错误的思维方式一般具有以下四个特征。

不合逻辑：用来得出结论的论据不明确或者不充分，逻辑是否存在跳跃。

无法证实：从论据推导出结论的可能性很低，无法从经验上进行验证。

不实用：妨碍目标的达成，起负面作用，不实用。

不灵活：绝对化地一厢情愿，只顽固地相信自己。

对应地，驳斥错误的思考方式有四种。

1. 缺乏证据，不合逻辑

错误的思维方式往往找不到确切的证据作为支撑。例如，“我考试必须得第一”这一“必须”型思维方式。到底为什么“我”必须是第一名呢？虽然“我最好考试得第一”的理由有很多，“考不到第一的坏处”也很多，但是“必须考第一”“不考第一不行”的理由却是不存在的。这样连续问下去就会发现，考试得第一只是令人向往而已，其实并没有什么理由支撑“我必须考第一”这样的想法。“令人向往”并不能推导出“必须”，所以“考第一令人向往”和“我必须考第一”之间存在着逻辑上的飞跃。

2. 凭经验无法证实

无法凭经验证实也就是不现实。错误的思维方式无法用经验证实。例如，“我很完美”这件事，无法用经验去证实。无论怎么考虑，都没有完美的人。“这部电影很完美”“今晚的约会很完美”这样的评判很容易说出口，但是否真的完美就无法用经验判断了，因为凡事都有改进的空间。对事情来说也是如此，认定某事是百分百的坏事也几乎是不可能的，即使某事带来了一些坏处，也不能说这件事就完全没有好的方面。例如，工作中犯了错挨了批评，这也正是促使我们进步的机会，让我们记住经验和教训，避免下次再犯同样的错误。

3. 不实用

错误的思维方式往往缺乏实用性，因为无论从哪个角度观察，都无法得出“当事人因为这种错误思维方式而变得更幸福”的结论。简单来说，错误的思维方式并不能让当事人感觉更幸福。反过来说，有些说辞可以让人感觉幸福，但不具备实证性。例如，“一定是知道你辛苦工作了一天，所以今天的晚风特别温柔。”这种说法逻辑性虽然有问题，但是会让人感到心情愉悦，所以具备实用性。

4. 不灵活

错误的思维方式除了不合逻辑、不能被经验证实、不实用之外，还存在着不灵活的缺点。不灵活也就是绝对化，会让当事人认为“绝对如此”。科学地思考包含一种“假说思考”。“假说思考”不同于“绝对如此”，是指不将自己的主张绝对化，而是将其看作假定真理的态度。持这种态度的人，在颠覆性事实出现的时候，会谦虚地接受。

（三）发现正确的思考方式

1. 构建“最好”型思维

与“绝对”型思维相反，“最好”型思维是指持有相对愿望的一种正确思维方式，例如，最好能考第一，今年最好能存下 20％的收入，这个月最好能把管理费用降下来。

2. 肯定重要的价值

“最好”型思维肯定目标和价值，只是不把实现目标作为绝对要求，而是把它当成相对愿望，这样一来在追求目标的过程中，既不会给自己过大的压力，也不会陷入“无所谓”型思维方式。回顾一下前面的知识，“必须”型思维方式有以下陈述：

——我必须在下周三以前写出报告。

——我必须在下次考试中拿到全班第一。

——我绝对不能失败。

——我绝对不能让身边的人对我失望。

——我必须带领团队实现销售翻一番。

而“最好”型思维肯定了这些陈述中的目标部分，将绝对化的要求改为相对化的愿望。运用“最好”型思维，上面的陈述将被改为：

——我最好在下周三以前写出报告。

——我最好在下次考试中拿到全班第一。

——我最好不要失败。

——我最好不要让身边的人对我失望。

——我最好带领团队实现销售翻番。

3. 否定绝对化的要求

在上一步里，目标得以被肯定，绝对化的要求被转为相对化的愿望。现在，要进一步地否定绝对化的要求。上面的例子又可以进一步被改写为：

——作为一个有上进心的员工，我最好在下周三以前写出报告，但是最近的工作很满，非要在下周三拿出来报告的理由并不存在。

——作为一个自尊心很强的学生，我最好在下次考试中拿到全班第一，但我非要考第一的理由并不存在。

——作为一个完美主义者的人，我最好不要失败，但是非要做一个没有失败的经历的人的理由并不存在。

——我最好不能让身边的人对我失望，但是去满足每个人对我的期待的理由并不存在。

——作为一个爱岗敬业的团队领导，我最好带领团队实现销售翻一番，但是一定让销售翻一番的理由并不存在。

4. 认识到失败可能发生

即使是相对愿望，也有不会实现的可能。认识到相对愿望也许无法实现这件事非常重要。也就是说，要认识到坏的结果可能发生。世界上无法被个人意志左右的事情有很多，有事无论多努力都无法如愿以偿。在上面的陈述中，挑选出下面这个来举例子：我最好不能让身边的人对我失望，但是去满足每个人对我的期待的理由并不存在。

在这个陈述里，"不让身边的人对我失望"这个目标得以被肯定，而绝对化的要求已经被去掉，同时进一步用"去满足每个人对我的期待的理由并不存在"否定了绝对化的要求。再加上对愿望可能无法实现的认识后，这个陈述又可以被改写为：我最好不能让身边的人对我失望，但是去满足每个人对我的期待的理由并不存在。事实上，我也有可能做不到让每个人都满意。

5. 现实地评价失败

正确的思考方式的另一个重要方面是——现实地评价失败。再拿出上面的例子：我最好不能让身边的人对我失望，但是去满足每个人对我的期待的理由并不存在。事实上，我也有可能做不到让每个人都满意。

错误的思考方式会这样下定论：我最好不能让身边的人对我失望，但是去满足每个人对我的期待的理由并不存在。事实上，我也有可能做不到让每个人都满意。如果我让一个人失望了，那我一定是个糟糕透了的人，我会变成不受欢迎的人。

而现实是，如果能让人人都满意固然很好，但是跟很多人相处却让一个人失望的情况是可能发生的。即使让一个人失望，我跟那个人的关系会受到影响，但这并不会说明我是一个糟糕透了的人，也不会导致我变成不受欢迎的人。就算因为让别人失望影响了人际关系，但这并不是什么不能承受的损失。

这样深入思考下去就能把错误的思维转换为正确的思维。总的来说，“最好”型的思维方式是符合时代要求的高效的思考方式。采用这一方式思考，即使期待的目标没有达成，心情也不会受到大的打击，也不会因为目标没有达成就否定目标的价值和努力的价值。

（四）采取正面行动

识别到了“可能会影响人际关系”带来的负面情绪，下一步就是采取正面的行动了。因为让别人失望可能会影响人际关系，那么我积极地采取措施去避免让别人失望，我最好多留意多倾听别人的诉求，我最好在做事情的时候照顾到别人的需求。或者，以积极的挑战心态去应对这种可能的负面结果——我接受我的人际关系可能会受影响这个事实，这并不是什么大不了的事情。

三、 压力与情绪管理实践

（一）跨越愤怒

“跨越愤怒”可用于避免“必须”型错误思维。

当场发怒的上司

在面板制造工厂工作的小明最近有些烦恼，原来，他的上司张主管当众训斥了他：“你的报告里有好几处数据错误，你是怎么搞的，还不如刚来的新员工。”

受到打击的小明对自己以及张主管都感到愤怒。诱发小明愤怒的是“必须”型错误思维方式，认为自己必须完美，不犯低级错误；认为张主管必须跟自己理想中一样，不当众批评人。因为自己和张主管都没有达到这种绝对化的完美理想状态，所以感到愤怒。

那么，在这个情景中，小明应该怎样做呢？首先，小明需要接受自己和张主管的不完美，认识到不完美的人是存在的，自己和张主管不完美是正常的。然后就要把愤怒的负面情绪放在一边，选择“不快乐”这种不容易诱发负面行为的情绪。跟愤怒的情绪相比，“不快乐”会促使人们采取行动改善局面。

（二）消除罪恶感

“消除罪恶感”可助于将自责转化为动力。

无法满足增产要求

林主管是一家芯片工厂的生产部负责人。从业多年，林主管一直以高度的责任感为人称道。一天，林主管和工厂的销售部负责人金主管一起开会。会上，销售部负责人金主管提出型号1的芯片的市场需求正在增加，要求紧急提产型号1的芯片。林主管表示支持销售部工作是他的分内之事，但现在的产能已经无法再增加了。

林主管认为自己因为不能满足金主管的要求，自己的部门生产部产能不能满足型号1芯片的市场增长要求而感到罪恶感，这是用了“必须”型错误思维方式，认为自己必须满足别人的要求，而其实他并没有什么理由要“必须”满足别人的要求。

那么，在这个情景中，林主管有哪些地方可以改善呢？首先，林主管可以承认，自己并没有什么理由必须满足金主管不可。然后，将满足金主管当成一种愿望和目标，将目标陈述为“我最好能够满足金主管”，因为是一个相对的愿望，如果目标没有实现就不会觉得有罪恶感。最后，把自责转化成动力，去寻找能帮助到金主管的地方。

（三）克服不安

害怕失败比失败本身更可怕。“克服不安”是一种较好的解决方案。

拒绝不擅长的演示

在家装公司销售部工作的小王工作了快5年了，已经成为公司的业务骨干。在销售部积累了一定的经验后，他被公司调到企划部。一天，小王的上司叶主管要求小王准备10页PPT的关于销售战略的演讲内容，在经营会议上向公司领导做演讲。小林平时缺少当众演讲的经验，害怕在领导面前出丑，如果失败了就糟糕透了，于是拒绝了叶主管的要求。叶主管只好找部门里的其他人去演讲。

诱发小王的不安是“必须”型错误思维方式。小王将完美的演讲视作必须的要求，害怕达不到要求而承受了巨大的心理压力，所以拒绝了这次机会。

那么，在这个情境中，小王的思维有哪些可以改善的地方呢？第一，小王可以试着接纳不擅长演讲的自己，将完美的演讲当成一种相对愿望。接受不擅长演讲的自己有利于减少演讲的恐惧。第二，将绝对化的“必须”型错误思维方式带来的不安转化为一种积极的负面情绪“担心”。因为担心在演讲上出错，所以积极地去准备。

总结案例

团队中的压力与情绪

多年来，六大会计师事务所之一的德勤会计师事务所在用一种特别严格的方法来决定把公司里的哪个人升为合伙人。一开始的提名、申请和面试环节结束后，进入最后筛选阶段的候选人会受邀参加一个遴选会。在那里，他们将受到严格考核和全面评估，看看他们是否能够胜任合伙人的角色。在这些有抱负的人中，有的够资格，有的不够资格。他们所承受的压力是显而易见的。

很多候选人觉得这个会议无异于新兵集训。他们感觉时刻都被枪指着。遴选委员会看他们怎么吃饭、讲话、展示、采访以及进行团队合作。

合伙人候选者分为6～8人一组。团队成员为了完成项目要通宵制定策略、收集数据、准备视觉辅助资料并撰写总结报告。他们要快速、详细、专业地回答关于客户需求的假设问题。

在第二个不眠之夜，还有两小时就要展示成果。这时候，遴选委员会中的一位合伙人走进其中一个团队所在的房间，他们正热火朝天地为成果展示做最后润色。他宣布了一个新消息，若大家相信是真的，那么这个消息会让这个团队到目前为止所做的事情都变得一无是处。然后他坐回去，观察众人的反应。

有一个候选人立马失去理智。“噢，天啊！我们完了！我们肯定不能按时完成，我们所做的一切都没用了。他们简直就是在毁了我们的整个职业生涯！”

将事件灾难化是会传染的，于是另一个候选人加入进来，同时厌恶地扔掉铅笔：“我真不敢相信。我们全搞砸了。”

眼看着反应就要失控的时候，布鲁斯·汤普森(化名)站了起来：“少安毋躁，就在几秒钟前，我们还对我们的成果展示感到非常满意。我觉得我们做得很好！要是他们只是吓吓我们，就想看看我们会做什么呢？要是我们慌了，那你们就说对了，我们是会完蛋的。要是我们不慌，我们就可以做些小调整，把这次展示敲定下来。我是说，我们要坚守阵地，让他们看看我们做出了什么。”

布鲁斯所在的团队没有意识到他们正和其他人接受着同样的考验。整个团队团结在布鲁斯的麾下，冲破了逆境。其他团队则没有那么成功。布鲁斯和多名队友都晋升为合伙人。那些逆商低的人则落败了，其中就有那位惊慌失措的候选人。遴选委员会是在考察他们认为合伙人应具备的一项最基本技能——应对逆境和克服逆境的能力。

德勤会计师事务所认识到，只有那些在持续不断的逆境面前仍能坚持不懈、进行创新并始终坚强的人才会获得成功。

分析： 在压力与困境中，管理情绪不仅仅是个人行为，也是组织行为。其实，决定一个组织抵御逆境和攀越逆境的能力，就是压力与情绪的管理。作为企业员工和管理者，都应该学会管理情绪，释放压力，让企业和个人更健康高效地发展。

活动与训练

挑战自己最不擅长的一件事

目标： 训练在困难、压力、逆反心理的状态下，完成挑战性任务。

活动形式： 任务执行。

道具： 任务执行进度表。

过程：

1. 学生列出平时自己最不擅长的事情，做出挑战计划，同时，设置一些完成任务时候可能的极限障碍和挑战，如缩短完成挑战的时间、增加完成挑战的困难度，让学生尝试在压力状态下完成任务。

2. 完成任务汇报展示、分享心得。

探索与思考

1. 压力在很多情况下会形成一种创造力和爆发力吗？

2. 情绪真的是可控的吗？为什么有时候管理情绪的方法不好用？

模块总结

在职场中生存与发展，总是充满各种未知的变数。有人能在工作上发挥得很好，晋升为中高阶主管，成为大家羡慕的职场达人；有的人终其一生都与升迁无缘，到底这些人的差别何在？俗话说“打铁还需自身硬”，一个人要想跻身于成功的职场达人之列，就得在掌握了日常工作的一般技能之后，努力地培养一些其他的关键能力。这些关键能力是决定未来职场状态、核心竞争力的主要因素。那么职场的关键能力都包含哪些呢？

首先，是问题分析与解决的能力。我们每个人几乎每天都会遇到各种各样的问题，有生活上的，也有工作上的，而解决这些问题的能力，是一个人综合能力的体现，也是在工作中创新的开始。著名教育家说："创造始于问题，有了问题才会思考，有了思考，才有解决问题的方法，才有找到独立思路的可能。"通过这部分的学习，我们可以掌握一些分析和处理问题的方法和技巧，塑造我们在职场中的不可替代性与个性。

其次，是思维与表达逻辑的能力。在职场中，做汇报、写总结、制订方案等都是在日常工作。你希望你的讲话让听众有兴趣、记得住，给人留下重点突出、逻辑清晰、结构严谨的印象吗？你希望思考时能快速厘清头绪、抓住关键、找到根源，以更好地应对错综变化的情形、有条不紊地处理各种复杂事务吗？这些你在职场中期待实现的场景，都需要通过思维与表达逻辑的训练才能实现，这也是我们职场中说好话、做好事的关键。

最后，就是压力与情绪管理，行为学家认为，"态度—行为—习惯—性格—命运"是一个循环的过程，积极的心态带来良性的循环，消极的心态则导致恶性的结果，因此良好的心态是职场必备素质之一。职业化心态则是职业人士在从事职业的过程中展现出来的符合岗位要求的心理状态，是尽自己最大的所能把工作做好，让自身价值最大化所需素质和能力的基础。它不是以这件事做了会对个人带来什么利益和造成什么影响为衡量标准的，而是以这件事与工作目标的关系为衡量标准的。更多时候，良好的职业心态应该是衡量一个职业人成熟度的重要指标。而情绪管理则是干部培养领导力的有效方式，同时也是塑造职业心态的基础和职商的表现形式。做情绪的主人，掌控好自我的情绪。

MODULE 8

扫码进入微课堂

模块八 自我管理与团队管理

标准引领

知识 1. 了解目标管理的工具与方法。

2. 了解自我管理的方法。

3. 了解建立积极心态的方法。

能力 1. 学会时间管理的工具与方法。

2. 学会自我管理。

3. 掌握团队管理的方法。

素养 1. 能够意识时间管理的重要性。

2. 意识到职场心态的重要性。

学习导航

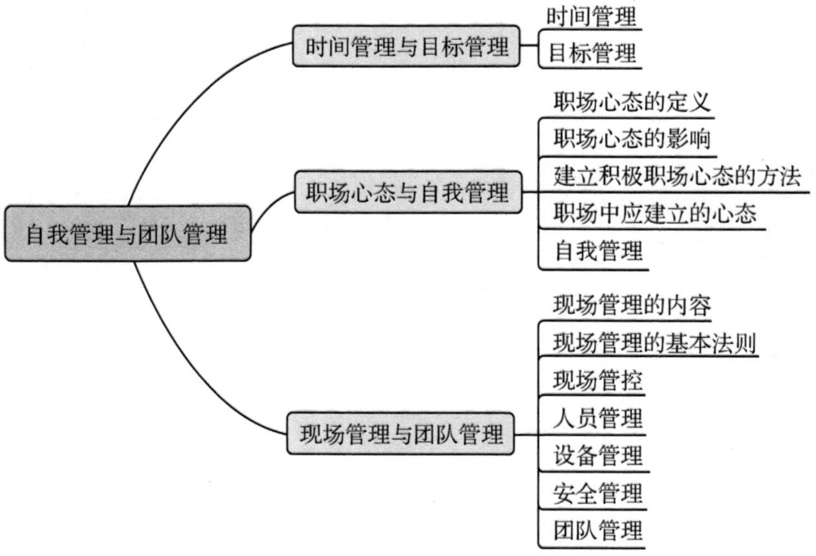

第一节 时间管理与目标管理

学习目标

1. 了解时间管理的重要性。
2. 学习时间管理的工具和方法。
3. 了解目标管理的工具和方法。

导入案例

莱金原则

美国有一位企业家查尔斯·史瓦，他在担任伯利恒钢铁公司总裁期间，曾向管理顾问艾伦·莱金请教说："请你告诉我如何能在工作时间内做好更多的事，我将支付你顾问费。"艾伦·莱金把一张白纸递给他说："请你写下你明天必须做的事，并按照重要性排列先后次序。第二天你走进办公室，先从最重要的那项工作做起，持续到此项工作完成为止。然后，你重新检查你的办事次序，着手进行第二项工作，即使着手进行的那项工作花掉你整天的时间也不要担心，一定要这样坚持下去，养成自己每天做最重要的工作的习惯，而且，还要让你的下属也这样做，并养成习惯。当你觉得这样做效率高的时候，你再付给我报酬。"

查尔斯·史瓦照做了，效果果然明显，工作效率明显提高，工作时间内的要事一一得到落实，企业的经营也随之进步。几周后他付给艾伦·莱金25000美金。这就是著名的莱金原则，即把时间用在最为重要的事情上。

分析：管理工作、管理任务、管理时间，甚至是管理自我，是职场中最常见的场景，在工作中，面对多任务，同时处理多件事情，也是进入职场后首先需要接受的心理改变，从时间管理和任务管理开始，利用学习到的好方法去提高我们完成任务的效率和质量。

一、 时间管理

（一）时间管理的重要性

俗话说，时间就是效率，时间就是金钱，时间就是生命。时间对每个人来说都很重要。每个人每天都有 24 小时，有的人将时间变成工作成果、变成成绩，而有的人任凭时光飞逝。之所以有这样的反差，就是在于是否有效利用了时间。

哲学家说："时间是物质运动的顺序性和持续性，其特点是一维性，是一种特殊的资源。"时间这种特殊资源有以下 4 个特征。

第一，无法积蓄。时间无法像人力、财力、物力那样被储藏。不论行为者是否愿意，他都必须消费时间。

第二，供给没有弹性。时间供给量是不变的，每天都是 24 小时，不会增加或减少。

第三，无法取代。时间是任何活动所不可缺少的基本资源，无法被取代。

第四，无法失而复得。时间的丧失是永久性的，人力无法挽回。

在事业上取得成功的人往往是掌握了时间管理。时间管理是指通过事先规划并运用一定的技巧、方法与工具实现对时间的灵活以及有效运用，从而实现个人或组织的既定目标。然而，从上述四个时间管理的特征可以发现，时间管理的对象不是时间，而是对时间管理者自身的管理。对自身的管理指的是引进新的工作方式和生活习惯，制订目标计划，合理分配时间，权衡轻重，加上自我约束与持之以恒。时间管理的目的是进行有效的自我管理，减少对目标毫无贡献的时间消耗，在真正意义上把握时间。

有效时间管理可减轻工作压力。掌握有效的时间管理策略，除了能避免时间截止时所带来的压力，能提早完成工作，不造成紧张与不安感。

有效时间管理可思考工作计划。有效的时间管理，使领导者与成员可获得充裕的时间回顾与评鉴，进行下一步计划之安排与思考，探求其改善与努力的方向。

有效时间管理可提高组织效能。有效的时间管理可使领导者与成员在工作时间内获致更多的"空白时间"，来从事重要但不紧急的事务，进而提高组织效能。

有效时间管理可促进目标达成。这是许多领导者最重要的目的，为了让组织的目标能快速地达成，有效率地完成组织的使命。

（二）时间管理方法

1. SMART 原则

SMART 原则也称为目标原则，明确目标是时间管理的一大法宝。目标越明确，注意力越集中，行为者就越容易在时间选择上做出更明智的决定。SMART 指的是 Specific(具体)、Measurable(可度量)、Actionable(可实现)、Realistic(结果导向)、Time-based(时间限定)。SMART 原则强调了进行目标管理的基本原则，也是员工管理时间、执行工作的基本思路。

2. 时间管理四象限法

传统的时间管理以事件的紧急程度来划分事件的优先级，只要是紧急的事情就优先处理，因此出现了一种现象——每天都忙于处理急事，却没有成就感。其实，在正确的时间做正确的事更有成就感。关于如何在正确的时间做正确的事，美国管理学家科维提出了时间管理四象限法则，将工作按照重要和紧急程度分为“重要而且紧急”“重要但不紧急”“不重要但紧急”和“不重要且不紧急”4 个象限，这 4 个象限让行为者很容易分辨事情的轻重缓急，是一种有效的时间管理工具，如图 8-1 所示。

图 8-1　时间管理四象限

3. 番茄工作法

番茄工作法是简单易行的时间管理方法，是由弗朗西斯科·西里洛于 1992 年创立的一种相对于 GTD(Getting Things Done 的缩写，即“把事情处理完”)更微观的时间管理方法。列出每日任务，并将每个任务分解为以 25 分钟为单位的一个又一个番茄钟时间，然后开始逐个执行。番茄工作法的特点在于简单、实用、好操作。使用番茄工作法，选择一个待完成的任务，将番茄时间设为 25 分钟，专注工作，中途不允许做任何与该任务无关的事，直到番茄时钟响起，然后在纸上画一个×短暂休息一下(5 分钟就行)。每 4 个番茄时段多休息一会儿。

(1)原则

番茄工作法的实施需要遵循以下原则(如图 8-2)。

①一个番茄时间(25 分钟)不可分割，不存在半个或一个半番茄时间。

②一个番茄时间内如果做与任务无关的事情，则该番茄时间作废。

③永远不要在非工作时间内使用“番茄工作法”。(例如，用 3

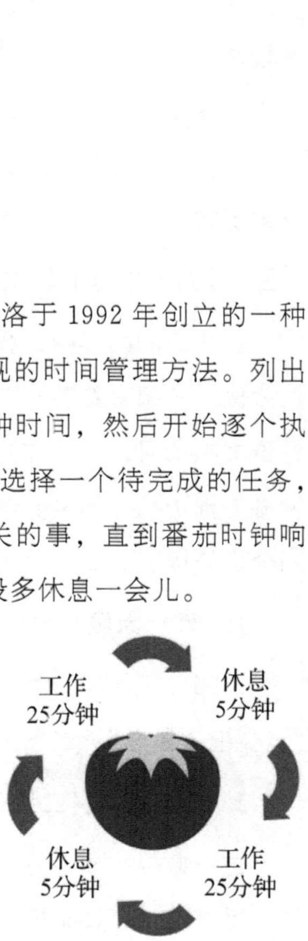

图 8-2　番茄工作法

个番茄时间陪儿子下棋、用 5 个番茄时间钓鱼，等等。)

④不要拿自己的番茄数据与他人的番茄数据比较。

⑤番茄的数量不可能决定任务最终的成败。

⑥必须有一份适合自己的作息时间表。

(2)方法

番茄工作法的具体实施方法如下。

①每天开始的时候规划今天要完成的几项任务，将任务逐项写在列表里(或记在软件的清单里)。

②设定你的番茄钟(定时器、软件、闹钟等)，时间是 25 分钟。

③开始完成第一项任务，直到番茄钟响铃或提醒(25 分钟到)。

④停止工作，并在列表里该项任务后画个×。

⑤休息 5 分钟，活动、喝水、方便等。

⑥开始下一个番茄钟，继续该任务。一直循环下去，直到完成该任务，并在列表里将该任务划掉。

⑦每 4 个番茄钟后，休息 25 分钟。

目前，有许多帮助实施番茄工作法的手机软件，如番茄工作应用程序，可以方便快捷地设置番茄时钟，计划与分解任务，统计时间使用情况等，是实现时间管理的有效工具。

（三）时间管理工具的应用

在之前的内容中，我们已经初步了解了三种不同的时间管理方法。我们以时间管理四象限法为例，一起来熟悉一下四象限的应用。四象限法则将工作分为“重要而且紧急”(如即将到期的论文和项目，上司临时交办的任务)、“重要但不紧急”(如自我提升，建立人际关系，问题的发掘与预防)、“不重要但紧急”(如陌生访客的电话)、“不重要且不紧急”(如闲聊，看视频)的四个优先级别。

1. 第一象限(一级优先)：重要而且紧急

这部分工作考验员工的经验、判断力。该象限的本质是缺乏有效的工作计划由本来处于“重要但不紧急”第二象限的事情转变而来的。

2. 第二象限(二级优先)：重要但不紧急

这一象限的事务不及时有效地处理将会转变为第一象限的事务，使员工在压力中疲于应付。反过来说，如果投入时间和精力解决这个象限里的事务，将会减少第一象限里重要而且紧急的事务。做好事先的规划、准备与预防能让很多急事无从产生。

3. 第四象限(三级优先)：不重要但紧急

这个象限的事情像第一象限一样紧急，因为任务的迫切性会让员工产生“这件事”很重要的感觉。花费大量的时间完成这一象限的任务其实只是在满足他人的期望和标准。区别第一象限和第四象限的一个重要标准是，完成这件事是否有助于达成某个重要目标。如果是，就属于第一象限，如果不是就属于第四象限。

4. 第三象限(四级优先)：不重要且不紧急

第三象限的事务，如阅读让人上瘾但无聊的小说、在办公室闲聊等，这类事务无益于完成重要目标，还造成了精力的消耗。这一象限的事务不值得花费时间。在设定优先级的过程中，区分清楚紧急与重要十分重要。时间管理专家建议，既紧急又重要的任务立刻去做，然后将精力转到重要但不紧急的任务上。

二、 目标管理

（一）目标管理的重要性

经典管理理论对目标管理(MBO)的定义为：目标管理是以目标为导向，以人为中心，以成果为标准，而使组织和个人取得最佳业绩的现代管理方法。目标管理亦称“成果管理”，俗称责任制。是指在企业个体职工的积极参与下，自上而下地确定工作目标，并在工作中实行“我控制”，自下而上地保证目标实现的一种管理办法。

美国管理大师彼得·德鲁克于1954年在其名著《管理实践》中最先提出了“目标管理”的概念。德鲁克认为，并不是有了工作才有目标，而是相反，有了目标才能确定每个人的工作。

目标管理指导思想是以该理论为基础的，即在目标明确的条件下，人们能够对自己负责。具体方法上是泰勒科学管理的进一步发展。它与传统管理方式相比有鲜明的特点。

1. 重视人的因素

目标管理是一种通过自我控制达成具体目标的管理制度，也是一种把个人需求与组织目标结合起来的管理制度。在这一制度下，上级与下级的关系是平等、尊重、互相支持的，下级在承诺目标和被授权之后是自觉、自主和自治的。

2. 建立目标锁链与目标体系

目标管理通过专门设计的过程，将组织的整体目标逐级分解，转换为各单位、各员工的分目标。从组织目标到经营单位目标，再到部门目标，最后到个人目标。在目标分解过程中，权、责、利三者已经明确，而且相互对称。这些目标方向一致，环环相扣，相互配合，形成协调统一的目标体系。只有每个人完成了自己的分目标，整个企业的总目标才有完成的希望。

3. 重视成果

目标管理以制定目标为起点，以目标完成情况的考核为终结。工作成果是评定目标完成程度的标准，也是人事考核和奖评的依据，是评价管理工作绩效的唯一标志。至于完成目标的具体过程、途径和方法，上级并不过多干预。所以，在目标管理制度下，监督的成分很少，而控制目标实现的能力却很强。

（二）OKR 工作法介绍与应用

OKR(Objectives and Key Results)即目标与关键成果法，是一套明确和跟踪目标及其完成情况的管理工具和方法，由英特尔公司创始人安迪·葛洛夫发明，并由约翰·道尔引入到谷歌使用。1999 年 OKR 在谷歌发扬光大，在脸书、领英等企业广泛使用。OKR 于 2014 年传入中国。

OKR 的定义为“一个重要的思考框架与不断发展的学科，旨在确保员工共同工作，并集中精力做出可衡量的贡献”。OKR 的主要目标是明确公司和团队的“目标”以及明确每个目标达成的可衡量的“关键结果”。

OKR 的实施流程分为四个部分(如图 8-3)，第一步确定目标，也就是 OKR 中的 O，Objectives；第二步是定义关键成果，也就是 OKR 中的 KR，Key results；第三步是推进执行；第四步是定期回顾。

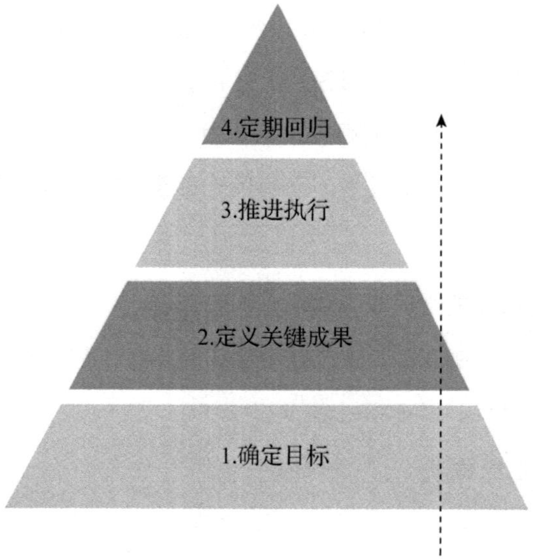

图 8-3 OKR 的实施流程

1. 确定目标：从总到分

目标务必是具体的、可衡量的，例如不能笼统地说“我想让我的网站更好”，而是要提出诸如“让网站速度加快30％”或者“融入度提升15％”之类的具体目标；不能说“使软件取得成功”而是“在9月上线软件并在11月有100万用户”。

目标必须达成共识，目标必须是在管理者与员工直接充分沟通后的共识。没有达成共识的目标不能算作目标，目标的设定以达成共识为终点。

实施的关键流程：从上至下，目标的设立顺序应该是公司到部门到组到个人。个人自己想做什么，和管理者想他做什么一般来说是不会完全相同的。那他可以通过先查阅上层的目标，在自己想做的事情范围内找到能对公司目标有利的部分，将他拿出来和自己的管理者进行讨论，做权衡取舍。某种情况下，很有可能这个自己想做的东西，会变成公司今后改变的发展方向。

2. 定义关键成果：从长期到短期

所谓的KR(关键结果)就是为了完成这个目标我们必须做什么。需要通过关键结果来衡量我们实现目标的情况。KR必须具备以下特点：必须是能直接实现目标的；必须具有进取心、勇于创新的，可以不是常规的；必须是以产出或者结果为基础的、可衡量的，设定评分标准；不能太多，一般每个目标的KR不超过4个；必须是和时间相联系的。

关键成果既要有年度KRs，也有季度KRs。年度KRs统领全年，但并非固定不变，而是可以及时调整，调整要经过批准；季度KRs则是一旦确定就不能改变的。在这里要切记可以调整的是KRs，而不是目标。目标不能调整，措施和方法(KRs)可以不断完善。同样KRs的设定也必须是管理者与员工直接充分沟通后的共识。

3. 推进执行：重点明确负责人

当有了关键成果(期望的结果)后，就要围绕这个具体的目标来分解任务了。所以，每项关键成果就会派生出一系列的任务，交给不同的同事负责。关键成果负责人就成了名副其实的项目经理，来组织协调大家。因此，关键成果的项目经理应当是团队非常重要的成员，他们能够调度和影响企业资源。如果他还不具备这个能力，就不能把这个权力给他。至少，项目经理和企业决策者之间应当保持沟通的绝对通畅。

4. 定期回顾：绩效与薪酬挂钩

每个季度做回顾。到了季度末，员工需要给自己的KRs的完成情况和完成质量打分。这个打分过程只需花费几分钟时间，分数为0～1分，而最理想的得分是0.6～0.7分。

每个员工在每个季度初需要确定自己本季度的 OKR，在一个季度结束后需要根据自己这个季度的工作完成情况给 OKR 打分。每半年公司会进行一次绩效回顾，主要是回顾员工过去半年的绩效，并根据绩效回顾的结果变更业务职级和薪酬。值得一提的是，所有的个人绩效回顾的成就内容及级别都是全公司公开的。这个对于很多公司来说是不可想象的，因为一方面可以做到更为公平和透明，另一方面也给每位同事提供了更好学习和成长自己的样本，激励大家在产品研发中以更高目标的挑战和要求自己。

总结案例

忙碌中的思考

设计师小韩早上 9 点准时来到公司，便接到主管的通知，让他做一份公司最近活动的宣传海报。接到任务后，小韩就开始找设计素材、确定设计方案。大约一小时之后，运营部的同事过来打断了他，说：“小韩，昨天给你的文案看了吗？我们开会讨论一下，做成一个给客户看的方案。”小韩看了看手头的工作，觉得时间还早，可以开完会再接着做。然后就回答同事说：“好，我拿下笔记本。”就和同事一起去会议室了。

一小时后，会议结束，小韩回到座位上，看着之前做了一半的设计方案，脑子里瞬间空白了，之前是怎么想的呢？设计思路彻底被打乱了。这时候，刚才的同事又过来，说：“小韩，刚才我们讨论的方案我发你邮箱了，需要你配几张图，然后打印好呈交给张总。他一会儿要看。”小韩急忙打开邮箱，编辑了一会儿文案，配了几张图片后去打印室打印材料。打印一半，打印机卡纸了，小韩又找到维修师傅帮忙解决，中午的时候才将打印好的材料给张总送过去。等他再次坐到工位上，午饭时间已经过去，早上的设计方案还没有做。忙忙碌碌一上午，感觉什么也没做。

小韩的工作状态可谓是“随波逐流”。每次出现新任务或者状况，小韩就立马去处理，每次被打断、分散注意力，最终导致效率大大降低。而且，小韩没有选择和排序的处理事情，看似什么事情都做，其实相当于没有抓住工作的重点。花费大量时间在打印文件、配合同事这样的事情上，非常不明智。如果小韩有一定的时间管理思维和项目管理的能力，合理的做法应该是怎样的呢？

小韩在来到公司后，就应该罗列一下今天的工作任务，比如有没有之前做了一半的工作，有什么新的任务，这些任务的最后期限，以及每个任务预计需要的时间。之后，小韩接到了今天的第一个设计任务，这是个新任务，领导要求今天做完，根据经验和自己的工作能力，预计完成需要三小时，留出和主管沟通细节修改的时间，这个任务需要四小时，然后开始工作。这时候，运营部的同事过来找小韩说讨论昨天文案的事情。小韩需要和同事确认几件事：第一，下午讨论是否可以(尽量3～4小时之后)。第二，需要讨论多久，是否需要我全程参与。这样，如果可以下午讨论，上午的时间小韩就可以专注完成手头的工作而不会分心；如果碰巧也是一个比较着急的项目，需要立刻讨论，这时候，可以在记事本上先把自己手头的工作进度和思路做个简单的总结和记录，这样方便后续工作。

会议结束后，小韩可以立刻回到原来的工作中，查看笔记，重拾思路，这时候同事过来说修改文件和打印的事情。这个事情其实是可以对方做，也可以自己做的一个事情，完全可以和对方说：我把你需要的配图发给你，你打印，我这里有一件很着急的事情，之前开会已经耽误了。通常这种情况下同事也不好再继续打断你的工作，就不会有后面的打印的事情。即使是真的自己打印遇到了打印机坏了的情况，也要和同事明确提交文件的最后时间，错开时间去完成，或者交给其他同事。

其实在职场中很多时候就是思维的不同造就了结果的不同，管理时间和任务的思维很大程度上决定了工作的结果。

分析：以上案例讲了小韩在工作中遇到的一个多任务处理的场景。很多职场中看似忙忙碌碌的人，看似做了很多事情，自己也很辛苦，可是老板不满意，同事不理解。原因就是缺乏对工作任务权重的分析和分配，之后又缺乏时间上的规划，和同事沟通过程中也不懂得适当的拒绝和协调，只懂得接受。当换一种方式和思维之后，结果就会截然不同。

活动与训练

忙碌的一天

目标：通过复盘的方式学习时间规划和任务规划的方法。

活动形式：小组讨论。

道具：任务列表、大白纸、便利贴。

过程：

1. 学生5人一组，每组一个组长，每人回顾自己最忙碌的一天且同时处理多个事情的经历，运用本节课学习的方法，重新分析一下自己当时的处理方法，写出新的时间规划和任务规划。

2. 每组选派代表，挑选小组一个成员的案例进行分析和分享。小组之间互评打分，选出最佳规划小组。

探索与思考

1. 如何结合实际应用和学习时间管理的方法？

2. 如何将一个复杂的任务拆分到最小的单元？

第二节 职场心态与自我管理

学习目标

1. 了解职场心态的重要性。

2. 了解建立积极职场心态的方法。

3. 了解自我管理的方法。

导入案例

为自己工作

“我只拿这点钱，凭什么去做那么多工作，我傻呀。我为公司干活，公司付我一份报酬，等价交换而已，我不欠谁的。我只要对得起这份薪水就行了，多一点我都不干，做了也白做。工作嘛，又不是为自己干，说得过去就行了，干吗那么认真。”这种“我不过是在为老板打工”的想法很普遍。在许多人眼里，工作只是一种简单的雇佣关系，做多做少，做好做坏，对自己意义不大，达到要求就行了。因此，工作的质量、标准都不高。我们到底是在为谁工作呢？工作着的人都应该问问自己。

如果不在年轻的时候弄清这个问题，不调整好自己的工作心态，那么我们很可能与成功无缘。有这么一个故事，说的是有个叫杰克的人，他在一家贸易公司工作了一年。由于不满意自己的工作，他总是愤愤不平地对朋友说：“我在公司里的工资是最低的，老板也不把我放在眼里，如果再这样下去，总有一天我要跟他拍桌子，然后辞职不干了。”当时有些人听了一笑了之，但是，其中有一个朋友问了一句：“你把现在这家贸易公司的业务都弄清楚了吗？弄懂了吗？”他老老实实地回答：“还没有！”这时他朋友又说：“君子报仇，十年不晚！我建议你先静下心来，认认真真地工作，把他们的一切贸易技巧、商业文书和公司组织完全搞通，甚至包括如何书写合同等具体细节都弄懂了之后，再一走了之。这样做岂不是既出了气，又有许多收获吗？”杰克听从了这位朋友的建议，一改往日工作的散漫习惯，开始认认真真地工作起来，甚至下班之后，还常常加班加点地留在办公室里研究商业文书的写法。

一年之后，那位朋友偶然遇到他，就问：“现在你大概都学会了，可以准备拍桌子不干了吧？”杰克说：“可是，我发现近半年来，老板对我是刮目相看了，最近更是委以重任，不但升职而且加薪。说实话，不仅仅是老板，公司里的其他人都开始敬重我、羡慕我了！”

分析：随着职场压力的不断增大，对心态的把握显得越来越重要。在职场中做事，要有主人翁心态，不要认为工作是老板的。在工作中主动发现，主动学习，最终获得收获的是自己。如果抱着拿多少钱干多少事的心态，吃亏的也是自己。

一、 职场心态的定义

职场心态就是指在工作的时候对事物发展的反应和理解表现出不同的思想状态和观点，是人们在面对职场或在职场中工作时的心态。心态是劳动者经过较长时间的工作形成的一种综合的心理行为模式或状态，是体现职业素养的一个重要方面。只有摆正自己的心态，才能更好地适应职场。

职场上，有的人积极向上，也有的人消极被动。积极主动的人发展得越来越好，消极被动的人发展得越来越差。随着时间的流逝，两者之间的差距越来越大，这时候很多人就希望自己能够拥有正能量和积极的心态，减少消极的心态，管理好职场心态就显得十分重要。

二、 职场心态的影响

职场心态对职业人的工作状态与工作成效有着重要的影响。具备良好的职业心态才能取得成功，良好的职业心态已经成为现代职业人士必须具备的技能。工作中有些不良的职场心态阻碍的人际关系的正常发展，也影响到个人乃至组织的绩效发挥，比较常见的有以下几种。

（一）自卑心理

职场中很大一部分人对自己不够自信，存在自卑心理。这种心理会极大程度地限制人的发展。带着这种心理在面对职场竞争对手时会不战而败。因为对自己没有信心，总会觉得自己这个不行那个不会，在心里就觉得自己一无是处，最终陷入一种恶性循环。办事没有勇气，畏首畏尾，随声附和，没有自己的主见。这种心理如果不克服，会磨损人的个性和独立性。

（二）怯懦心理

胆小、怯懦的心理产生的原因主要有两个方面，一个是家庭教养方式不当导致的，如包办代替、过分宠爱；另一个是不良性格导致的，如自卑、软弱、敏感、多疑等。在社交中，工作中即使自己认为正确的事、经过深思熟虑的事也不敢表达出来。这种心理被其他人察觉后，不利于建立信任的关系。

（三）猜疑心理

猜疑心里表现在交往过程中，自我牵连倾向太重。何谓自我牵连倾向，就是总觉得其他什么事情都会与自己有关，对他人的言行过分敏感、多疑。例如，有的人托朋友办事，又向其他人打听朋友办事的具体细节，结果影响了朋友之间的关系。这样便不能轻松自然地与人交往，久而久之不仅自己心情不好，也影响到人际关系。由于自我封闭，阻隔了外界信息的输入和人间真情的流露，便由怀疑别人发展到怀疑自己、怀疑自己的能力，失去信心，变得自卑、怯懦、消极、被动。

（四）逆反心理

逆反心理是指人们彼此之间为了维护自尊，而对对方的要求采取相反的态度和言行的一种心理状态。逆反心理是一种单值、单向、单元、固执偏激的思维习惯，它使人无法客观地、准确地认识事物的本来面目，而采取错误的方法和途径去解决所面临的问题。逆反心理经常、反复地呈现，就构成一种狭隘的心理定式，无论何时何地都与常理背道而驰。表现形式上与富有创造性的行为颇有类似之处，因此某些逆反倾向严重的青年也常对此津津乐道，或在心理上为自己的怪异行径寻求“科学”的根据。

三、 建立积极职场心态的方法

社会竞争激烈，人际关系复杂。建立积极的职场心态，有助于掌握有效的方式方法，创造业绩，建立人际关系，以全新的自我迎接职场人生。下面介绍 5 个建立积极职场心态的方法。

（一）自我调整

无论是职场中还是生活中，你不能样样顺利，但可以事事尽心；你不能左右天气，但可以改变心情；你不能选择容貌，但可以展现笑容；你不能预知明天，但你可以用好今天。你不能改变别人，你只能改变自己。所有这些的关键就是积极主动地调整自己的心态。

因此，遇到危机时我们要看到危机后面的转机；遇到压力时要看到压力后面的动力；遇到挫折时要看到挫折后面的成长，遇到成功时要看到成功后面的失败。总之，任何事情都有两个以上的选择，我们要做的是选择积极的应对心态。有专家研究，一个乐观系数高的人，在处理问题时，他就会比一般人多出20%的机会得到满意的结果。因此正向乐观的态度不仅会平息由环境压力而带来的紊乱情绪，也较能使问题导向积极正面的结果。

（二）主动出击

平时可以主动积极地建立与改善人际关系，定期与上级、同事及下属沟通，定期分配时间与配偶、孩子、父母进行情感交流。在压力过大或情绪不佳时，要尽快地寻求上级、同事、朋友或家人的协助，不要试图一个人就把所有压力与痛苦都承担下来。要筹建自己心情的蓄水池和支持系统，成功时有人分享，挫折时有人倾诉。

（三）加强学习

压力和郁闷的来源是自身对事物的不熟悉、不确定感，或是对于目标的达成感到力不从心，或是担心自己被淘汰。那么，缓解压力和减少不安的最直接有效的方法，便是去了解、掌握状况，并且设法提升自身的能力。通过读书、读人、读事，通过自学、参加培训等途径，提升自己的职业能力和职业竞争力。一旦“会了”“熟了”“清楚了”，能力提高了，你的自信心自然会增强成就感自然会增加，你的快乐与阳光指数自然会上升。

（四）理性反思

理性反思就是积极进行自我对话和反省。对于一个积极进取的人而言，面对压力和不良情绪时可以自问，“如果没做成又如何?”“如果真的像别人说的那样又如何?”“我真的是一个粗心的人吗?”“我真的是责任心不强吗?”，等等。这样的想法并非找借口，而是一种有效疏解压力的方式。并且，在不断地自我追问中，我们会找到真正的问题所在。

（五）加强锻炼

健康的身心是我们塑造阳光心态的基础。学会肌肉放松、深呼吸，加强锻炼，充足完整的睡眠，保持健康和营养等，这些都应该纳入我们平时工作与生活的计划之中。通过保持你的身体健康，你可以增加精力和耐力，从而帮助你抵抗压力与消极情绪的侵袭。

四、职场中应建立的心态

（一）主动心态

当然，这说的不仅仅是积极主动，还要有积极乐观的心态，保持活力。如果你能够持久地保持你这种状态，那么你的激情的心态就会处于爆发的状态，你做什么都会有动力的。

（二）谦虚心态

即使你现在的成就很高，资历人脉都很好，还有着超强的工作能力，但是这也不是你不谦虚的理由。谦虚会让你得到的更多。真正的谦虚会让你得到更多的帮助，你要做的就是多发现别人的优点，这样你在与他人相处当中就会更顺利。

（三）务实心态

不懂就问，实实在在地做好自己的本职工作，不要眼高手低，认真地做好每一件小事。如果你都能把一件小事做到极致，那么做其他的事情也不会有什么大问题，执行在于细节。

（四）成长心态

在职场中最重要的就是成长。如果你一直停留在原地，那么你也就只能被淘汰。不要担心自己会出丑，做事情抢着做。当然，想要成长就必然要付出一定的代价，不要害怕失败，更不要因为害怕失败而去放弃。要懂得从失败中吸取教训，不要让自己在同一个地方摔倒两次。

（五）竞争心态

现在的世界就是这么的残酷。适者生存，不适者淘汰，这是大自然的生存规律，在职场中也同样适用。不会因为你是弱者别人就会同情你、给你发展的机会，就像没有人会因为狼吃掉了羊而去同情羊。你只有让自己变得更强大，你才能不被淘汰，也能够走得更远。

五、 自我管理

自我管理，可以视为与自我的关系管理，就是指个体对自己本身，对自己的目标、思想、心理和行为等表现进行管理。自己把自己组织起来，自己管理自己，自己约束自己，自己激励自己，自己管理自己的事务，最终实现自我奋斗目标的一个过程。自我管理又称为自我控制，是指利用个人内在力量改变行为的策略，普遍运用在减少不良行为与增加好的行为的出现。自我管理注重的是一个人的自我教导及约束的力量，即行为的制约是透过内控的力量(自己)，而非传统的外控力量(教师、家长等)。职场人要及时给自己充电，可以通过以下 3 个方法提高自己的能力。

（一）不断丰富知识结构

丰富自己的知识结构，可以向书本学习，不是为了下笔如有神，而是为了解决问题如有神。书本、报纸、杂志等是知识的基本来源，养成长期坚持读书看报，思考总结的习惯，日积月累，知识水平肯定会大大提升，这些知识将在工作实践中、与人交往中发挥作用。

（二）在实践中学习

读万卷书不如行万里路。只知道知识和道理还不够，职场人还应学会在实践中学习。与同事合作时可以学习，与同行、客户交流时可以学习，只要你做有心人，怀着谦卑的态度，那么你的所见所闻、所经历的一切都可以是学习素材。

（三）向优秀的人学习

优秀的人是标杆也是旗帜。可以是你的上司也可以是下属，可以是你的同事也可以是你的朋友。有的拥有丰富的工作经验，有的有远大的见识。只要能保持谦虚的心态，在平时生活中、工作中向他们学习，就可以取长补短，提升自己的综合素质。

总结案例

里根和福特的自我管理

大卫·格根曾经为美国四任总统工作过，现在是哈佛大学肯尼迪政府学院的公共领导力中心主任。他说，尼克松是伟大的战略家，但是他没有能够约束自己心中的黑暗面。克林顿的“心智和口头表达能力要远远超过当代国际舞台上的任何一个人”，但是他也没有能够约束住自己，还不仅如此。“如果说尼克松一直都在光明与黑暗之间挣扎的话，我感觉克林顿的核心问题是：他的内心没有一个明确的指针。他拥有 360 度的视角，却没有一个坚定的真北。他的内心不够强大……他不清楚自己到底是谁，总是希望通过别人的视角来定义自己。这让他变成了一个充满冲突和矛盾的人，而在其他人看来，他似乎也是一个矛盾的混合体，给人一种忽强忽弱的感觉。”而与这两位相比，不算聪明的福特和里根却是自我管理的典范。“尼克松离开白宫之后，我的上司变成了杰瑞·福特，然后是罗纳多·里根。两人都不及尼克松聪明，但他们最终取得的成就却远比尼克松出色，尤其是里根。福特非常了解自己，非常清楚自己的长项和弱项，而且由于他有着很清醒的意识，所以他很愿意请一些比自己更加聪明的人担任内阁成员。因此，他虽然担任总统的时间不长，但他却成功地组建了美国现代史上最出色的内阁；虽然他先后经历了多次失败，但他能够从中总结经验教训，最终以自己的人格魅力给白宫带来了荣耀，并拯救了整个国家。”“里根跟福特一样，也是一个非常了解自己的人，并且能够坦然接受自己的一切。他不仅在生活中有着明确的指针，在政治上也有着非常明确的信念，并且他还将自己那极富感染力的乐观精神传遍整个美国。不管他的政策是否得到认同，但他无疑是自富兰克林·罗斯福以来最优秀的美国总统。里根并没有自以为是，他非常清楚自己应该怎么做。”

分析： 无论是总统还是职员，其实认识自我、管理自我都是非常重要的，而且要时刻保持这样的心态，要不然就会在重大抉择问题面前出现大的问题。

活动与训练

职场心态辩论会

目标： 通过辩论的方式，体会职场不同心态思辨的过程，理解心态对于职业行为决策的影响。

活动形式： 辩论会。

道具： 辩论赛赛制、正反双方。

过程：

1. 将学生分成4人一组，分别为正反双方，依据辩论赛赛制规则，展开不同主题的辩论。
2. 体会辩论中不同的职场心态带来的执行行为和后果。

（参考辩论主题为：“职场经验比收入更重要”“和同事是竞争关系还是合作关系”）

探索与思考

1. 如何做好自我管理？
2. 职场心态是否会影响工作完成的结果？

第三节 现场管理与团队管理

学习目标

1. 了解现场管理的方法。
2. 了解团队管理的方法。
3. 了解流程管理、绩效管理。

导入案例

炮兵的分工

一位年轻的炮兵军官上任后，到下属部队视察操练情况，发现有几个部队操练时有一个共同的情况。在操练中，总有一个士兵自始至终站在大炮的炮筒下，纹丝不动。经过询问，得到的答案是：操练条例就是这样规定的。原来，条例因循的是用马拉大炮时代的规则，当时站在炮筒下的士兵的任务是拉住马的缰绳，防止大炮发射后因后坐力产生的距离偏差，减少再次瞄准的时间。现在大炮不再需要这一角色了。但条例没有及时调整，出现了不拉马的士兵。这位军官发现后及时上报，规则随之修改并在部队中推广。这位军官的发现使他受到了国防部的表彰。

分析：管理的首要工作就是科学分工。只有每个员工都明确自己的岗位职责，才不会产生推诿、扯皮等不良现象。如果公司像一个庞大的机器，那么每个员工就是一个个零件。只有他们爱岗敬业，公司的机器才能得以良性运转。公司是发展的，管理者应当根据实际动态情况对人员数量和分工及时做出相应调整。否则，队伍中就会出现“不拉马的士兵”。如果队伍中有人滥竽充数，给企业带来的不仅仅是工资的损失，而且会导致其他人员的心理不平衡，最终导致公司工作效率整体下降。

一、 现场管理的内容

生产现场是指从事产品生产、制造或提供服务的场所，也就是劳动者用劳动手段作用于劳动对象，完成一定生产作业任务的场所。生产现场一般是指企业的作业场所，我国工业企业习惯称之为车间、工厂或生产线。

现场管理是指用科学的标准和方法对生产现场各生产要素，包括人(工人和管理人员)、机(设备、工具、工位器具)、料(原材料)、法(加工、检测方法)、环(环境)、信(信息)等进行合理有效地计划、组织、协调、控制和检测，使其处于良好的结合状态，以达到优质、高效、低耗、均衡、安全、文明生产的目的。

现场管理有创造良好的工作环境、解决现场问题、消除不利因素和建立合理的组织机构四个方面的内容。

（一）创造良好的工作环境

为现场作业人员创造一个良好的作业环境是现场管理者的首要工作，也是开展生产的前提条件。总的来说，创造良好的工作环境就是将生产中的人员、物资和设备等协调到最佳状态。

（二）解决现场问题

生产现场常会出现各种各样的问题，如设备故障、沟通不畅、员工技艺不熟练、积极性不高等。现场管理要求对这些问题进行全面的分析，并根据问题的轻重缓急统筹解决。

（三）消除不利因素

现场管理的基本工作就是设置时间节点并推进工作的开展，按计划完成生产任务。这个过程也是消除各种不利因素的过程。为了实现这个过程，现场管理者必须找出妨碍正常生产活动进程的异常情况，并采取措施。一般来说，产生异常的因素有操作者精神状态差、材料供应不及时、作业环境不好、工艺方法发生改变等。

（四）建立合理的组织机构

有机地将生产人员组织起来，能充分发挥集体的作用。现场管理者应掌握每一位员工的特点，了解他们在现场中的工作情况和作用。现场管理的最终目标是完成生产任务，所以现场管理者必须建立起合理有效的现场组织管理机构。

二、 现场管理的基本法则

生产现场的基本法则有如下五点。

（一）问题发生时，要先去现场

对现场管理者而言，所有工作都是围绕现场进行的。当问题发生时，要做的第一件事就是去现场，因为现场是所有信息的来源。现场管理者必须随时掌握现场第一手情况并及时处理或向上级报告。

（二）检查现场

在详尽检查现场后，现场管理者应该马上确认问题产生的原因。例如，对一个刚产出的不合格的产品，握在手中，去接触、感觉并仔细观察，然后再去观察生产的方式和设备，这样很容易确定产生问题的原因。

（三）当场采取暂行处理措施

认定了问题产生的原因，现场管理者可以当场采取改善措施。如工具损坏了，可安排人员去领用新的工具或使用替代工具，以保证作业的进行。

（四）发掘并排除问题的真正原因

发掘现场原因的有效方法之一就是持续地问为什么，直到问到引发问题的原因为止。

（五）标准化处理，以防问题再次发生

为了防止同样的问题，改善后的作业程序就必须标准化，并依标准化—执行—核查—处置的过程展开循环。

三、现场管控

做好5S管理(如图8-4)是做好现场管控的有效方法之一。

5S是整理(Seiri)、整顿(Seiton)、清扫(Seiso)、清洁(Seiketsu)和素养(Shitsuke)这5个词的缩写。5S起源于日本，是指在生产现场对人员、机器、材料、方法等生产要素进行有效管理。这是日本企业的一种独特的管理办法。

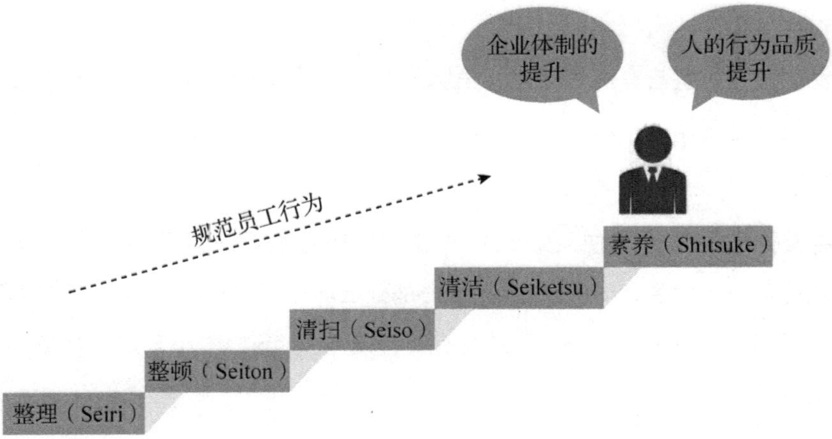

图8-4 5S管理模式

5S应用于制造业、服务业等，有助于改善现场环境的质量和员工的思维方法，使企业能有效地迈向全面质量管理。5S主要是针对制造业在生产现场，对材料、设备、人员等生产要素开展相应活动。5S对于塑造企业的形象、降低成本、准时交货、安全生产、高度的标准化、创造令人心旷神怡的工作场所、现场改善等方面发挥了巨大作用，是日本产品品质得以迅猛提高并行销全球的成功之处。

（一）整理

第一，把要与不要的人、事、物分开，再将不需要的人、事、物加以处理，对生产现场的现实摆放和停滞的各种物品进行分类，区分什么是现场需要的，什么是现场不需要的。第二，对于现场不需要的物品，诸如用剩的材料、多余的半成品、切下的料头、切屑、垃圾、废品、多余的工具、报废的设备、工人的个人生活用品等，要坚决清理出生产现场。这项工作的重点

在于坚决把现场不需要的东西清理掉。对于车间里各个工位或设备的前后、通道左右、厂房上下、工具箱内外，以及车间的各个死角，都要彻底搜寻和清理，达到现场无不用之物。

（二）整顿

把需要的人、事、物加以定量、定位。通过前一步整理后，对生产现场需要留下的物品进行科学合理的布置和摆放，以便用最快的速度取得所需之物，在最有效的规章、制度和最简捷的流程下完成作业。

（三）清扫

将工作场所的污垢清除，使异常之发生源很容易发现。这是实施自主保养的一步，主要是提高设备完好率。

（四）清洁

坚持与深入整理、整洁、清扫活动，消除发生安全事故的根源，创造一个良好的工作环境，人们能够愉快地工作。

（五）素养

努力提高人员的自身修养，使人员养成严格遵守规章制度的习惯和作风，是“5S”活动的核心。

随着企业的进一步发展，很多企业在5S的基础上增加了安全(Safety)和节约(Save)，就形成了7S，有的企业甚至是推行12S。但是所有的都是基于5S衍生出来的，都是非常有效的现场管控的方法。

四、 人员管理

要使生产现场的工作顺利进行，企业必须把人员配备妥当。现场人员的配备应当根据生产现场作业的需要，为不同的工作配备相应工种和技术等级的员工。

（一）生产现场人员配备的要求

生产现场人员的配备应该采用人岗匹配的原则，发挥人员的专长和积极性，明确每个人的职责，保证每人都有足够的工作量。

（二）生产现场人员配备的核心要素

生产过程中，要考虑人员的合理搭配。在实际生产中，除了考虑男女员工的分工安排，还应该考虑成熟技术工与辅助工的比例、班制调配、员工老龄化、临时工等要素。

（三）人员编制

实际生产中，可以依据工艺确定岗位，同时还应当设置职能管理岗位，来保证生产环节的有序的运转。

（四）生产现场人员定岗管理

生产现场人员的定岗是有一些比较成熟的方法的。例如，比例定员法，还有按照组织机构、职责范围和业务分工定员法。

五、设备管理

生产设备对生产有着重要影响，没有好的设备就制造不出好的产品。做好现场生产设备的管理要做好以下几点。

（一）做好设备的识别

设备的识别包括设备的名称、管理编号、精度校正、操作者、维护人员、运作状况、设备位置、安全逃生和生命急救装置。

（二）制作操作说明书

对某项设备各个技术环节的操作进行指导说明，让使用者掌握必要的生产技术，合理使用设备。

（三）凭证操作

操作证指准许操作人员独立使用设备的证明文件。操作人员通过技术基础理论和实际操作技能培训，经考核合格后方可取得操作证。

（四）“三好四会”

“三好”指的是管好、用好、修好；“四会”指的是会使用、会保养、会检查、会排除故障。

（五）常做整顿工作

要定期对设备进行整顿，即清扫、操作和检修。

六、安全管理

安全管理是为实现安全目标而进行的有关决策、计划、组织和控制等方面的活动；主要运用现代安全管理原理、方法和手段，分析和研究各种不安全因素，从技术上、组织上和管理上采取有力的措施，解决和消除各种不安全因素，防止事故的发生。

做好安全管理有以下 5 个重点。

（一）风险评价，抓源头控制

风险评价是企业安全管理中采用的一种技术手段，通过危险源的划分和预评价，找出各单位中存在的危险因素，然后有的放矢，采取必要的安全对策加以解决，从危险源源头上予以控制，来达到安全生产目标。因此，该公司依据本身的生产特点，将整个生产流程划分为若干单元，然后进行危险分析和不可接受危险程度的评价。对不可以接受的因素，及时拿出相应的安全对策和资金进行整改，而对不能接受的危险，则告知员工可能发生什么结果，以及应如何做好预防。

（二）加强监督，抓隐患整改

监督检查是安全生产管理工作的一项保证措施，是安全管理网络里的一个双向载体。通过它可以对公司的安全决策监督实施，又能快速向公司决策层，反馈最新的安全信息，并根据这些信息做出决断。其目的就是及时发现危害因素，快速消除安全隐患。

（三）总结工作，抓整改提高

通过阶段性的总结和评比找出差距，找出安全管理中的漏洞，作为下一阶段应解决的问题，达到提高整体安全管理水平的目的。这个提高包括言论理念和行为意识、客观环境和管理技术。这方面工作的开展，是真正地实现一个全方位的安全群防体系。

（四）更新理念，抓积极因素

“以人为本”找准切入点，开展具有针对性的长期细致的工作，从根本上改变“要我安全”到“我要安全”思想的彻底转变，将安全预防工作的重点前移到加强安全教育，提高全员安全素质的环节上来。

（五）落实责任，抓网络建设

安全生产责任制的落实，是有效控制安全生产事故的中心工作。落实责任的途径，则是依靠合理的安全管理网络，采取安全生产责任横向划分，落实到边，和安全生产目标，逐层分解鉴定到底的方法，使各个体单位安全目标实现，便能确保安全生产总目标的实现。

七、 团队管理

（一）团队管理的原则

团队管理指在一个组织中，依成员工作性质、能力组成各种小组，参与组织各项决定和解决问题等事务，以提高组织生产力和达成组织目标。基本上，小组是组织的基本单位。各种小组的形成，若是成员能力具有互补性，形成异质性团队，其效果较佳，因为可从不同观点讨论，激发更有创意或独特的问题解决方式。

团队管理需要遵循目标一致、激发潜能、树立标杆、创建学习氛围、增进团队意识五个方面，如图 8-5 所示。

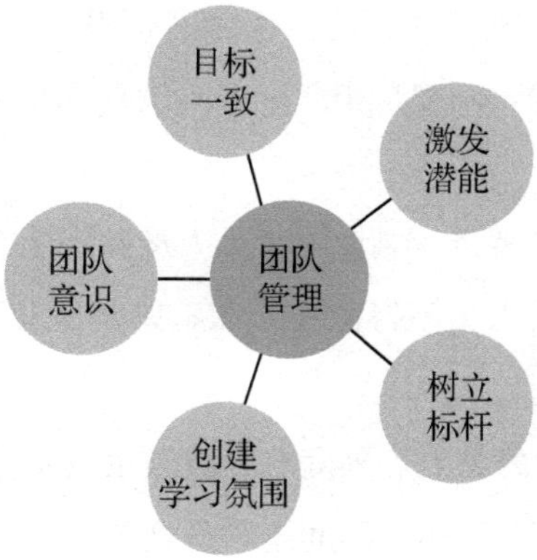

图 8-5 团队管理的原则

(1)目标一致

只要当事者的思想不统一、意识跟不上(不主动、不想干)、考核不到位，再好的措施也得不到好的执行。“思想统一”不仅是喊口号，更是遇到问题不退缩、不迟疑的保证，是提升执行力的最大保障。所以要想带好一个团队首先要把部门目标与公司(组织)目标紧密结合起来并可行的落实到团队每个成员头上，围绕公司的中心目标来分解自己的工作并毫不怀疑的去执行。

(2)激发潜能

善于激励，激励就是力量。激励可以诱之以利，也可以惧之以害，但是最有威力的激励是改变心态。一个人不断成长的关键是——心态。经常调整自己的心态，改变自己消极负面的状态。要以结果为导向，要善于引导下属将思想、注意力集中于光明前景(结果)。

(3)树立标杆

一个团队中成员素质、能力参差不齐。管理者不但要帮助能力弱、业绩差的“短板”成员来提升整个团队的业绩，更要注重培养工作业绩、学习意识等各项综合表现突出的下属把他们树为标杆，在例会中介绍推广他们的优秀业绩和成功经验以带动整个团队士气的提升。

(4)创建学习氛围

学习最主要的是静下心来，去除浮躁。一个人从来心都静不下来，哪有智慧？人在焦躁的情况下做出的决定往往是错误的。一个不愿意成长的领导是没有未来的。

(5)增进团队意识

团队是由人组成的，激发团队的内动力首先要着眼于团队内部的每个成员。这对管理者提出了很高的要求，但有思路和途径可以遵循。

（二）制度管理

制度，也称规章制度，是国家机关、社会团体、企事业单位，为了维护正常的工作、劳动、学习、生活的秩序而制订的。制度是企业生存与发展的保障。企业有了制度就有了公平，有了公平就有了效率。

制度具有指导性和约束性的特点。制度对相关人员做些什么工作、如何开展工作都有一定的提示和指导，同时也明确相关人员不得做些什么，以及违背了会受到什么样的惩罚。因此，制度有指导性和约束性的特点。

制度也具有鞭策性和激励性的特点。制度有时就张贴或悬挂在工作现场，随时鞭策和激励着人员遵守纪律、努力学习、勤奋工作。制度还具备规范性和程序性的特点。制度对实现工作程序的规范化，岗位责任的法规化，管理方法的科学化，起着重大作用。制度的制定必须以有关政策、法律、法令为依据。制度本身要有程序性，为人们的工作和活动提供可供遵循的依据。

好的制度管理要遵循以下原则。

完善：完善的制度是规范企业、约束员工的有效保障。只有完善的制度，才能让管理走向规范化。

公平：制度就是为了维护公平。只有通过奖优惩劣，才能激励大家积极进取。

服众：制度好不好、能不能得到执行，关键是要看制度能不能服众。能服众的制度才是大家认可的制度。

（三）流程管理

流程管理主要是对企业、团队内部改革，改变企业职能管理机构重叠、中间层次多、流程不闭环等，使每个流程可从头至尾由一个职能机构管理，做到机构不重叠、业务不重复，达到缩短流程周期、节约运作资本的作用。

流程管理最终希望提高顾客满意度和公司的市场竞争能力并达到提高企业绩效的目的。依据企业的发展时期来决定流程改善的总体目标。在总体目标的指导下，再制订每类业务或单位流程的改善目标。

流程管理分为流程梳理、流程优化和流程再造 3 个步骤。

1. 流程梳理

流程梳理的过程包括组织流程调研，确定流程梳理范围，流程描述，整理作为日常工作的指导依据。

2. 流程优化

流程优化是为了实现流程描述，利用流程管理工具优化流程。优化后，将流程收集成册，作为日常工作的指导依据。

3. 流程再造

流程再造包括组织流程调研，确定再造的流程范围，确立标杆，新流程设计，流程管理方法与工具的使用。

（四）绩效管理

绩效是指对应职位的工作职责所达到的阶段性结果及其过程中可评价的行为表现。绩效管理也就是指管理者与员工之间就目标与如何实现目标上达成共识的基础上，通过激励和帮助员工取得优异绩效从而实现组织目标的管理方法。绩效管理的目的在于通过激发员工的工作热情和提高员工的能力和素质，以达到改善公司绩效的效果。

影响绩效的因素主要有员工技能、外部环境、内部条件以及激励效应。员工技能是指员工具备的核心能力，是内在的因素，经过培训和开发是可以提高的。外部环境是指组织和个人面临的不为组织所左右的因素，是客观因素，我们是完全不能控制的。内部条件是指组织和个人开展工作所需的各种资源，也是客观因素，在一定程度上我们能改变内部条件的制约。激励效应是指组织和个人为达成目标而工作的主动性、积极性，激励效应是主观因素。

绩效管理可以采用 PDCA 循环。PDCA 是英语单词 Plan(计划)、Do(实施)、Check(检查)和 Action(处理)的第一个字母。PDCA 循环就是按照这样的顺序进行绩效管理，并且循环不止地进行下去的科学程序，如图 8-6 所示。详细说明如下。

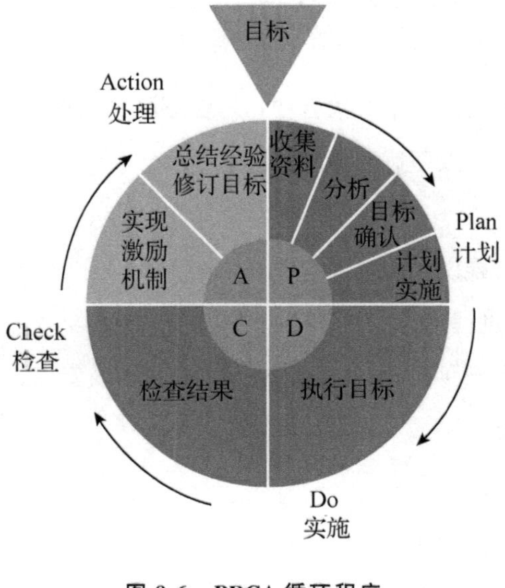

图 8-6　PDCA 循环程序

1. 计划(Plan)

根据顾客的要求和组织的方针，为提供结果建立必要的目标和过程。

2. 实施(Do)

实施过程。

3. 检查(Check)

根据方针、目标和产品要求，对过程和产品进行监视和测量，并报告结果。

4. 处理(Action)

采取措施，以持续改进过程绩效。对于没有解决的问题，应提交给下一个 PDCA 循环去解决。

以上四个过程不是运行一次就结束，而是周而复始地进行。一个循环完了，解决一些问题，未解决的问题进入下一个循环，是阶梯式上升的。

（五）沟通与激励

沟通是人与人之间、人与群体之间思想与感情的传递和反馈的过程，以求思想达成一致和感情的通畅。激励就是组织通过设计适当的外部奖酬形式和工作环境，以一定的行为规范和惩罚性措施，借助信息沟通，来激发、引导、保持和规范组织成员的行为，以有效地实现组织及其个人目标的过程。

1. 有效的沟通应该从以下几个方面入手

(1)积极沟通

具备沟通的意识，在积极沟通中寻求合作，协调团队成员的关系，引导大家在各司其职的基础上彼此协调，相互配合，以便达到团队目标。

(2)明确沟通目的

知道该说什么、什么时候说、和谁说和怎么说。

(3)了解沟通是双向的过程

沟通是双方的事情，是一种互动。在沟通的时候，不仅要自己说，还要引导对方和你沟通，鼓励对方说出自己的想法。

2. 有效的激励的注意事项

奖励长期行为而不是短期行为。

奖励员工的同时不可忽视有效的沟通。

奖励员工不可偏离团队目标。

总结案例

从自我管理到团队管理

从事务专员到管理者，需要明白一个身份转换的道理：一个只管做事的员工只需要对自己所负的岗位工作负责，对自己的领导负责就可以了；而成为一位管理者后，所负责的对象除了其上级以外，还有自己的下属。而在这个过程中需要搞清楚身份转换，带给自己的应有转变。

一是心态及职责的转变。需要从以前的个人意识为主，往团队意识上进行转变。在团队中更要具有主人翁意识，要从公司及团队利益出发，要从自己的管理中去关心、培养、要求下属，并以此逐步树立自己的管理权威。同时在工作不仅只能负责自己个人的工作，还要关注团队的工作情况，为自己团队的关键绩效指标(KPI)负责。在不断提升自己的同时，带动团队成员不断成长，打造强力的工作团队。而在以前的习惯服从的心态，必须要及时地进入带领、指挥团队的心态。

二是思维且行为的转变。每个从基层提升的管理者，大多都是基于岗位工作表现的优异才得以提升。基本都是从专家到管理的转换。这种转换不一定是提升。但给本人带来的一定不只是工作技能的奖励，还要有思维的转变，即从专家到管理者。然而不是每个人都能有效的意识到这样的转换，甚至有的员工根本就是故意忽略这样的管理转变。因此，要做一个合格的管理者，还必须要有工作行为上的转变。即不能只是埋头苦干，而忽略自己团队带头人的身份，忽略自己团队负责人的责任。要为自己的团队成员树立榜样。要求别人的，首先从要求自己做起，才能得到下属的信服。

三是关注点及能力提升方向的转变。当自己作为一个执行个人的时候，往往需求的是将自己负责的工作尽快尽好的完成，那就是一个工作的圆满，这是从自己工作的效率上进行的突破。而在成为管理者后，必须要从个人技能的突破到通过团队机制的施行促使团队效能的突破，才能实现由个人自我管理到团队管理的转变，从而带来对自己能力提升方向上的转变。一个管理者应从专门的业务技能方向，往团队管理技能方向上进行转变。要明白团队的聚合力量才是一个团队强大的基础。

分析：从管理自己转化成管理团队，关键在于思维的转化。对于团队的管理的能力不一定是当了领导之后才开始学习，而是应该在刚入职场之后就树立这样的职业意识，在团队配合的过程中塑造团队管理的能力。

活动与训练

如果我是老板

目标： 通过把自己设定为管理者角色的方式，思考在管理岗位如何做好工作。

活动形式： 分组讨论。

道具： 人员分工表。

过程：

1. 以分组讨论的方式，模拟一家创业公司的人才招聘和管理。如果你是老板，你会怎么招聘和管理。

2. 讨论的内容主要包括：招聘什么岗位、目前的薪资水平、招聘几个，公司多少个部门，你最多可以管理多大规模的一个团队。

探索与思考

团队管理要做好哪几方面的工作？

模块总结

自我管理是管理的最高形式，是管理的最高境界，同时也是有效管理的基本条件。德鲁克说：管理者是否能管理好别人，从来没有被真正验证过，但管理者完全可以管理好自己。对团队管理者来说，自我管理是团队管理的保障，也是有效管理的基本要求。

团队管理要以自我管理为基础，却不是管理者一个人的事情，团队的每一位成员都应该参与进来。管理团队的核心是提升团队的工作绩效，加强团队凝聚力。而搞好团队建设活动，是实现这一目标的有效手段。

现代社会中，卓有成效的管理者正在成为社会的一项极为重要的资源。能够成为卓有成效的管理者已经成了个人获取成功的主要标志。而卓有成效的基础在于管理者的自我管理。也就是说，管理者作为企业和团队的主心骨与领导者，要想管理好别人，必须首先管理好自己；要想领导好别人，必须首先领导好自己。

MODULE 9

扫码进入微课堂

模块九
职业法律与健康安全

标准引领

知识 1. 了解劳动法相关知识。

2. 了解社会保险法相关常识。

3. 了解安全生产法相关知识。

能力 1. 掌握安全生产知识。

2. 掌握事故现场急救基础技能。

素养 1. 树立法律意识。

2. 提高安全意识。

学习导航

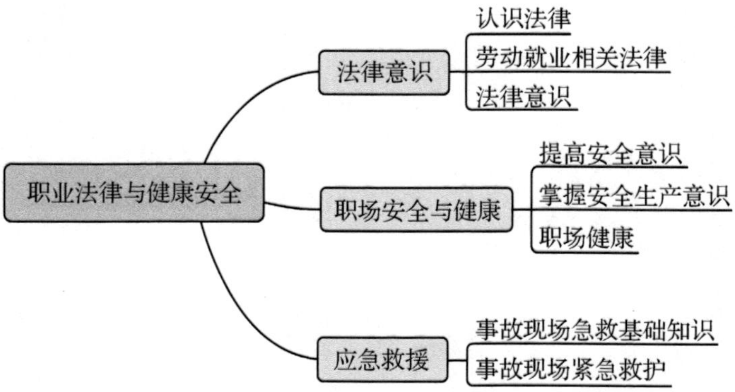

第一节　法律意识

学习目标

1. 认识法律的基础知识。
2. 了解我国的法律体系。
3. 了解劳动法相关的知识。
4. 树立法律意识。

导入案例

试用期的辞退

小郑毕业后进入一家广告公司工作。双方签订了一份三年期劳动合同，约定试用期为六个月。工作两个月后，公司以“试用期不合格”为由，口头通知小郑与其解除劳动合同。和公司协商沟通未果之后，小郑向当地劳动仲裁委员会申请仲裁，要求公司支付违法解除劳动合同赔偿金。

经仲裁委员会仲裁，认定公司与小郑单方面解除劳动合同存在违规行为，后经过地区法院终审判定：公司做出与小郑解除劳动合同的通知，以其试用期不合格为由解除劳动合同，现双方对此发生争议，公司应当对其解除劳动合同这一决定的合法性承担举证责任。在本案审理过程中，公司并没有提供相应证据证明小郑工作能力、工作态度等不符合录用条件，亦不能证明小郑存在严重违反公司规章制度等事项，因此公司解除与小郑劳动合同的决定违反法律规定，理应支付违法解除劳动合同的赔偿金。最终法院判决公司支付小郑一个月薪资为违法解除劳动合同的赔偿金。

很多用人单位在劳动合同中会单独约定录用标准或是录用条件，这部分内容是试用期特别需要关注的，这也是本案的争议点。一方面，企业没能完成相关举证；另一方面，小郑也通过此项保护了自身的合法权益。

用人单位在试用期辞退员工时，往往把表现不及预期与不符合录用条件混淆起来，而劳动者也常常以为试用期被辞退是没有办法的事情，这都是对试用期相应法律规定的误解。

分析：从进入职场签订第一份劳动合同开始，用人单位和劳动者都应当遵循法律规定，树立法律意识，及时保障自身的权益。试用期被企业单方面解除劳动合同是职场中比较常见的情况，本案例就是这类案例的最常见情况，也是很多职场人经历的职场法律第一课。

一、 认识法律

（一）法律的定义

法律是国家的产物，是指统治阶级为了实现统治并管理国家的目的，经过一定立法程序，所颁布的由国家强制力保证实施的基本法律和普通法律的总称。法律是国家的统治工具。

（二）我国的法律体系

我国社会主义法律体系以宪法为核心，由行政法、民商法、经济法、刑法和程序法等法律部门组成。新中国成立后，全国人大常委会先后于 1954 年和 1979 年两次做过具有法律清理性质的决议。1987 年，全国人大常委会对新中国成立以来至 1978 年底制定的 134 件法律进行了一次全面清理，宣布已经失效的有 111 件，继续有效或者继续有效正在研究修改的有 23 件。法律层次之外，国务院也先后 11 次对法规、规章和其他规范性文件进行清理，其中全面清理 5 次、专项清理 6 次；改革开放以来的占了 10 次。改革开放 40 多年，我国立法进程不断加快。截至 2018 年 3 月，我国有效的法律有 229 件，行政法规近 600 件，地方性法规 7000 多件。

二、 劳动就业相关法律

劳动合同制度是自 1995 年《中华人民共和国劳动法》施行以来在各类企业中普遍施行的一种用工制度。自 2008 年 1 月 1 日起施行、2012 年 12 月修订的《中华人民共和国劳动合同法》及 2008 年 9 月 18 日起施行的《中华人民共和国劳动合同法实施条例》更进一步明确规定，用人单位与劳动者应该以签订书面劳动合同的形式依法建立劳动关系。

劳动合同指的是用人单位与劳动者之间确立起劳动关系，明确双方权利、义务的书面协议，它是保护劳动者合法权益的基本依据。在劳动合同中，劳动者与用人单位的地位是平等的，双方订立劳动合同时应该遵循合法、公平、平等自愿、协商一致、诚实信用的原则。

劳动合同按照期限的长短可以划分为固定期限合同、无固定期限合同、以完成一定工作任务为期限的合同。

（一）劳动合同的签订

《中华人民共和国劳动法》第十九条规定了劳动合同应当具备的条款，成为法定条款。劳动合同中包括：甲方(用人单位)，乙方(劳动者)，劳动合同期限(包含起始和终止时间)，工作内容和工作地点，工作时间和休息休假，劳动报酬，社会保险，劳动保护、劳动条件以及职业危害防护，法律、法规规定应当纳入劳动合同的其他相关事项(试用期、培训、商业秘密、补充福利等)。

注意事项(如图 9-1)：

图 9-1 劳动合同签订注意事项

劳动合同一般采用书面形式，以最终甲乙方签字盖章为准，签订时一定核实公章与单位主体是否一致。

仔细阅览合同文本，对于自己不愿接受的劳动条款，可与单位协商，提出修改意见。

劳动合同的关键表述应该明确具体，尤其是关于劳动报酬、工作时间、工作内容等关键信息。

劳动合同包含试用期，劳动合同期限在 3 个月以上并且未满 1 年的，试用期不应该超过 1 个月。劳动合同期限在 1 年以上未满 3 年的，试用期不应该超过 2 个月。如果劳动合同是 3 年以上固定期限或无固定期限，试用期不应该超过 6 个月。试用期薪资不得低于本单位同岗位最低工资或劳动合同中约定工资的 80%，并且不能低于用人单位所在地区的最低工资标准。

以欺诈、胁迫手段迫使对方签订或变更劳动合同内容的，为无效合同。

劳动合同执行期间的争议解决方式和解除条件需要重点关注，并妥善保管纸质版协议。

（二）劳动合同的解除

劳动合同解除是指劳动合同生效后，在劳动合同尚未履行或者还没有完全履行前，签订劳动合同的一方或双方提前解除劳动关系的法律行为。劳动合同的解除有以下几种状况。

1. 协商解除

《中华人民共和国劳动合同法》第三十六条规定："用人单位与劳动者协商一致，可以解除劳动合同。"如果用人单位先提出解除劳动合同，需向劳动者支付相应的经济补偿。

2. 劳动者单方解除

如果劳动者主动希望与用人单位解除劳动合同，根据《中华人民共和国劳动合同法》第三十七条："劳动者提前三十日以书面形式通知用人单位，可以解除劳动合同。劳动者在试用期内提前三日通知用人单位，可以解除劳动合同。"

《中华人民共和国劳动合同法》第三十八条规定："用人单位有下列情形之一的，劳动者可以解除劳动合同：(一)未按照劳动合同约定提供劳动保护或者劳动条件的；(二)未及时足额支付劳动报酬的；(三)未依法为劳动者缴纳社会保险费的；(四)用人单位的规章制度违反法律、法规的规定，损害劳动者权益的；(五)因本法第二十六条第一款规定的情形致使劳动合同无效的；(六)法律、行政法规规定劳动者可以解除劳动合同的其他情形。"

同时，《中华人民共和国劳动合同法》第三十八条还规定："用人单位以暴力、威胁或者非法限制人身自由的手段强迫劳动者劳动的，或者用人单位违章指挥、强令冒险作业危及劳动者人身安全的，劳动者可以立即解除劳动合同，不需事先告知用人单位。"

3. 用人单位单方解除

根据《中华人民共和国劳动合同法》第三十九条，劳动者如果有下列情况之一的，用人单位可以与之解除劳动合同："(一)在试用期间被证明不符合录用条件的；(二)严重违反用人单位的规章制度的；(三)严重失职，营私舞弊，给用人单位造成重大损害的；(四)劳动者同时与其他用人单位建立劳动关系，对完成本单位的工作任务造成严重影响，或者经用人单位提出，拒不改正的；(五)因本法第二十六条第一款第一项规定的情形致使劳动合同无效的；(六)被依法追究刑事责任的。"

而《中华人民共和国劳动合同法》第四十条规定，有下列情形之一的，用人单位提前三十日以书面形式通知劳动者本人或者额外支付劳动者一个月工资后，可以解除劳动合同："(一)劳动者患病或者非因工负伤，在规定的医疗期满后不能从事原工作，也不能从事由用人单位另行安排的工作的；(二)劳动者不能胜任工作，经过培训或者调整工作岗位，仍不能胜任工作的；(三)劳动合同订立时所依据的客观情况发生重大变化，致使劳动合同无法履行，经用人单位与劳动者协商，未能就变更劳动合同内容达成协议的。"

4. 解除劳动合同维权

用人单位支付劳动者的经济补偿，是以劳动者在本单位的工作年限作为依据的。《中华人民共和国劳动合同法》第四十七条规定：“经济补偿按劳动者在本单位工作的年限，每满一年支付一个月工资的标准向劳动者支付。六个月以上不满一年的，按一年计算；不满六个月的，向劳动者支付半个月工资的经济补偿。”

若用人单位违反了《中华人民共和国劳动合同法》，根据《中华人民共和国劳动合同法》第四十八条明文规定：“用人单位违反本法规定解除或者终止劳动合同，劳动者要求继续履行劳动合同的，用人单位应当继续履行；劳动者不要求继续履行劳动合同或者劳动合同已经不能继续履行的，用人单位应当依照本法第八十七条规定支付赔偿金。”《中华人民共和国劳动合同法》第八十七条的内容是：“用人单位违反本法规定解除或者终止劳动合同的，应当依照本法第四十七条规定的经济补偿标准的二倍向劳动者支付赔偿金。”

劳动者应当如何维权呢?《中华人民共和国劳动争议调解仲裁法》第四条的内容为：“发生劳动争议，劳动者可以与用人单位协商，也可以请工会或者第三方共同与用人单位协商，达成和解协议。”

如果在协商中遇到阻碍，根据《中华人民共和国劳动争议调解仲裁法》第五条：“发生劳动争议，当事人不愿协商、协商不成或者达成和解协议后不履行的，可以向调解组织申请调解；不愿调解、调解不成或者达成调解协议后不履行的，可以向劳动争议仲裁委员会申请仲裁；对仲裁裁决不服的，除本法另有规定的外，可以向人民法院提起诉讼。”

若用人单位有侵害劳动者合法权利的行为，根据《中华人民共和国劳动争议调解仲裁法》第九条：“用人单位违反国家规定，拖欠或者未足额支付劳动报酬，或者拖欠工伤医疗费、经济补偿或者赔偿金的，劳动者可以向劳动行政部门投诉，劳动行政部门应当依法处理。”

在达成调解协议后，若用人单位未能在约定期限内履行协议，根据《中华人民共和国劳动争议调解仲裁法》第十六条：“因支付拖欠劳动报酬、工伤医疗费、经济补偿或者赔偿金事项达成调解协议，用人单位在协议约定期限内不履行的，劳动者可以持调解协议书依法向人民法院申请支付令。人民法院应当依法发出支付令。”

（三）社会保险

《中华人民共和国劳动法》第七十三条规定：“劳动者在下列情形下，依法享受社会保险待遇：(一)退休；(二)患病、负伤；(三)因工伤残或者患职业病；(四)失业；(五)生育。”我们在签订合同前经常提到的“五险一金”(如图 9-2)包括基本养老保险、基本医疗保险、失业保险、工伤保险、生育保险和住房公积金。

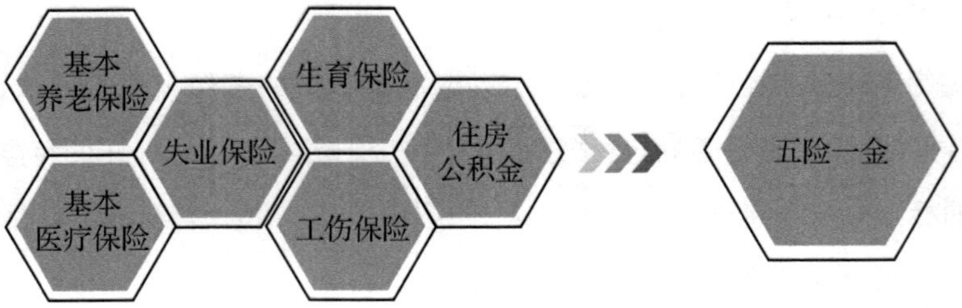

图 9-2　五险一金

1. 基本养老保险

基本养老保险是劳动者到达法定年龄后或退出工作岗位后，并由政府提供物质以保障其基本生活需要的一项社会福利制度。由政府建立起养老保险基金，劳动者与用人单位按照工资收入的比例，在达到法定退休年龄或符合其他条件的情形下领取政府的养老金以及享受相关的养老待遇。

2. 基本医疗保险

基本医疗保险是政府为了补偿劳动者由于患病风险而造成一定经济损失的社会保险制度，俗称“医保”。我国目前的基本医疗保险制度包括城镇职工基本医疗保险制度、新型农村合作医疗制度与城镇居民基本医疗保险。其中城镇职工基本医疗保险这一保险是由用人单位与职工按照国家相关法律法规规定共同缴纳的。用人单位缴纳的一般控制在职工工资总额的 6%左右，详细比例因地方不同而有差异，职工缴纳费用一般为工资收入的 2%。新型农村合作医疗与城镇居民基本医疗保险是在个人缴纳的基础上，政府给予一定补贴，其待遇标准依照国家法律法规执行。

3. 失业保险

失业保险指的是社会集中建立起基金加上国家立法的强制实施，对因为失业而造成基本生活需要难以满足的劳动者提供物质帮助的保险制度。失业保险是由用人单位与劳动者共同承担的。失业的劳动者可以按照法定程序办理失业登记后领取上一年度最低工资标准的 80%的救济金。劳动者在档案退回街道后，如果失业保险连续缴纳了 1 年以上，那么也可以在街道享受失业保险的待遇。

4. 生育保险

生育保险通过向生育女职工提供生育津贴，产假以及医疗服务等方面的待遇，保障他们在因生育而暂时丧失劳动能力时的基本经济收入和医疗保健。生育保险母线有两种推行方式。第一种，根据国务院《女职工劳动保护规定》以及劳动部《关于女职工生育待遇若干问题的通知》，女职工怀孕期间的检查费、接生费、手术费、住院费和药费由所在单位负担。产假期间工资照发。第二种则是，根据原劳动部《企业职工生育保险试行办法》规定，参加生育保险社会统筹的用人单位，应向当地社会保险经办机构缴纳生育保险费；生育保险费的缴费比例由当地人民政府根据计划内生育女职工的生育津贴、生育医疗费支出情况等确定，最高不得超过工资总额的1%，职工个人不缴费。

5. 工伤保险

工伤保险职业伤害保险就是我们通常所说的工伤保险。工伤保险是政府通过社会统筹的方法并且集中用人单位缴纳的工伤保险费用，以此而建立起工伤保险基金，给予生产活动中因意外或者是职业病而造成死亡、暂时或者永远丧失劳动能力的劳动者及其家属法定的医疗救治及经济补偿的保险制度。补偿中既包含了医疗、康复所需的费用，同时包含了基本生活所需要的费用。劳动者如果在合同期内不幸发生意外，应该及时向企业索取情况说明并加盖企业的公章，在申请工伤认定以及提供相关材料后享受工伤保险待遇。

6. 住房公积金

住房公积金制度指的是职工所在的国家机关、国有企业、城镇集体化企业、外商投资企业、城镇私营企业以及其他城镇企业、事业单位、民办非企业单位、社会团体以及在职职工个人通过缴纳一定费用来达到长期储蓄一定住房储金的目的，用这笔储金来支付职工家庭日后购买或自建的住房、私房翻修等相关费用的保险制度。

住房公积金是由用人单位与职工个人两者共同承担的。用人单位与职工必须按照法定程序按月缴纳住房公积金。职工个人所缴纳的以及用人单位为职工缴纳的住房公积金全归职工个人所有。

职工和单位住房公积金的缴存比例均不得低于职工上一年度平均月工资的5%；有条件的城市可以适当提高缴存比例。新参加工作的职工从参加工作的第二个月起开始缴存住房公积金，月缴存额为职工本人当月工资乘职工住房公积金缴存比例。职工个人缴存的住房公积金由其所在单位每月从工资卡中代扣代缴。单位应该按时、足额缴纳，不得逾期缴存或少存。

（四）侵权行为及保障

1. 欺骗宣传

一般指用人单位在招聘过程中夸大单位规模、薪酬福利，口头承诺工资奖金等情况。

2. 招聘歧视

包括性别歧视、身体歧视、户籍歧视、学历歧视等多方面。

3. 违规收费

国家相关部门明文规定，用人单位不得借以任何名义向招聘者收取报名费、押金以及保证金等费用。培训费应该从成本中支出。

4. 侵犯隐私

在招聘过程中，求职材料中的个人信息属于个人隐私。没有经过本人同意，不得公开、泄露及出售。

5. 侵犯知识产权

应聘者拥有原创知识产权的文字、图片、软件专利等知识产权。用人单位不可未经许可使用。

6. 合同陷阱

劳动合同中如包含违反法律的条款内容，属于无效合同。

三、 法律意识

（一）法律意识的定义

法律意识是人们对于法和有关法律现象的观点、知识和心理态度的总称。法律意识是一种观念的法律文化，对法的制定实施是非常重要的。它表现为探索法律现象的各种法律学说，对现行法律的评价和解释，人们的法律动机，对自己权利、义务的认识，对宪法、法律制度了解、掌握、运用的程度，以及对行为是否合法的评价等。

法律意识同人们的世界观、伦理道德观等有密切联系，具有强烈的阶级性。不同阶级的法律意识各不相同。在阶级社会中，没有全社会统一的法律意识。统治阶级的法律意识在社会上居于统治地位，起着支配作用。各阶级法律意识的内容，归根结底由该阶级的生产力所决定。在统治阶级内部，由于各阶层、各集团乃至个人所处的具体地位不同及其他原因，其法律意识也不完全相同，但在基本点上都服从于统治阶级的利益。

统治阶级的法律意识直接指导法的制定、执行和遵守。为统治阶级利益服务的法律制度，保护统治阶级利益的法律、法规等，都是在统治阶级的法律意识指导下确立和制定的。司法人员在应用法律规范时，他们的法律意识对实施法律规范和维护统治阶级利益具有重要作用。法律主体(包括自然人和法人)法律意识的增强，有助于他们依凭法律捍卫自己的权利，更好地履行法律义务，并对法制的健全、巩固和发展具有重要意义。

（二）法律意识的重要性

正所谓无规矩不成方圆。随着新中国的成立、改革开放的实施，我国在全社会范围内开展了普及法律常识工作，与过去相比，我国公民的法律意识有了很大的提高，人民群众掌握了一些法律知识，对如何依法保护自身的合法权益等有关的法律知识有了一定的了解，有了依法办事、依法治理的觉悟。人们的法治观念初步形成。

人治决策易变，不稳定，常使民众处于手足无措的状态，不利于形成稳定的社会秩序，容易形成独裁和专制。所以法治比人治更可靠、更稳定，不会因现实条件的偶然变化而改变，所以一个国家必须用法律来维持秩序。在这种认识下，法律是一个有强制效力的规范体系，遵守它可以形成一个稳定的社会秩序。因此，人民就需要拥有法律意识，用法律来保护自己，不让自身的合法权益受到侵犯。当今中国社会，倡导建设社会主义法治社会，既然是“法治”“社会”，那就不能让法治只停留在一小部分人中间。社会是一个大家庭，每一个人都是社会中不可或缺的一部分，所以，要想建设法治社会，就要提高每一个人的法律意识，使法律成为每一个人的法，成为保护全民族的法。只有提高全民的法律意识，人民才会主动地去用法。

（三）树立法律意识的方法

1. 多看法律相关的书籍

比如《中华人民共和国宪法》《中华人民共和国民法典》等与人们生活息息相关的法律知识，从而增强法律意识。

2. 多观看有关法律方面的电视节目

比如，“法律讲堂”“今日说法”等知名的节目。相信大家通过观看过此类节目，可以从中受益良多。

3. 从我做起，从小事做起

遵纪守法，培养自己的良好行为，学会善待他人，邻里和睦，用实际行动来回报社会，从而进一步增强自我法律意识。

努力在自己工作、学习、生活的环境中营造一种尊重法律、遵守法律的氛围。自己应当带头遵守法律，并把它渗透到日常工作的方方面面。

4. 加强道德修养

“道德是最基本的法律”已经成为法律界的共识。遵守社会主义道德的基本要求也就是遵守法律的基本要求，因为一个具有较高道德素质的人违法犯罪的可能性会大大降低，至少在伦理性的犯罪方面会大大降低。具体表现在遵守“公民道德纲要”中所提出的要求，可以通过自我教育、榜样示范、社会实践等方面来实现。

5. 养成良好的规则意识

绝大多数人认同的规则都是人类认识自然改造自然的结晶，不少规则包含着科学的因素。这些人类认同的规则表面上看起来是对个人自由的限制，其实质却是对整个人类自由的维护。

从小培养学生对规则的亲善、认同、接纳等心理特征尤为重要。

总结案例

请假不可任性

小张毕业后就职于上海一家设计公司，平时工作中规中矩，但是和同事相处经常会产生摩擦和争执，还顶撞领导。一天和主管领导发生争执后，小张递交了一个月的事假单就离开公司。三天后，公司未见小张来上班，与其联系，手机关机。公司按照劳动合同中约定的规章制度，对小张做出自动离职、终止劳动关系的决定，并通过邮件的方式给小张的邮箱发了正式的解除劳动关系文书。

小张收到邮件后，对公司的决定非常不满，就直接找到当地的劳动仲裁委员会，申请仲裁，并要求公司支付一个月的赔偿金。

在仲裁审理中，小张说自己已经提交了一个月的事假单才离开公司的，现在公司以其自动离职的理由解除劳动合同是违反法律规定的，因此，按照有关规定应当给予小张经济补偿金。

而公司则称，小张进入公司后，表现一般，经常顶撞领导。在与主管领导发生争执后，虽然小张递交了一个月的事假单，但是并没有得到公司同意，也没有执行相关的签字流程和工作安排，之后公司与其联系也未果，于是按照公司规章制度，判定为无故旷工，自动离职，与小张解除劳动关系。公司并无不当处理。

最终，仲裁委员会在查明相关事实情况之后，做出如下裁决，对小张申请经济赔偿的请求不予支持。本案争议的焦点是小张请事假是否可以不经公司领导批准。对于请假制度，每个公司都有自己的规定，只要不与法律的规定相冲突，都是合规的。请假需经领导批准，一般都是书面形式，以签字为准。按该公司规定，无故旷工三天以上的，公司可以与其解除劳动合同关系。

分析：在职场中因为“请假”引发的劳动争议和纠纷是非常常见的一类劳动纠纷，很多时候是和劳动者的主观法律意识缺失有关，包括一些不合规的请假，伪造病假条、病例等违法行为。所以，在职场中不能任性而为，想当然地做出一些“我以为”的错误行为，最终给自己和企业带来损失和伤害。

活动与训练

劳动合同分析会

目标：通过案例加强自身法律保护意识。

活动形式：分析会。

道具：劳动合同。

过程：

1. 老师向学生提供一份企业通用的劳动合同范本，重点提示学生容易产生劳动纠纷的合同条款，例如，合同期限、试用期、录用标准、工作时间、假期、薪资待遇等。

2. 学生搜集相应的法律案例，提取案例中争议点，对应老师提供的合同样板，分析自身如何避免类似劳动纠纷。

探索与思考

1. 树立法律意识不仅是对劳动者个人的保护，也是企业文化很重要的部分。

2. 电子合同已经开始在社会普及开来。与纸质合同相比，电子合同拥有同等法律效力吗？

第二节 职场安全与健康

学习目标

1. 认识安全意识并提高安全意识。

2. 掌握安全生产知识。

3. 了解职场健康的含义。

导入案例

看不见的职业病

刚毕业的小董在深圳的一家知名电子制造企业打工，他的主要工作是负责喷涂一种金属材料，每天在车间工作十几小时。工作几个月后，小吴出现了严重的咳嗽、气喘，并伴有持续性的发烧。随即在当地住院进行治疗。CT检查发现，小董的肺部全是白色的粉尘颗粒。医生通过采取小董肺部组织活检的方式，寻找病因，发现小董的肺泡里有像牛奶一样的乳白色液体。医生将从小董肺部找到的白色粉尘颗粒送到大学的实验室进行分析检测。检测报告显示，主要成分除了氧化硅和氧化铝外，还有一种重金属元素引起了专家们的注意，那就是“铟”。“铟”是一种稀有金属，是制作液晶显示器和发光二极管的原料，毒性比铅还强。

专家表示，这是一种新型的职业病，在当时的医学界也不为人所知，所以才导致患者迟迟没有检测出来病因。目前国外一些知名品牌的LED液晶显示器都到国内来生产。企业应该引以为鉴，加强对员工的保护。

分析：在工作中树立安全意识，是企业安全生产的有力保障，也是从业者时刻保持警惕的大事。一些新型的职业病、职业安全风险的预防，需要企业和从业者共同努力才可避免不幸发生。

一、 提高安全意识

（一）我国安全生产法律体系

我国安全生产法律体系由安全生产法律、安全生产行政法规、安全生产部门规章和危化品部门规章组成。

安全生产法律主要有：《中华人民共和国安全生产法》《中华人民共和国职业病防治法》《中华人民共和国消防法》《中华人民共和国道路交通安全法》《矿山安全法》《建筑法》《煤炭法》《环境保护法》《特种设备安全法》。

安全生产行政法规主要有：《危险化学品安全管理条例》《安全生产许可证条例》《易制毒化学品管理条例》《工伤保险条例》《建设工程安全生产管理条例》《特种设备安全监察条例》《国务院关于进一步加强企业安全生产工作的通知》等。

安全生产部门规章分为综合类部门规章和不同行业部门规章。综合部门规章主要有《生产安全事故应急预案管理办法》《安全生产违法行为行政处罚办法》《安全生产事故隐患排查治理暂行规定》。不同行业部门规章主要包括危化品部门规章，如《中华人民共和国危险化学品重大危险源监督管理规定》《生产安全事故报告和调查处理条例》等。

安全生产标准规范分为安全基础标准、安全管理标准、安全技术标准、安全防范标准和安全产品标准五类。

（二）《中华人民共和国安全生产法》

我国现行的安全生产法由中华人民共和国第九届全国人民代表大会常务委员会第二十八次会议于 2002 年 6 月 29 日通过公布，自 2002 年 11 月 1 日起施行，并于 2014 年进行了修订。

1. 安全生产方针

案例生产方针是指政府对安全生产工作总的要求，它是安全生产工作的方向。安全生产方针的内容是：安全第一，预防为主，综合治理。

2. 从业人员的安全生产权利

生产经营单位与从业人员订立的劳动合同，应当载明有关保障从业人员劳动安全、防止职业危害的事项，以及依法为从业人员办理工伤保险的事项。生产经营单位不得以任何形式与从业人员订立协议，免除或者减轻其对从业人员因生产安全事故伤亡依法应承担的责任。生产经营单位的从业人员有权了解其作业场所和工作岗位存在的危险因素、防范措施及事故应急措施，有权对本单位的安全生产工作提出建议。从业人员有权对本单位安全生产工作中存在的问题提出批评、检举、控告；有权拒绝违章指挥和强令冒险作业。生产经营单位不得因从业人员对本单位安全生产工作提出批评、检举、控告或者拒绝违章指挥、强令冒险作业而降低其工资、福利等待遇或者解除与其订立的劳动合同。从业人员发现直接危及人身安全的紧急情况时，有权停止作业或者在采取可能的应急措施后撤离作业场所。生产经营单位不得因从业人员在钱款紧急情况下停止作业或者采取紧急撤离措施而降低其工资、福利等待遇或者解除与其订立的劳动合同。因生产安全事故受到损害的从业人员，除依法享有工伤保险外，依照有关民事法律尚有获得赔偿的权利的，有权向本单位提出赔偿要求。

3. 从业人员的安全生产义务

从业人员在作业过程中，应当严格遵守本单位的安全生产规章制度和操作规程、服从管理、正确佩戴和使用劳动防护用品。从业人员应当接受安全生产教育和培训，掌握本职工作所需的安全生产知识，提高安全生产技能，增强事故预防和应急处理能力。从业人员发现事故隐患或者其他不安全因素，应当立即向现场安全生产管理人员或者本单位负责人报告。接到报告的人员应当及时予以处理。

（三）提高安全意识

1. 什么是安全意识

安全意识是人们头脑中建立起来的生产必须安全的观念。人们在生产活动中，对各种各样可能对自己或他人造成伤害的外在环境条件的一种戒备和警觉的心理状态。安全意识有以下几种表现形式，如图 9-3 所示。

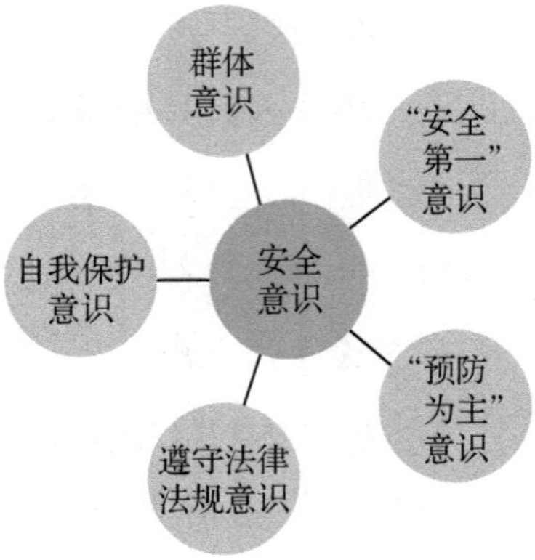

图 9-3　安全意识的表现

(1)"安全第一"意识

"安全第一"是做好一切工作的试金石，是落实"以人为本"的根本措施。坚持安全第一，就是对国家负责，对企业负责，对人的生命负责。

(2)"预防为主"意识

预防是实现安全第一的前提条件，也是重要手段和方法。"隐患险于明火，防范胜于救灾"，虽然人类还不可能完全杜绝事故的发生，实现绝对安全，但只要积极探索规律，采取有效的事前预防和控制措施，做到防患于未然，将事故消灭在萌芽状态，交通事故是可以大大减少甚至可以避免的。

(3)遵守法律法规意识

随着我国法律意识和法制观念的进一步提高，自觉树立法律法规意识，自觉遵章守纪，也是做好安全的前提。

(4)自我保护意识

自我保护意识指的是，员工在生产过程当中，无论管理是否松懈，监督是否严格，环境是优是劣，无论是单独工作还是群体工作，都应该自觉的根据自身情况和现场情况采取自我保护措施。

(5)群体意识

一定要树立良好的群体意识，相互帮助，相互保护，相互协作，密切配合，这是保障安全驾驶的重要条件。例如，在高速公路堵塞时，如果没有群体意识，任何个人都无法实现单个车辆行走的可能性。

安全意识的具体表现包括敏感发现危险源、重视危险源的危险性、及时消除或控制危险源。从某种意义上，可认为安全意识是一种自我防范事故发生的能力。提高安全意识，不仅是为了生产生活，更是服务于生命本身的一种责任，是对家庭成员、对企业、对社会负责的表现。

2. 提高安全意识的方法

(1)建立"安全第一"的生产方针

把安全工作摆在正确的位置和日常重要的议事日程。日常生产中保持清醒的头脑，经常查找安全生产中的不安全因素和各类事故隐患苗头，及时采取有针对性的整改措施，防患于未然。

(2)积极参加有效的安全培训

统一思想认识，学习安全知识和自我防范技能。通过学习丰富思维，明白作业原理，掌握安全作业方法，提高分析、处理和解决问题的能力，积累相关安全工作经验，从认识的表象不断上升为概念、判断、推理，从而形成运用逻辑、理智化的安全理性思维。避免无知、侥幸心理、甚至蛮干作业的思想状态出现。

(3)自觉学习安全生产法规

做到懂法、守法，能够有意识地反对违反安全规章制度的行为，发现安全隐患和及时提出。

(4)努力提高自身技术业务素质

提高自身的业务知识、文化修养、安全法律法规和相关标准等知识、安全技能和操作技能，以及各种非正常情况下的应变和处理问题的能力。

(5)努力提高自身的心理素质

心理素质是员工对安全生产的一种心理状态，指影响各类安全的人的心理过程和个性心理特征，主要指个体的气质、能力、性格、情绪、需要、动机、态度等方面的内容。心理素质好的员工，往往会启动自己的思维运作，联想工作的全过程，考虑如何高效地完成工作，达到怎样的效果，工作安全性能否得到保证。

二、 掌握安全生产知识

（一）触电事故的预防

1. 触电及其分类

触电事故的发生多数是由于人直接碰到了带电体或者接触因绝缘损坏而漏电的设备。站在接地故障点的周围，也可能造成触电事故。

(1)电击

电击是最危险的触电事故。当人体直接接触正常运行的带电体时，电流通过人体使肌肉发生麻木、抽动。如不立刻脱离电源，将使人体神经中枢受到伤害，引起呼吸困难、心脏停搏，以致死亡。

(2)电伤

电伤是电流的热效应，化学效应或机械效应对人体造成的局部伤害，多见于人体外部表面，且在人体表面留下伤痕。

2. 触电的预防

触电事故的预防方法如下。

防止接触带电部件：防止人体与带电部件的直接接触，从而防止电击。

防止电气设备漏电伤人：保护接地和保护接零是防止间接触电的基本技术措施。

采用安全电压：根据生产和作业场所的特点，采用相应等级的安全电压，是防止发生触电伤亡事故的根本性措施。

使用漏电保护装置：在低压电网中发生电器设备及线路漏电或人体触电时，它可以立即发出报警信号并自动切断电源，从而保障工作人员人身安全。

合理使用防护用具：合理使用基本安全防护用具和辅助安全防护用具，对防止触电事故有重要作用。

（二）机械事故的预防

机械设备按行业分有冶金机械、化工机械、纺织机械等；按大小来分有重型机械、中型机械、小型机械等；按加工材料分有金属加工机械、非金属加工机械等。不同的机械设备有不同的安全生产要求，员工应掌握所使用机械设备的基本安全知识，预防机械事故的发生。

1. 机械事故造成的伤害

机械事故造成的伤害，包括以下几类。

——机械设备的零部件造成的伤害。

——刀具造成的伤害。

——被加工零件造成的伤害。

——电气系统造成的伤害。

——手用工具造成的伤害。

——其他伤害。

机械事故的发生一方面是因为机械本身存在安全隐患，另一方面是因为操作者违规操作。要保证机械设备不发生工伤事故，不仅机械设备本身要符合安全要求，而且更重要的是操作者要严格遵守安全操作流程。

2. 基本的安全守则

必须正确穿戴个人防护用品。

操作前要对机械设备进行安全检查。

机械设备在运行中也要按规定进行安全检查。

机械设备严禁带故障运行。

机械设备的安全装置必须按要求正确调整和使用。

机械设备使用的刀具等零件等一定要装卡牢固，不得松动。

机械设备在运转时严禁用手调整，如必须进行时，应首先关停机械设备。

机械设备运转时操作者不得离开工作岗位，以防发生问题时无人处置。

工作结束后，应关闭开关。把刀具和工件从工作位置推出并清理好工作场地，将零件、工具夹等摆放整齐，打扫好机械的卫生。

（三）防火防爆

企业防火防爆是一项十分重要的安全工作。一旦发生火灾、爆炸事故，将会造成人身伤亡、设备损坏、建筑物被破坏；严重时还可能造成停产，而且需要较长时间才能恢复。因此，防火防爆工作是一项人人有责的工作，每个员工都必须掌握防火、防爆安全基础知识。

1. 防火防爆的技术措施

控制和消除火源。燃烧炉火、反应热、电源、维修用火、机械摩擦热、撞击火星，以及吸烟用火等着火源是引起易燃易爆物质着火爆炸的常见原因。控制这类火源的使用范围，严格执行各种规章制度，对于防火防爆是十分重要的。

控制危险物料。按物料的物化特性采取措施。在生产过程中，必须了解各种物质的物质化学性质，根据不同的性质，采取相应的防火防爆和防止火灾扩大蔓延的措施。

控制工艺参数。在生产过程中，正确控制各种工艺参数、防止超温、超压和物料跑损，是防止火灾和爆炸的根本措施。

采用自动控制和安全保护装置。

2. 员工应遵守的防火防爆守则

员工应具有一定的防火、防爆知识，并严格贯彻执行防火防爆规章制度。禁止违章作业。

员工应当在指定的安全地点吸烟，严禁在工作现场和厂区内吸烟和乱扔烟头。

员工在使用、运输、储存易燃易爆气体、液体和粉尘时，一定要严格遵守安全操作规程。

在工作现场禁止随便动用明火，确需使用时，必须报请主管部门批准，并做好安全防范工作。

员工应学会使用一般的灭火工具和器材。对于车间内配备的防火防爆工具器材等，应加以爱护，不得随便挪用。

3. 发生火灾时的避险与逃生方法

在火灾发生初期，如果火势不大，可以利用附近的消防器材如灭火器、消防栓、自来水等，尽可能地在第一时间将火扑灭。当火势失去控制时，不要惊慌，迅速判断危险地点和安全地点，果断决定逃生办法，尽快撤离。

如果火灾现场人员很多，千万不要相互拥挤、盲目跟从、乱冲乱撞，以免相互践踏，造成意外伤害。

撤离时要朝明亮的地方跑，在高层建筑火灾中，千万不可乘普通电梯逃生，而要选择进入相对较为安全的楼梯、消防通道、有外窗的通廊。进入楼梯后，在确定楼下没有着火的情况下，可以向下逃生，不能往上跑。如通道已被烟火封阻，则应背向烟火方向离开，通过阳台、气窗、天台等往室外逃生。

如果现场烟雾很大或断电，无法辨明方向，则应贴近墙壁或按照指示灯的提示，摸索前进，找到安全出口。

为避免浓烟呛入口鼻，可使用湿毛巾或湿口罩蒙住口鼻，使身体尽量贴近地面或匍匐前进。烟气较空气轻而飘于上部，贴近地面撤离是避免烟气呛人、滤去毒气的最佳方法。

三、 职场健康

职场健康是指在职场生活中，员工不会因职业因素导致身体机能减弱、出现心理问题及社会适应下降等的一个良好状态。职场生活伴随职场人度过大半生的时光，如何在职场工作中保持一个良好的健康状态，是一件非常重要的事情。

（一）心理状态健康

职场中由心理状态引发的职场健康问题屡见不鲜。之前我们学习过压力与情绪管理的方法，也对情绪和心态的调整有了一定的了解。在实际的工作中，我们应该时常的关注自己的身心状态，保持良好的人际关系，积极面对挫折与困难，避免心理健康问题的发生。

（二）身体状态健康

睡不好、吃不好、运动少是目前三大职场健康顽疾，我们平时也经常听到“过劳死”这类由工作过度而引发的职场疾病。在工作中保持身体状态的健康成了职场幸福的重要因素，一方面，我们应该注意平时的休息、饮食和运动；另一方面，也要保持定期体检的习惯。一些公司也为员工提供了休息活动室和定期体检的福利，目的都是为了提高员工的身体健康指数。

职场中一些特殊人群也应当格外的注意，如女性员工的妊娠期、生理期间就应当与企业协商调整，通过适当的调整工作强度和作业环境，以保证自身身体安全与健康。

职业病也是职场中比较常见的一类引发身体健康问题的隐患，如尘肺病、化学中毒、放射性辐射等。对于容易引发职业病的工作岗位，应当在工作中保持高度的安全意识，做好防护工作，最大限度地保证生命安全和健康。

总结案例

习惯性违章作业引发的灼伤

2005 年 2 月 23 日 11 点 30 分，某化工厂维修班维护电工鄢某，在检修二级中控配电室低压电容柜时，在未断电的情况下，直接用手钳拔插保险。因操作不当，手钳与相邻的保险搭接引起短路，形成的电弧将面对电容柜的鄢某的双手、脸部、颈部大面积严重灼伤。幸亏被送进医院及时救治，鄢某才脱离生命危险。但是电气短路烧毁了电容柜不少电气元件，造成该柜连接系统单体停车长达 3.5 小时，给生产造成了较大损失。

原因分析：

1. 鄢某严重违反《电气安全检修规程》中“不准带电检修作业”的规定。心存侥幸，冒险蛮干，在该电容柜完全可以断电检修的情况下，却带电检修作业，是发生事故的主要原因。

2. 鄢某习惯性违章作业。在拔插式保险时，本来可以用岗位上配备的专用工具——保险起拔器。可是，他自以为经验十足，懒得去拿，却用手钳直接带电拔保险，而导致电容柜短路并产生电弧致自己灼伤和系统停车。这是发生事故的直接原因。

3. 鄢某在检修前，未编制设备检修方案，未填写检修任务书，未办理设备检修许可证，更没有与岗位操作人员取得联系。他趁操作人员中午买饭的时候，想偷偷地把保险换掉，使自己的违章行为神不知鬼不觉。结果，习惯性违章终于使他在小河沟内翻了船，是发生事故的一个重要原因。

4. 岗位当班操作工海某严重失职失责。本来已发现鄢某在岗位上转来转去不愿离去，已意识到他可能有什么事情要做，但不闻、不问、不沟通、不追查、不提醒，结果他去买饭的短短几分钟，却给鄢某违章行为造成可乘之机。

5. 电仪车间安全管理不到位，不严格，有死角。规章制度制定的不少，讲的也多，但落实的不够，违章行为没有真正得到有效消除。电仪车间安全教育不到位，流于形式，没有深入到员工特别是违章者的思想上。

预防措施：

1. 鄢某习惯性违章行为给电仪车间的安全管理敲响了警钟。车间领导经过深刻反思，决定发动全体员工进行一次深刻的事故剖析，首先从领导开始。车间主要领导亲自带队，副职、管理人员、技术员、班组长来到受伤住院的鄢某的病榻前，用实际案例接受事故危害教育。

2. 在全车间范围内开展为期 1 周的事故案例教育。发动全体员工学习讨论鄢某为什么会违章，为什么会受伤害，展开深刻的剖析。要求员工在自查的同时，查找身边的隐患，以此达到对员工进行警示教育的目的。

3. 重新修订车间安全管理制度，不但要大力宣传宣讲，而且要求员工们都必须认真地落实到工作中，执行在行动上。采取联防制的方法，一人违章，全体受罚。达到事前讲到，事中互相提醒、互相监督、全员制约的效果。

4. 在全车间范围内开展学业务、学技术、学规程、学制度活动。比学习、比思想、比技能、比遵章、比零违章的零事故目标。

分析：在工作中，不止新人会犯错，有时候一些经验丰富的熟练工在实操中安全意识降低，经常会出现一些习惯性违规操作，最终为企业和个人带来巨大的伤害。所以，安全意识是时刻高悬在生产中的一把利剑。

活动与训练

如何预防事故发生

目标：通过案例故事分享的方式，了解安全生产事故带来的巨大危害。

活动形式：案例故事分享。

道具：案例故事。

过程：

1. 通过网络搜集案例故事的方式，结合学校实训环节中可能出现的安全问题，分析在出现安全事故前如何避免事故发生，在事故发生后，如何采取应急措施。

2. 学生通过对案例的分析，小组讨论的方式，谈谈如何预防事故发生，如何应对安全事故。

探索与思考

1. 现场紧急救护的措施都有哪些？

2. 安全意识比仅仅在工作中，也存在于生活中，生活中有哪些应为缺乏安全意识而引发的事故？

第三节 应急救援

学习目标

1. 学习事故现场急救基础知识。

2. 学习触电、烧伤事故现场的急救措施。

3. 提高应急处理能力。

导入案例

触电急救

2005 年 8 月 16 日 16 时 10 分，某轧钢中型车间钢工张某(男，34 岁)，接班后去轧机二架后焊轧槽，施焊时触电倒在辊道上。轧钢工刘某发现后，立即跑到二架前拉闸断电。

现场工艺工程师谢某刚好赶到，见张某休克，立即进行闭胸心脏按压。几分钟后缓过气来。看看没啥问题，工友们用木板把张某抬到车间门口。放在地面时，张某又休克了，口张得很大，出不来气……当时轧钢厂实习生就喊："有人触电了!"电工班长卢某正在主电室干活，马上跑过来，看到准备送张某去医院，立即制止说："不能送!"卢某跪在地上，想给张作举臂压胸人工呼吸，但张某的胳膊烫伤了；用仰卧压胸法又不见效果，用口对口呼吸，张某的嘴又张得很大。情急之中卢某把自己的嘴伸进张嘴内，捏住张某的鼻子一口口吹气，吹到第七口气时，张某终于喘过气来。这时救护车也到了，医生给张某检查一遍，张某恢复了正常。

事后复盘整个事件过程：触电后，拉闸断电及时，工艺工程师也会现场急救，难能可贵。触电者就地抢救做得好，轧钢工未穿绝缘鞋，未戴手套从事焊接，该电焊机空载电压110V，远超交流焊机手工操作时空载电压不超过80V规定，应采用特殊防护措施后才允许使用。

分析：企业员工如果掌握基本的应急常识和自救、互救能力，当灾难和事故发生的时候，就能最大限度地降低事故带来的人身伤害和经济损失，因此，必要的急救知识和处理手段是需要具备的职业素养。

一、 事故现场急救基础知识

现场救护是指在事发的现场，对伤员实施及时有效地初步救护，是立足于现场的抢救。事故发生后的几分钟是抢救危重伤员的最重要的时刻，在此期间内，及时正确地抢救，生命有可能被挽救。

现场救护的目的是挽救生命，减轻伤残。现场救护的原则是先救命，后治伤。

事故现场应按照紧急呼救、判断伤情和现场救护三大步骤进行。

（一）紧急呼救

当紧急灾害事故发生时，应尽快拨打电话120呼叫急救车，或拨打当地担负急救任务的医疗部门的电话，紧急呼救时必须要用最精炼、准确、清楚的语言说明伤员目前的情况及严重程度，伤员的人数及存在的危险，详细的事发地点以及需要何种急救。

（二）判断伤情

在现场巡视后对伤员的伤情进行最初评估。发现伤员，尤其是处在情况复杂的现场，救护人员需要首先确认并立即处理威胁生命的情况，检查伤员神志是否清醒，呼吸是否变快、变浅甚至不规则，心率是否正常，有无开放性损伤，从而初步判断伤员的伤情。

（三）现场救护

采取正确的救护体位，打开气道，人工呼吸，闭胸心脏按压，紧急止血，局部检查。在现场初步急救的同时，我们要及时联系专业医护人员，将伤口送到专业救护场所进行救护。

二、 事故现场紧急救护

（一）事故现场

事故发生后的几分钟常被称为“救援黄金时刻”。在此期间内及时抢救或是妥当处理，生命可以被挽救，伤害也可以降低。第一件要做的就是紧急拨打 120 或 119 等救援电话，之后判断现场的伤员情况，对伤者采取一定的紧急救援措施，如为伤员做人工呼吸、采取正确的救护体位(注意不要随意移动伤员而造成伤害)、紧急止血、心肺复苏等措施。

（二）触电救护

发生触电事故是劳动生产中比较常见的一种情况。遇到触电事故，首先应设法使触电者迅速脱离电源。一般先找到电源开关进行断电，千万不能直接接触触电者以防发生二次事故。伤员脱离电源环境后，应采取急救措施，观察伤者的情况，采用心肺复苏的三项基本操作：闭胸心脏按压、畅通气道、人工呼吸交替进行。

1. 脱离电源

使触电者脱离电源的方法主要有以下几种。

(1)拉闸

迅速拉下电闸，或拔出电源的插头。对于照明线路引起的触电，因普通电灯的开关控制的不一定是火线，所以，还是要找电闸将闸刀拉下来。

(2)拨线

若电闸一时找不到，应使用干燥的木棒或木板将电线拨离触电者。拨离时要注意，尽量不要挑线，以免电线回弹伤及他人。

(3)砍线

若电线被触电者抓在手里或粘在身上拨不开，可设法将干木板塞到其身下，与地隔离。也可用有绝缘柄的斧子砍断电线。弄不清电源方向时，两端都砍断。砍断后注意线头处理，以免重复伤人。

(4)拽衣服

如果上述条件都没有，而触电者衣服又是干的，且施救者还穿着干燥的鞋子，可以找一干燥毛巾或衣服包住施救者一只手，拉住触电者衣服，使其脱离电源。此时要注意，施救者应避免碰到金属物体和触电者身体，以防出现意外。必须指出的是，上述办法仅适用于220/380V低压触电的抢救。对于高压触电者，应立即通知有关部门停电，抢救者可以戴上绝缘手套、穿上绝缘靴，用相应电压等级的绝缘工具断开开关。

2. 对症抢救

(1)伤势较轻者

伤者的伤势较轻，神志清醒，但有些心慌、四肢发麻、全身无力，或触电者曾一度昏迷，但已清醒过来。应使触电者安静休息，不要走动，注意观察并请医生前来治疗或送往医院。

(2)伤势较重者

触电者伤势较重，已经失去知觉，但心脏跳动和呼吸尚未中断。应使触电者安静地平卧，保持空气流通，解开其紧身衣服以利呼吸。若天气寒冷，应注意保温，并严密观察，速请医生治疗或送往医院。如果发现触电者呼吸困难、稀少或发生痉挛，应做好准备，一旦心跳或呼吸停止，立即进行心肺复苏。

(3)伤势严重者

触电者伤势严重，呼吸停止或心脏跳动停止，或二者均停止，这时触电者已处于“假死”状态。呼吸停止者要立即进行人工呼吸，使其恢复呼吸；心跳停止者要立即进行闭胸心脏按压抢救，使其恢复心跳；二者都停止者，要同时恢复。

3. 急救中应注意的问题

救护人员切不可直接用手、其他金属或潮湿的物件作为救护工具，而必须使用干燥绝缘的工具。救护人员最好只用一只手操作，以防自己触电。

为防止触电者脱离电源后可能摔倒，应准确判断触电者倒下的方向，特别是触电者身在高处的情况下，更要采取防摔倒措施。

人在触电后，有时会出现较长时间的“假死”。因此救护人员应耐心进行抢救，不可轻易中止。但注意不可轻易给触电者打强心针。

触电后，即使触电者表面的伤害看起来不严重，也必须接受医生的诊治，因为身体内部可能会有严重的电流烧伤。

（三）烧伤救护

烧伤分为热烧伤、电烧伤两类，热烧伤主要指火焰、开水、蒸汽等引起的烧伤，首要工作是为皮肤降温，比如用清水冲洗或浸泡，穿着衣服的重度烧伤，不要直接脱衣服，否则容易造成烧伤部位水疱皮一同撕脱，增加创面暴露，增加感染机会。

灼伤可以按深度、损伤机制、严重程度，以及合并伤进行分类。按照深度分：目前国内普遍采用三度四分法，分为Ⅰ度、浅Ⅱ度、深Ⅱ度、Ⅲ度。按照严重程度分为：浅度烧伤(包含Ⅰ度、浅Ⅱ度)，深度烧伤(深Ⅱ度、Ⅲ度)。按损伤机制可分为化学烧伤、热烧伤和电烧伤。烧伤的救治措施如下。

1. 化学烧伤

化学物质对人体组织有热力、腐蚀和中毒三种致伤作用，一般称化学烧伤，其烧伤的程度取决于化学物质的种类、浓度和作用持续的时间。对化学烧伤的现场急救有以下一些方法。

迅速清除残余在创面上的化学物质(如石粉粉粒)，剪去化学物质污染的衣服，以减少创面继续损伤。

局部用大量清水彻底冲洗。

采用恰当的中和治疗。酸烧伤可用 2%苏打或 3%食盐水或肥皂水冲洗中和。碱烧伤可用 3%硼酸水或 2%醋酸溶液冲洗中和。

酸碱中和处理和清水冲洗后的创面，防止继发生感染和再损伤。

若化学物质溅入眼内，切忌用手或手帕揉擦，以免增加创伤。

若误服有毒化学药品时，因口腔、消化道黏膜大面积烧伤而出现剧烈疼痛，恶心呕吐，可给服牛奶、植物油、鸡蛋清等进行保护。

2. 热烧伤

由于火焰、开水、热蒸汽、热液体或固体直接接触于人体所造成的烧伤，统称热烧伤。出现热烧伤应迅速脱离热源。如火焰烧伤应尽快灭火，脱去燃烧衣物，就地翻滚或跳入水池，熄灭火焰。呼救者可就近用非易燃物品(棉被毛毯)覆盖，隔绝灭火。忌奔跑呼叫，以免风助火势，烧伤头面部和呼吸道。避免双手扑打火焰，造成主要功能的双手烫伤。热液浸渍的衣裤，可以冷水冲淋后剪开取下，强力剥脱易撕破水疱。小面积烧伤立即用清水连续冲洗或浸泡，既可减痛又可以带走余热。保护受伤部位。在现场附近，创面只求不再污染、不再损伤，可用干净敷料或布料保护，或行简单包扎后送医院处理。避免用有色药物涂抹，增加随后深度判断的难度。维护呼吸道通畅。火焰烧伤常伴呼吸道受烟雾热力等损伤，应注意保护呼吸道通畅，必要时要给予吸氧。其他救治措施：

大面积严重烧伤，应就近输液抗休克，转送途中注意保持呼吸道通畅。高度口渴、烦躁不安提示休克严重，应加快输液，只可少量口服盐水。

安慰和鼓励受伤者，使其情绪稳定，疼痛剧烈可酌情使用止痛药。

注意有无复合伤，对大出血、开放性气胸、骨折等应先施行相应的急救处理。

3. 电烧伤

是指由于电弧或衣服着火引起的烧伤。不仅烧伤深，有时可使大块组织或肢体炭化，甚至立即危及伤员生命。急救时，应立即切断电源，拉开电闸或用不导电的物品(木棒或竹器等)拨开电源，并扑灭着火衣服。在未切断电源之前，急救者切记不要接触伤员，以免自身触电。灭火后，如发现伤员呼吸心跳停止，应在现场立即行体外心脏按压和口对口人工呼吸抢救，待心跳和呼吸恢复后，及时转送就近医院进一步处理。

（四）中毒窒息

发生中毒窒息事故，千万不要贸然进入现场，做好通风、自身防护(防毒面具、湿毛巾捂住口鼻等)等自我保护措施。对伤员进行施救之前，判定可能的中毒源，采取相应的措施。例如，硫化氢中毒，要用浸透食盐溶液的棉花或者布料盖住中毒者口鼻，口服毒物应设法催吐，腐蚀性毒物可用牛奶、鸡蛋清、植物油进行表面处理保护。

总结案例

维修工触电溺水心跳停止　懂急救的志愿者救回他一条命

连续闭胸按压 30 下，起伏达 5 厘米……看到自己进行心肺复苏的对象维修工老刘——刚刚因为触电溺水而心跳停止、瞳孔放大——渐渐恢复意识，王森才歇一口气。

2017 年 6 月 29 日上午 11 时许，46 岁的维修工老刘在成都市锦江区百日红西路进行水泵检修，突然触电，随后栽倒在河中。

当时，在成都市志愿者服务活动中心值班的保安姚平首先发现，赶紧朝老刘旁边走，同时拨打 120 急救电话。另一边，成都市志愿者服务活动中心物业经理、云公益安全应急志愿者王森也发现了，赶紧冲到里屋去关闭电源，然后再跳入河中。几乎同一时间，成都云公益发展促进会社工李继根也跳河救人。三人合力，一起把老刘拉上岸边。

“当时老刘已经失去意识，全身抽搐。”李继根有些紧张，赶紧冲进里屋想叫更多人帮忙。曾经在成都市志愿者服务活动中心学习过多次急救知识的王森开始观察老刘：“发现没有呼吸，心跳停止，瞳孔也放大了。”王森赶紧进行心肺复苏，用闭胸按压抢救。“来活动中心快 2 年，像这样的急救知识学习过很多遍，需要起伏达 5 厘米，一分钟做 100 次。”王森事后解释。

在闭胸按压抢救进行30次后，老刘渐渐恢复意识，王森赶紧将老刘侧躺，保证其呼吸通畅。医护人员到达现场，对老刘进行了救治，目前老刘已入院治疗，脱离了生命危险。

到达现场的医护人员听说救治过程后，连连表扬，说志愿者和保安采取了正确的急救措施，对挽救老刘的生命起到了至关重要的作用。“他做得很好。如果不做，只能说很有可能危及生命。”120相关医护人员透露。

遇到这样的触电溺水，应该采取什么急救措施？成都市第二人民医院急救科主任李和莅介绍，可以通过徒手心肺复苏按压的方式进行抢救，一直按压直到急救人员到现场进一步抢救。对于徒手心肺复苏按压，李和莅表示频率要快、力度要大、部位要准确。“一般每分钟按压次以上，力度需要起伏达厘米，按压部位在胸骨下段。”

（节选自《成都商报》）

分析：常规的急救措施无论在工作还是生活中都是非常实用的技能，关键时刻也能拯救生命。在平时，我们应该通过演习的方式学习体会日常的急救措施。

活动与训练

应急处理办法训练

目标：掌握几类常见情况的应急处理办法。

活动形式：模拟演习。

道具：心肺复苏道具、灭火器。

过程：

1. 模拟演练心肺复苏的操作技巧和流程，以及火灾发生时的应急处理手段。
2. 学生在实际的操作和讨论过程中，掌握应急处理的一些技巧和方法。

探索与思考

1. 除了工作中的急救措施，还应该了解一些自然灾害发生时的应急处理，例如，地震、洪水。
2. 你未来所从事的职业，有哪些应急处理办法可能会用到？

模块总结

与职场相关的法律常识和安全意识，是与每一个职场人日常工作息息相关的。我们总在有意识和无意识地运用这两方面的相关知识。一方面，劳动者能做到懂法、知法、守法、用法，在职场中有法律意识，既明确了解自身的法律义务，又在遇到侵权行为和劳资纠纷时，可以积极地运用法律武器维护自身的利益。另一方面，做好必要的安全及健康防护也是保护自身利益很重要的意识，也是职场必备的职业素质。

职业法律既包含了《中华人民共和国劳动法》的一些重要内容，也包含我们日常生活中的各类法律。有些行业还会有行业性的法律规范，如《中华人民共和国会计法》《中华人民共和国教师法》等。劳动者的职业行为一定要合法合规，遵守规章制度、提高自身觉悟，履行职业职责，依法办事，从而保证企业生产运营符合法律规范，为企业有效避免法律风险，增强企业核心竞争力。

职场中的健康安全，一方面是重视安全生产和防护措施，另一方面也是依据《中华人民共和国安全生产法》的相关规定，自觉树立安全意识，保障自身及企业的安全生产。

参考书目

[1]杨广文、许淳、郭玉莲：《大学生职业发展与就业指导》，北京，中国人民大学出版社，2019。

[2]毕结礼：《职业素质教育》，北京，外语教学与研究出版社，2014。

[3]李云海：《大学生职业发展与就业指导》，北京，航空工业出版社，2010。

[4]张华、周兴中：《职业形象与职场礼仪》，北京，化学工业出版社，2018。

[5]闫继臣：《大学生职业发展与就业指导》，北京，中国劳动社会保障出版社，2011。

[6]戴裕葳、韩剑颖：《高职生职业生涯规划与就业创业指导》，北京，高等教育出版社，2018。

[7]董永辉：《大学生职业发展与就业创业指导》，北京，化学工业出版社，2015。

[8]宋贤钧、周立民：《大学生职业素养训练》，北京，高等教育出版社，2018。

[9]人力资源和社会保障部教材办公室：《新型学徒职业素养读本》，北京，中国劳动社会保障出版社，2017。

[10]封智勇、余来文、於天：《员工职业素养》，北京，中国劳动社会保障出版社，2019。

[11]陈郁、尹青骊、刘宝华：《青年职业形象管理手册》，北京，人民邮电出版社，2017。

[12]理想：《我的第一本职场礼仪细节全书》，北京，中国纺织出版社，2017。

[13]张晓梅：《职场形象设计手册》，北京，化学工业出版社，2015。

[14]贺嘉：《表达力》，北京，文化发展出版社，2019。

[15]刘金来：《TED 演讲的技巧：18 分钟高效表达的秘诀》，北京，中国纺织出版社，2018。